21 世纪全国高职高专计算机系列实用规划教材

SQL Server 数据库管理与开发 教程与实训 (第 2 版)

杜兆将 主 编

北京大学出版社
PEKING UNIVERSITY PRESS

内 容 简 介

本书以学生和教师都非常熟悉的"教学成绩管理系统"为案例贯穿全书例题、习题，目的是使同学们以"教学成绩管理系统"为案例学会 SQL 数据库管理与编程开发技能。本书例题、实训、习题中所有案例的库、表、视图、字段、函数、存储过程、触发器及其语法格式等对象均采用汉字命名，使同学们能更好地理解案例的意义。

全书共 12 章。第 1、2 章讲解数据库基本概念、基本理论以及数据库系统设计；第 3 章介绍 SQL Server 服务器的安装与配置；第 4～10 章讲解 T-SQL 语言基础，数据库和数据表，数据查询与视图，设计数据的完整性，自定义函数、存储过程和触发器，游标及事务，数据库的安全性；第 11、12 章给出了教学成绩管理系统(VB+ASP)数据库应用系统的完整案例及其源代码；最后在附录中提供了 3 个具有特色的辅助教学软件：SQL 作业提交与批阅系统、SQL 上机考试与阅卷系统、SQL 保留字背单词系统。

本书内容丰富、实用性强，特别适用于高职高专、成人专科等相关专业作为数据库原理与技术、SQL 数据库技术等课程的教材，也可以作为高等院校相关专业进行课程设计、毕业设计的参考书，还可以作为在职程序员和数据库管理员自学教程或 SQL Server 培训教材。

图书在版编目(CIP)数据

SQL Server 数据库管理与开发教程与实训/杜兆将主编. —2 版. —北京：北京大学出版社，2009.8
(21 世纪全国高职高专计算机系列实用规划教材)
ISBN 978-7-301-15533-2

Ⅰ.S… Ⅱ.杜… Ⅲ.关系数据库—数据库管理系统，SQL Server—高等学校：技术学校—教材
Ⅳ.TP311.138

中国版本图书馆 CIP 数据核字(2009)第 121166 号

书　　　　名：	SQL Server 数据库管理与开发教程与实训(第 2 版)
著作责任者：	杜兆将　主编
策 划 编 辑：	李彦红
责 任 编 辑：	魏红梅
标 准 书 号：	ISBN 978-7-301-15533-2/TP · 1039
出 版 者：	北京大学出版社
地　　　址：	北京市海淀区成府路 205 号　100871
网　　　址：	http://www.pup.cn　http://www.pup6.com
电　　　话：	邮购部 62752015　发行部 62750672　编辑部 62750667　出版部 62754962
电 子 邮 箱：	pup_6@163.com
印 刷 者：	三河市欣欣印刷有限公司
发 行 者：	北京大学出版社
经 销 者：	新华书店
	787 毫米×1092 毫米　16 开本　20.75 印张　480 千字
	2006 年 1 月第 1 版　2009 年 8 月第 2 版　2009 年 8 月第 1 次印刷
定　　　价：	32.00 元

第 2 版前言

本书以学生和教师都非常熟悉的"教学成绩管理系统"为案例贯穿全书，使同学们以"教学成绩管理系统"为案例学会 SQL 数据库管理与开发技能。本书例题、实训、习题中所有案例的库、表、视图、字段、函数、存储过程、触发器及其语法格式等对象均采用汉字命名，使同学们能更好地理解所举例的意义。

全书可分为五部分共 12 章，第一部分(第 1、2 章)，讲解数据库基本概念、基本理论以及数据库系统设计；第二部分(第 3 章)，介绍 SQL Server 安装与配置；第三部分(第 4、5、6 章)，讲解 SQL 语言基础、数据库和表、查询与视图、设计数据的完整性；第四部分(第 8、9、10 章)，讲解自定义函数、存储过程和触发器，游标及事务，数据库的安全性；第五部分(第 11、12 章)，给出了一套数据库应用系统的完整案例及其源代码：教学成绩管理系统的 VB 实现与 ASP 实现；最后提供了三个附录：SQL 作业提交与批阅系统、SQL 上机考试与阅卷系统、SQL 保留字背单词系统，同时配备了电子课件，以帮助师生们顺利地完成本课程的教学任务。

本书特点：

(1) 以学生为本，以培养学生就业技能为出发点与落脚点，力求让学生用最简单的方法、最少的时间学到最有用的数据库管理与开发技能。

(2) 遵循从实践到理论、从具体到抽象、从个别到一般的人类认识客观事物的方法。先提出问题，介绍解决问题的方法，归纳规律和总结概念。着重"怎么做"，而不去纠缠"为什么"，着重应用技能，适度讲解数据库理论。

(3) 本书在第 2 版创作过程中，结合了编者多年数据库应用系统开发管理和教学的工学经验，基于数据库应用软件开发工作过程设计各技能点(章)的教学顺序，每章都提出了教学目标或技能目标，大多数技能点或知识点采用例题引导、知识点总结。

(4) 教学过程采用教学做三位一体的方法，教：操作演练、导例讲解、知识点总结；学：上机模仿例题、完成实训、完成习题；做：完成本书第 11、12 章综合案例。本书第 4～10 章设计了 20 多个演练导例，配合精致的 PPT 教学课件，力求 4～5 课时内使教师完成示范教学，4～5 课时内使学生完成上机实训。

各章的课时分配建议如下。

章	内容	60 课时 4*15 周		72 课时 4*18 周		96 课时 6*16 周		108 课时 6*18 周	
		课堂	上机	课堂	上机	课堂	上机	课堂	上机
1	数据库系统基础	2	0	3	0	3	0	3	0
2	数据库系统设计	0	0	0	0	1	0	1	0
3	SQL Server 服务器的安装与配置	1	1	1	1	1	1	1	1
4	T-SQL 语言基础	3	3	4	4	4	4	4	4

续表

章	内容	60 课时 4*15 周		72 课时 4*18 周		96 课时 6*16 周		108 课时 6*18 周	
		课堂	上机	课堂	上机	课堂	上机	课堂	上机
5	数据库和数据表	4	4	4	4	4	4	4	4
6	数据查询与视图	5	5	6	6	6	6	6	6
7	设计数据的完整性	4	4	4	4	4	4	4	4
8	自定义函数、存储过程和触发器	4	4	4	4	4	4	4	4
9	游标及事务	3	3	4	4	4	4	4	4
10	数据库的安全性	4	4	5	5	6	6	6	6
11	教学成绩管理系统的 VB 实现	0	1	1	4	6	12	8	16
12	教学成绩管理系统的 ASP 实现	0	1	1	1	3	5	9	9
	合计	30	30	36	36	46	50	50	58

本书由山西经贸职业学院杜兆将担任主编，负责教材总体设计、案例软件编写调试、电子教案设计和全书的审核并编写第 1、6、8、10、11 章和附录 A、B、C，参编有唐山工业职业技术学院李睿仙(编写第 2 章)、山西经贸职业学院马建鹏(编写第 3 章)、山西经贸职业学院黄晋(编写第 4 章)、太原大学郭鲜凤(编写第 5 章)、山西青年管理干部学院郭翠英(编写第 7 章)、山西经贸职业学院杨有玉(编写第 9 章)、山西经济管理干部学院史瑞芳(编写第 12 章)，在此对他们的辛勤劳动表示诚挚的感谢！

    本书的支持网站除北京大学出版社网站(http://www.pup6.com)外，主编的个人网站(http://www.du-zj.cn)上有大量的相关教学大纲(教学情景设计)、教学进度表、电子课件(教案)、案例源代码、习题参考、考试试题库等资料，主编的电子邮件地址是 dzjiang@139.com、dzjiang@sxieb.com，欢迎大家联系交流。本书中所用到的一些单位名称、人名、出生日期、家庭住址和电话号码等均为虚构，如有雷同，纯属巧合。

    本书第 1 版 3 年内 9 次印刷得益于广大读者对它的厚爱，在此深表感谢！但由于编者水平有限，时间仓促，虽经认真修改、润饰，仍会存在不妥之处，衷心希望广大读者批评指正。

编　者
2009 年 5 月

目　　录

第 1 章 数据库系统基础

教学目标：通过本章的学习，读者应该掌握以下内容。

➢ 掌握数据库基本概念、三要素和分类。
➢ 掌握数据库系统的体系结构和功能。
➢ 掌握关系数据库的基本概念、运算和完整性约束。
➢ 理解认识数据库系统的应用结构和本教材的两个应用案例。

随着信息化时代的到来，信息已成为人类社会的重要资源，用于信息管理的数据库技术也得到了迅速的发展，其应用领域也越来越广泛。数据库的建设规模、数据库的信息量以及使用程度已成为衡量社会信息化程度的重要标志。

简单地说，数据库技术就是研究如何科学地管理数据以便为人们提供可共享的、安全的、可靠的数据技术。数据库技术一般包括数据管理和数据处理两部分内容。数据处理是指对数据进行收集、加工、传播等一系列工作的总和，其特点是数据量大、类型多、结构复杂。数据管理始于人们对提高数据处理效率的研究，是指对数据进行分类、组织、存储、维护等工作，是数据处理的中心问题。

1.1 数据库基本概念

在系统学习数据库知识之前，应先熟悉一些数据库常用术语和基本概念，理解这些术语和概念将对后面数据库的学习带来很大的帮助。

1.1.1 基本概念

1. 数据(Data)

数据是数据库中存储的基本对象，是描述事物的符号。它与传统意义上理解的数据不同，数据在这里可以是数字、文字、图形、图像、声音和语言等，即数据有多种形式，但它们都是经过数字化后存入计算机的。

例如：(申强，男，1981 年 1 月 25 日出生，管理系 9603001 班的学生)

数据有一定的格式，如姓名一般不超过 4 个汉字的字符(考虑复姓、没有考虑少数民族)，性别是一个汉字的字符。这些数据格式的规定就是数据的语法，而数据的含义就是数据的语义。人们通过解释、推理、归纳、分析和综合等方法从数据所获得的有意义的内容称为信息。因此数据是信息存在的一种形式，只有通过解释或处理的数据才能成为有用的信息。

2. 数据库(Data Base，DB)

数据库可以直观地理解为存放数据的仓库，在计算机上需要有存储空间和一定的存储格式。所以可理解为数据库是被长期存放在计算机内的、有组织的、统一管理的相关数据的集合。能为用户共享，具有最小冗余度，数据间联系密切，有较高的独立性。

3. 数据库管理系统(Data Base Management System，DBMS)

DBMS 是位于用户与操作系统之间的数据管理软件，属于系统软件，为用户或应用程序提供访问数据库的方法。包括数据库的建立、查询、更新及各种数据控制方法。

4. 数据库系统(Data Base System，DBS)

数据库系统通常是指带有数据库的计算机系统，是一个实际可运行的、按照数据库方法存储、维护并向应用系统提供数据支持的系统，它是硬件系统、系统软件、数据库、数据库管理系统和数据库管理员(DBA)的集合。

图 1.1 给出了数据库系统构成简图(其中硬件、系统软件没有画出来)。

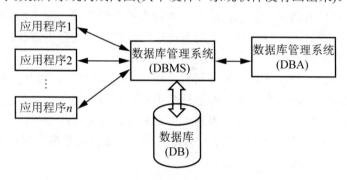

图 1.1　数据库系统简图

为什么要使用数据库系统呢？这是因为数据库系统为数据提供了共享、稳定、安全的保障体系。如果用户需要持久存储数据，则数据库无疑是维护这些持久数据的最合适的地方；如果用户管理的数据具有结构性强、相互之间有联系、数据的取值有约束等特征，为了管理方便，则应该使用数据库系统；同时数据库管理系统提供了功能强大的数据查询功能。比如图书信息管理中，管理图书、借阅人以及借阅情况就适合使用数据库系统来完成。

信息需求的增长使数据库系统的应用日益重要，范围日益广泛，数据库管理系统正逐渐应用到前所未有的应用领域。目前，数据库系统已经应用到医学、计算机辅助设计、能源管理、航空系统、天气预报、交通、旅馆、资料、人力资源管理等领域。数据库系统的发展满足了用户共享信息的需求，随着在线信息的增加以及越来越多的用户希望访问在线信息，今后还会开发出更多的数据库系统。

1.1.2　数据库三要素

模型是对现实世界的抽象，如一张地图、一架航模飞机等。在数据库技术中人们用数据模型描述数据库的结构和语义，对现实世界进行抽象，在这里它描述的是事物的表征及特征。数据库的数据模型应包含数据结构、数据操作、完整性约束 3 个要素。

1. 数据结构

数据结构用于描述数据库的静态特性，是所研究的对象类型的集合(数据定义)。是对实体类型和实体间联系的表达和实现。

2. 数据操作

数据操作用于描述数据库的动态特性，是指对数据库中各种对象的实例允许执行的操作的集合(如查询、插入、更新、删除等)。

3. 完整性约束

数据的约束条件是一组完整性规则的集合。完整性规则是给定的数据及其联系所具有的制约和存储规则，用以限定数据库状态以及状态的变化，以保证数据的正确性、有效性和相容性。

1.1.3　数据库分类

目前常用的数据库有层次数据库、网状数据库和关系数据库。其中层次数据库和网状数据库统称为非关系数据库。数据库的分类以数据模型为主线。

1. 层次数据库

层次模型是数据库系统中最早出现的数据模型，它用树形结构表示各类实体以及实体间的联系。层次模型数据库系统的典型代表是 IBM 公司的数据库管理系统(Information Management Systems，IMS)，这是一个最早推出的数据库管理系统。

在数据库中，对满足以下两个条件的数据模型称为层次模型。

(1) 有且仅有一个节点无双亲，这个节点称为"根节点"。

(2) 其他节点有且仅有一个双亲。

若用图来表示，层次模型是一棵倒立的树。节点层次(Level)从根开始定义，根为第一层，根的孩子称为第二层，根称为其孩子的双亲，同一双亲的孩子称为兄弟。图 1.2 给出了一个系的层次模型。

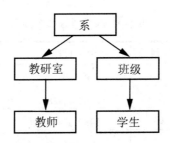

图 1.2　简单的层次模型

层次模型对具有一对多的层次关系的描述非常自然、直观、容易理解，这是层次数据库的突出优点。

2. 网状数据库

在数据库中，对满足以下两个条件的数据模型称为网状模型。

(1) 允许一个以上的节点无双亲。

(2) 一个节点可以有多于一个的双亲。

网状数据模型的典型代表是 DBTG 系统，也称 CODASYL 系统，它是 20 世纪 70 年代数据系统语言研究会 CODASYL(Conference On Data Systems Language)下属的数据库任务组(Data Base Task Group, DBTG)提出的一个数据模型方案。若用图表示，网状模型是一个网络。图 1.3 给出了一个抽象的简单的网状模型。

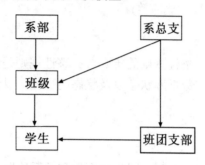

图 1.3　简单的网状模型

自然界中实体之间的联系更多的表现形式是非层次关系，用层次模型表示非树形结构是很不直观的，网状模型则可以克服这一弊端。

3. 关系数据库

关系模型是目前应用广泛的一种数据模型。美国 IBM 公司的研究员 E.F.Codd 于 1970 年发表题为"大型共享系统的关系数据库的关系模型"的论文，文中首次提出了数据库系统的关系模型。20 世纪 80 年代以来，计算机厂商新推出的数据库管理系统(DBMS)几乎都支持关系模型，非关系系统的产品也大都加上了关系接口。当前数据库领域的研究工作都是以关系方法为基础的。

关系模型用二维表格结构表示实体集，用键来表示实体间联系。这个二维表在关系数据库中就称为关系，见表 1-1(这里只列出了部分学生信息)。

表 1-1　学生基本信息表

学号	姓名	性别	出生日期	民族	籍贯
110001	蒋瑞珍	女	1982-09-20	汉族	山西省太原市
110002	仇旭红	女	1982-01-28	汉族	山西省灵石县
110003	李美玉	女	1980-07-17	汉族	山西省平定县
110004	尚燕子	女	1982-05-29	汉族	山西省太原市
110005	王佳人	女	1983-03-26	汉族	山西省太原市
110006	刘静晶	女	1982-11-20	汉族	山西省太原市
110007	孙飞燕	女	1983-05-05	汉族	山西省太原市
110008	陈钧	男	1982-11-09	汉族	山西省吉县
110009	张丽丽	女	1982-10-28	汉族	山西省大同市
110010	梁美娟	女	1983-01-21	汉族	山西省太原市

1.2　数据库系统的体系结构

1.2.1　三级模式结构

数据库系统的体系结构分成三级：内模式(内部级)、模式(概念级)、外模式(外部级)，即三级模式结构。图 1.4 给出了教学成绩管理数据库系统的三级模式结构。

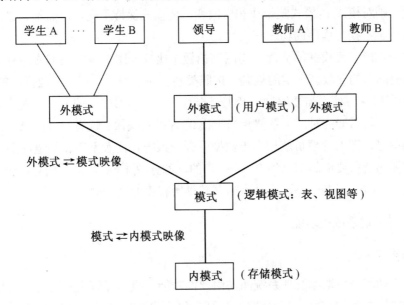

图 1.4　教学成绩管理数据库系统的三级模式结构

三级模式结构的含义如下。

(1) 外模式也称用户模式，它是从用户角度看到的数据结构的描述，是用户与数据库系统的接口，是与某一类应用有关的数据的逻辑表示。同一类用户(如学生类)使用同一个外模式(学生大部分只关注自己的或同专业同学的专业、课程、成绩)，是保证数据库安全的一个措施。

(2) 模式是数据库中全体数据的逻辑结构和特征的描述，是所有用户的公共数据视图。一个数据库只有一个模式，在定义数据时应首先定义模式，即定义数据的逻辑结构(如数据项、名字、类型等)和数据之间的联系。模式的一个具体值称为模式的一个实例。模式是相对稳定的，而实例是相对变动的，因为数据库中的数据通常是在不断更新的。

(3) 内模式也称存储模式，它是数据物理结构和存储方式的描述，一个数据库只有一个内模式。

1.2.2　数据库的两级映像功能

数据库系统在这三级模式之间提供了两层映像：外模式/模式映像和模式/内模式映像。正是这两层映像保证了数据库系统中的数据能够具有较高的逻辑独立性和物理独立性。

1. 外模式/模式映像

对于每一个外模式,数据库系统都有一个外模式/模式映像,它定义了该外模式与模式之间的对应关系。如果模式改变,则需要对各个外模式/模式映像作相应改变,从而使外模式保持不变,而不必修改外模式的应用程序,保证了数据与程序的逻辑独立性。

2. 模式/内模式映像

模式/内模式映像定义了数据库逻辑结构与存储结构之间的对应关系,如果数据库的存储结构改变,则对模式/内模式映像作相应改变,使模式保持不变,从而不必修改模式的应用程序,保证了数据与程序的物理独立性。

为了便于理解三级模式的概念,用图书馆做个比喻。图书馆中的书库是存放各类图书的仓库,这些图书的存放有一定的规则,按照类别摆在书架上,相当于数据库的内模式(存储模式)。为了借阅方便,需要编制一套书目卡片,书卡与书架上的书一一对应,书卡就相当于模式。书卡与书架的对应关系就相当于模式/内模式映像。读者通过图书管理员可以借到所需要的图书,图书管理员就相当于数据库管理系统。读者不需要知道图书的具体存放位置,只需要知道所要借阅图书的书卡(模式)的一部分(外模式)。图书的存放位置改变了,不会影响到读者按照书卡借书,而书库的书是供所有读者共享的。

1.2.3　数据库管理系统的功能

1. 数据定义功能

数据定义功能是数据库管理系统面向用户的功能,数据库管理系统提供数据定义语言(DDL)对数据库中的数据对象进行定义,包括三级模式及其相互之间的映像等,如数据库、基本表、视图的定义以及保证数据库中数据完整正确而定义的完整性规则。

2. 数据操纵功能

数据操纵功能是数据库管理系统面向用户的功能,数据库管理系统提供数据操纵语言(DML)对数据库中的数据进行各种操作,如数据的查询、插入、修改和删除等数据操作。

3. 数据库运行管理功能

这是数据库管理系统的核心部分,也是数据库管理系统对数据库的保护功能。它包括并发控制,安全性控制,完整性约束,数据库内部维护与恢复等。所有数据库的操作都要在这些控制程序的统一管理和控制下进行。

4. 数据维护功能

数据维护功能包括数据库数据的导入功能、转储功能、恢复功能、重新组织功能、性能监视和分析功能等,这些功能通常由数据库管理系统的许多应用程序提供给数据库管理员。

1.2.4 数据库管理系统的组成

为了提供上述 4 个方面的功能，DBMS 通常由以下 4 部分组成。

1. 数据定义语言及其翻译处理程序

DBMS 一般都提供数据定义语言(Data Definition Language，DDL)供用户定义数据库的外模式、模式、内模式、各级模式间的映射、有关的约束条件等。用 DDL 定义的外模式、模式和内模式分别称为源外模式、源模式和源内模式，各种模式翻译程序负责将它们翻译成相应的内部表示，即生成目标外模式、目标模式和目标内模式。

2. 数据操纵语言及其编译(或解释)程序

DBMS 提供了数据操纵语言(Data Manipulation Language，DML)实现对数据库的检索、插入、修改、删除等基本操作。DML 分为宿主型 DML 和自主型 DML 两类。宿主型 DML 本身不能独立使用，必须嵌入主语言中，例如嵌入 PowerBuilder、FoxPro 等高级语言中。自主型 DML 又称为自含型 DML，它们是交互式命令语言，语法简单，可以独立使用。

3. 数据库运行控制程序

DBMS 提供了一些负责数据库运行过程中的控制与管理的系统运行控制程序，包括系统初启程序、文件读/写与维护程序、存取路径管理程序和缓冲区管理程序，安全性控制程序、完整性检查程序、并发控制程序、事务管理程序和运行日志管理程序等。它们在数据库运行过程中监视着对数据库的所有操作，控制管理数据库资源，处理多用户的并发操作等。

4. 实用程序

DBMS 通常还提供一些实用程序，包括数据初始装入程序、数据转储程序、数据库恢复程序、性能监测程序、数据库再组织程序、数据转换程序和通信程序等。数据库用户可以利用这些实用程序完成数据库的建立与维护，数据格式的转换和数据通信等。

1.2.5 数据库的特点

综合以上数据库管理系统的功能和组成，可概括出如下所述的数据库的特点。
(1) 结构化：数据有组织地存放。
(2) 共享性：可以多用户同时使用。
(3) 独立性：数据与应用程序分离。
(4) 完整性：数据保持一致与完整。
(5) 安全性：设置不同的用户权限。

1.3 关系数据库

用户使用的数据库基本都是关系型的，关系数据库是用数学方法来处理数据库中的数据的，其理论基础是关系代数。这里简单介绍关系数据库的基本原理。

1.3.1　关系数据库的基本概念

1. 域

域是一组具有相同数据类型的值的集合。如整数、实数、自然数的集合、性别{'男'，'女'}、职称{'教授'，'副教授'，'讲师'，'助教'}、政治面貌{'党员'，'团员'，'群众'}等都可以称为一个域。

2. 笛卡儿积

给定一组域 D1，D2，…，Dn，则 D1×D2×…×Dn={(d1，d2，…，dn)|di∈Di，i=1，2，…，n}称为域 D1，D2，…，Dn 的笛卡儿积。其中每个(d1，d2，…，dn)称为一个 n 元组，元组中的每个 di 是 Di 域中的一个值。

【例 1.1】设有域：D1 姓名={赵勇,李霞}、D2 性别={男,女}、D3 政治面貌={党员,团员,群众}，则笛卡儿积：D1 姓名×D2 性别×D3 政治面貌={(赵勇,男,党员)，(赵勇,男,团员)，(赵勇,男, 群众)，(赵勇,女,党员)，(赵勇,女,团员)，(赵勇,女,群众)，(李霞, 男,党员)，(李霞,男,团员)，(李霞,男,群众)，(李霞,女,党员)，(李霞,女,团员)，(李霞,女,群众)}，见表 1-2。

表 1-2　笛卡儿积的表

D1 姓名	D2 性别	D3 政治面貌
赵勇	男	党员
赵勇	男	团员
赵勇	男	群众
赵勇	女	党员
赵勇	女	团员
赵勇	女	群众
李霞	男	党员
李霞	男	团员
李霞	男	群众
李霞	女	党员
李霞	女	团员
李霞	女	群众

3. 关系

设有属性(属性是实体或者联系具有的特征或性质)A1，A2，…，An，它们分别在值域 D1，D2，…Dn 中取值，D1×D2×…×Dn 的任意一个子集称为一个关系，记作

R(A1，A2，…，An)…，R∈D1×D2×…×Dn

其中，R 为关系名，n 为关系 R 的度数，一个 n 度关系就有 n 个属性。一般来说在笛卡儿积中取一个有意义的子集作为关系。

【例 1.2】关系 R(D1 姓名，D2 性别，D3 政治面貌)是笛卡儿积：D1 姓名×D2 性别×D3 政治面貌的子集，见表 1-3。

表 1-3 关系

D1 姓名	D2 性别	D3 政治面貌
赵勇	男	党员
李霞	女	团员

4. 关系的性质

(1) 关系表中的每一列都是不可再分的基本属性。

(2) 表中的各属性不能重名。

(3) 表中的行、列次序不分前后。

(4) 表中的任意两行不能完全相同。

5. 相关概念

(1) 元组：表中的每行数据称为一个元组，也称为一条记录。

(2) 属性：表中的每一列是一个属性值，也称记录的一个字段。

(3) 主码（主关键字或主键）：是表中的属性或属性的组合，用于确定唯一的一个元组。

(4) 域：属性的取值范围称为域。

(5) 外码（外部关键字、外部码、外键）：外键也是由一列或多列构成的，它用来建立和强制两个表间的关联。这种关联是通过将一个表中的组成主键的列或组合列加入到另一个表中形成的，这个列或组合列就成了第二个表中的外键。

在数据库中有两套标准术语，一套是关系数据库理论中的关系、元组、属性、码、域；另一套是相对应的关系数据库技术中的表、行(记录)、列(字段)、主键(关键字)、列取值范围。

1.3.2 关系的运算

关系代数是一种抽象的查询语言，它用关系的运算来表达查询，运算结果也是关系。

1. 选择运算

选择也称为限制，它是根据某些条件对关系做水平分割，即选取符合条件的元组(行、记录)。经过选择运算选取的元组可以形成新的关系。它是原关系的一个子集，表示为 $\sigma_F(R)$，定义如下

$$\sigma_F(R)=\{t|t\in R\wedge F(t)=TRUE\}$$

其中：σ 是选择运算符，F 是条件表达式，R 是运算对象即关系。该式表示从 R 中挑选满足条件 F 为真的元组所构成的关系。

【例 1.3】对下面的关系"学生表"做选择运算。

男生表=σ 性别='男'(学生表)

结果如图 1.5 所示。图中左边箭头表示选择运算是行运算。

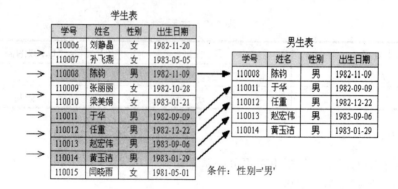

图 1.5　选择运算

2. 投影运算

它是对关系进行垂直分割，即选取若干属性(列)。经过投影运算选取的属性可以形成新的关系。它是原关系的一个子集，表示为 $\pi_A(R)$，定义如下

$$\pi_A(R) = \{t[A] \mid t \in R\}$$

其中：π 是投影运算符，A 是 R 中的属性列，R 是运算对象即关系。该式表示由关系 R 中符合条件的列所构成的关系。

【例 1.4】对下面的关系"学生表"做投影运算。

$$学生简表 = \pi_{1, 2, 3, 5}(学生表)$$

结果如图 1.6 所示。图中上边箭头表示投影运算是列运算。

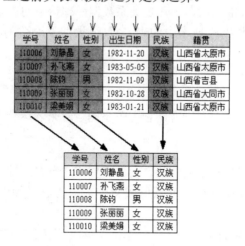

图 1.6　投影运算

3. 连接运算(join)

它是从两个关系的笛卡儿积中选取属性间满足一定条件的元组。表示为

$$R1 \bowtie R2(F)$$

其中：$\bowtie$ 是连接运算符，F 是条件表达式，R1 和 R2 是运算对象即两个关系。

【**例 1.5**】　对下面的关系"教师代课表"和"课程编号表"做连接运算。

教师代课明细表=教师代课表⋈课程编号表(3=1)

表示按教师代课表第 3 列与课程编号表的第 1 列相等进行连接。其结果如图 1.7 所示。

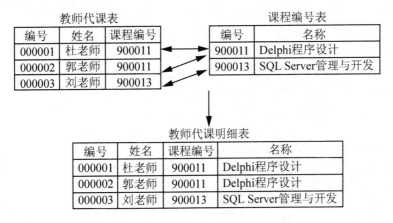

图 1.7　连接运算

1.3.3　关系的完整性约束

　　关系完整性是为保证数据库中数据的正确性和相容性，对关系模型提出的某种约束条件或规则。完整性通常包括实体完整性、域完整性、参照完整性和用户自定义完整性，其中实体完整性和参照完整性是关系模型必须满足的完整性约束条件。

　　1. **实体完整性**

　　实体完整性是指关系的主关键字不能取"空值"。

　　一个关系对应现实世界中一个实体集，表 1-1 所示关系就对应学生的集合。现实世界中的实体是可相互区分、识别的，也即它们应具有某种唯一性标识。在关系模式中，以主关键字作唯一性标识，而主关键字中的属性(称为主属性)不能取空值，否则，表明关系模式中存在着不可标识的实体(因空值是"不确定"的)，这与现实世界的实际情况相矛盾，这样的实体就不是一个完整实体。按实体完整性规则要求，主属性不能取空值，如果主关键字是多个属性的组合，则所有主属性均不得取空值。

　　表 1-1 将"学号"列作为主关键字，该列不得有空值，否则无法对应某个具体的学生，这样的表格不完整，对应关系不符合实体完整性规则的约束条件。

　　2. **域完整性**

　　域完整性是指属性被有效性约束，保证指定字段具有正确的数据类型、格式和有效的数据范围。例如，性别为字符数据类型，只能取男或女；身高为数值类型，取值范围为 0.5～2.4m；汽车单车载重为数值类型，取值范围为 0～80t 等。

　　3. **参照完整性**

　　参照完整性是指定义建立关系之间联系的主关键字与外部关键字引用的约束条件。

　　关系数据库中通常都包含多个存在相互联系的关系，关系与关系之间的联系是通过公共属性来实现的。所谓公共属性：它是一个关系 R(称为被参照关系或目标关系)的主关键字，同时又是另一关系 K(称为参照关系)的外部关键字。如果参照关系 K 中外部关键字的取值，要么与被参照关系 R 中某元组主关键字的值相同，要么取空值，那么，在这两个关系间建立关联的主关键字和外部关键字引用，符合参照完整性规则要求。如果参照关系 K 的外部关键字也是其主关键字，根据实体完整性要求，主关键字不得取空值，因此，参照关系 K 外部关键字的取值实际上只能取相应被参照关系 K 中已经存在的主关键字值。

　　图 1.8 中(a)和(b)分别对应"教师"关系与"课程"关系。如果将教师表作为参照关系，课程表作为被参照关系，以"课程编号"作为两个关系进行关联的属性，则"课程编号"是"课程"关系的主关键字，是"教师"关系的外部关键字。

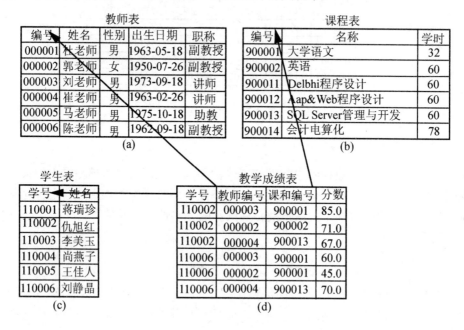

图 1.8　关系的参照完整性

4. 用户自定义完整性

　　实体完整性和参照完整性适用于任何关系型数据库系统，主要是对关系的主关键字和外部关键字取值而定义的约束。用户自定义完整性则是根据应用环境的要求和实际的需要，对某一具体应用所涉及的数据提出约束性条件。这一约束机制一般不应由应用程序提供，而应由关系模型提供定义并检验。如用户定义完整性可以定义列之间有效性约束。

1.3.4　关系数据库

1. 数据结构

　　一个关系数据模型的逻辑结构是一张二维表，它由行和列组成。每一行称为一个元组，每一列称为一个属性。

2. 数据操纵与完整性约束

　　关系数据库模型的操纵主要包括查询、插入、删除和更新数据。这些操作必须满足关系的完整性约束条件。关系的完整性约束条件包括 4 大类：实体完整性、域完整性、参照完整性和用户定义的完整性。

3. 存储结构

在关系数据库模型中，实体及实体间的联系都用表来表示。

4. 关系数据库的优缺点

关系模型与非关系模型不同，它是建立在严格的数学概念的基础上的。

关系模型的概念单一，无论实体还是实体之间的联系都用关系来表示，对数据的检索结果也是关系(即表)，所以结构简单、清晰，用户易懂易用。

关系模型的存取路径对用户透明，从而具有更高的数据独立性，更好的安全保密性，也简化了数据库开发建立的工作。所以关系数据库模型诞生以后发展迅速，深受用户的喜爱。

当然，关系数据库模型也有缺点，其中最主要的缺点是，由于存取路径对用户透明，查询效率往往不如非关系数据库模型。因此，为了提高性能，必须对用户的查询请求进行优化，这增加了开发关系数据库管理系统的负担。

1.4　数据库系统的应用

1.4.1　数据库系统的应用结构

从最终用户角度来看，数据库系统的应用结构分为单用户结构、主从式结构、分布式结构、客户/服务器结构和浏览器/服务器结构。

1. 单用户结构

单用户结构数据库系统是一种早期的最简单的数据库系统。在这种系统中，整个数据库系统(包括应用程序、DBMS、数据)都装在一台计算机上，由一个用户独占，不同机器之间不能共享数据。

2. 主从式结构

主从式结构是指一个主机带多个终端的多用户结构。在这种结构中，数据库系统(包括应用程序、DBMS、数据)都集中存放在主机上，所有处理任务都由主机来完成，各个用户通过主机的终端并发地存取数据库，共享数据资源。

3. 分布式结构

分布式结构是指数据库中的数据在逻辑上是一个整体，但物理地分布在计算机网络中的多个不同节点上。网络中的每个节点都可以独立处理本地数据库中的数据，执行局部应用；也可以同时存取和处理多个异地数据库中的数据，执行全局应用。

4. 客户/服务器结构(Client/Server 结构，C/S 结构)

主从式数据库系统中的主机和分布式数据库系统中的每个节点机是一个通用计算机，

既执行 DBMS 功能又执行应用程序。随着工作站功能的增强和广泛使用,人们开始把 DBMS 功能和应用分开,网络中某个(些)节点上的计算机专门用于执行 DBMS 功能,称为数据库服务器,简称服务器;其他节点上的计算机安装 DBMS 的外围应用开发工具,支持用户的应用,称为客户机。C/S 结构的软件一般采用两层结构。前端是客户机,客户端应用软件程序接受用户请求、向数据库服务器提出请求;后端是服务器,即处理数据并将处理结果提交给客户端,并提供数据访问的安全控制、并发访问协调和数据完整性处理等操作。

C/S 结构在技术上很成熟,它的主要特点是交互性强、具有安全的存取模式、响应速度快、利于处理大量数据。但 C/S 结构的程序开发针对性强,变更不够灵活,每台客户机都需要安装客户端应用程序,维护和管理的难度较大。通常只局限于小型局域网,不利于扩展。

5. 浏览器/服务器结构

浏览器/服务器结构(Browser/Server 结构,B/S 结构),是随着 Internet 技术的兴起,对 C/S 结构的一种变化或者改进的结构。在这种结构下,前端是以 TCP / IP 协议为基础的 Web 浏览器,中间是 WWW 服务器,后台是数据库服务器,形成所谓三层结构。用户界面完全通过 WWW 浏览器实现,少部分数据处理在前端实现,部分数据处理在 WWW 服务器端实现,主要数据处理在数据库服务器端实现。B/S 结构利用不断成熟和普及的浏览器技术实现原来需要复杂专用软件才能实现的强大功能,节约了开发成本,并降低了系统维护与升级的成本和工作量,是一种全新的软件系统构造技术。这种结构更成为当今应用软件的首选体系结构,微软的 .NET 结构就是在这样一种背景下提出来的架构,Java 技术也是这种结构的成熟应用。

软件技术经历了 3 个发展时期:界面技术从 DOS 字符界面,到 Windows 图形界面(或图形用户界面 GUI),直至今天的 Browser 浏览器界面。最新浏览器界面,不仅直观和易于使用,更主要的是基于浏览器平台的任何应用软件其界面风格一致,对用户操作培训的要求大为下降,软件可操作性增强;平台体系结构也从单机单用户发展到文件/服务器(F/S)体系,再到客户机/服务器(C/S)体系和浏览器/服务器(B/S)体系。

1.4.2　C/S 结构的"教学成绩管理系统"

系统运行环境:Windows,SQL Server 2000

系统功能简介:实现学院领导、成绩管理人员、班主任、教师、学生等用户在局域网(校园网)上进行教学成绩管理系统的信息录入、信息查询、信息处理等管理功能,对同一套数据库进行同时共享访问,不同类型的用户对数据访问的权限和功能不同,每一个用户都有自己的密码。

系统安装:执行自解压文件"教学成绩管理".exe 进行安装,默认安装到 E:\"教学成绩管理",然后附加本系统的实际数据库即可使用。

系统主界面如图 1.9 所示。

图 1.9　C/S 结构的"教学成绩管理系统"主界面

1.4.3　B/S 结构的"教学成绩管理系统"

系统运行环境：Windows、IIS、SQL Server 2000。

系统功能简介：实现学院领导、成绩管理人员、班主任、教师、学生等用户在互联网上进行教学成绩管理系统的信息发布、信息查询和学籍、成绩信息的录入等管理功能，对同一套数据库在能上网的任何一台计算机上同时共享访问，不同类型的用户对数据访问的权限、功能不同，每一个用户都有自己的密码。

系统安装：执行自解压文件"教学成绩管理 asp".exe 进行安装，默认安装到 E:\"教学成绩管理 asp"；配置 IIS；然后附加本系统的实际数据库即可使用。参见 12.1 节安装与使用。系统主界面如图 1.10 所示。

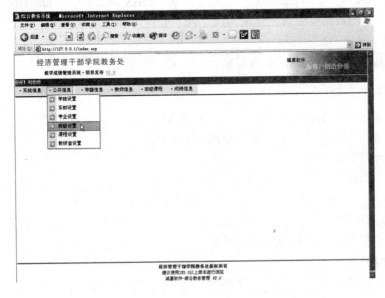

图 1.10　B/S 结构的"教学成绩管理系统"主界面

本书可以帮助读者掌握开发上述应用系统的技能(特别是数据库服务器端数据处理技能)和数据库管理的技能。

1.5　本章小结

　　本章主要介绍数据库基本概念和分类，数据库系统的体系结构和功能，关系数据库的基本概念、运算和完整性约束，数据库系统的应用结构和本教材的两个应用案例的简单使用。读者应该认真理解基本概念，并通过对教学成绩管理系统的安装与使用来进一步加强对数据库系统的认识。

1.6　本章习题

1. 选择题

(1) (　　)是位于用户与操作系统之间的数据管理软件，它属于系统软件，它为用户或应用程序提供访问数据库的方法。数据库在建立、使用和维护时由其统一管理、统一控制。

　　A．DBMS　　　　B．DB　　　　　　C．DBS　　　　　　D．DBA

(2) (　　)是被长期存放在计算机内的、有组织的、统一管理的相关数据的集合。

　　A．DATA　　　　　　　　　　　B．INFORMATION
　　C．DB　　　　　　　　　　　　D．DBS

(3) 数据库系统由数据库、数据库管理系统及其开发工具、应用系统、(　　)和用户构成。

　　A．DBMS　　　　B．DB　　　　　　C．DBS　　　　　　D．DBA

(4) 目前(　　)数据库系统已逐渐淘汰了网状数据库和层次数据库，成为当今流行的商用数据库系统。

　　A．关系　　　　B．面向对象　　　　C．分布

2. 填空题

(1) 目前最常用的数据模型有_____模型、_____模型和_____模型。20世纪80年代以来，_____模型逐渐占主导地位。

(2) 数据库的数据模型三要素是_____、_____和_____。

(3) 数据库系统体系结构的三级模式是：内模式、_____、_____，而两级映像是：_____/模式映像、_____/外模式映像。

(4) 关系运算主要有_____运算、_____运算和_____运算。

(5) 选择运算是根据某些条件对关系做_____分割；投影是对关系做_____分割，即选取若干属性(列)。

(6) 完整性约束包括_____完整性、_____完整性、_____完整性和用户定义完整性。

(7) 一个关系数据模型的逻辑结构是_____，它由_____和_____组成。

(8) 关系数据库的操纵主要包括查询、_____、_____和_____数据。

(9) 从最终用户角度来看，数据库应用系统分为单用户结构、主从式结构、分布式结构、_____/服务器结构和_____/服务器结构。

3. 简答题

(1) 什么是数据库管理系统？它的主要功能是什么？

(2) 常用的 3 种数据库模型的数据结构各有什么特点？

(3) 简述关系的含义及其性质。

第 2 章 数据库系统设计

教学目标：通过本章的学习，读者应该掌握以下内容。

➤ 以"教学成绩管理系统"为案例了解数据库应用系统的设计过程和设计方法以及系统实施的要点。

➤ 体会实体、联系模型及实体间 3 种联系，重点体会学生、课程、教师等实体及其之间的联系。

数据库系统(即指数据库应用系统、管理信息系统)的开发有两种方法：一是生命周期法，即包括系统调查、分析、设计、实现、维护和评价。其中设计部分包括总体功能设计、数据库设计、代码(编号)设计、界面设计、模块设计。二是原型法，即先快速开发出不太准确的应用模型，然后再评价与修改这个模型，直到符合实际应用或废弃。这符合人类认识客观世界的规律：循环往复、螺旋式上升。特别是现在的建模软件和4GL(第 4 代程序设计语言)为快速开发一个应用系统提供了较好的开发工具。在实际系统开发过程中是将这两种方法有机地结合起来，既采用生命周期法的严密性，又利用原型法的快速性。

数据库应用系统设计包括总体功能设计、数据库设计、代码(编号)设计、界面设计、模块设计等内容，其关键内容是系统总体功能设计和数据库设计。如果将数据库应用系统开发比喻成建设大楼，则数据库设计是整个大楼的混凝土基础，而总体功能设计是整个大楼的混凝土框架。抓住这两项内容就抓住了系统设计的关键，其余界面设计、模块设计等就像大楼的墙体。

2.1 功 能 设 计

2.1.1 需求分析

需求分析简单地说就是分析用户的要求。只有分析好用户的需求才能设计出用户满意的系统，它是数据库设计的起点，其结果将直接影响到以后各阶段的设计，并影响到最终的数据库系统能否正确使用。

1. 需求分析的任务

需求分析阶段的主要任务是通过详细调查，充分了解原系统的手工工作概况，明确用户的各种需求，收集支持系统目标的基础数据及其处理方法，在此基础上确定新系统的功能。

需求分析的重点是调查、收集与分析用户在数据管理中的信息需求、处理需求、安全性与完整性要求。

(1) 信息需求：信息需求是指了解要在数据库中存储哪些数据，对这些数据做哪些处理，同时还要描述数据间的联系。

(2) 处理需求：处理需求是指用户要完成什么处理功能，用户需求的响应时间以及处理的方式。

(3) 安全性与完整性要求：安全性要求描述系统中不同用户使用和操作数据库的情况，完整性要求描述数据之间的关联以及数据的取值范围要求。

2. 需求分析的方法

需求分析首先要调查清楚用户的实际需求并对调查结果进行初步分析，与用户达成共识后，再进一步分析与表达这些需求。常用的调查方法有以下几种：跟班作业、开调查会、业务询问、问卷调查、查阅资料。需求调查时，还要有用户的积极参与和配合，设计人员应与用户建立良好的关系，互相帮助，共同解决问题。

分析的主要方法包括自顶向下和自底向上两种，它们均属于结构化分析方法。其中自顶向下的结构化分析方法是最简单、最实用、最常用的方法，从最上层的系统组织机构入手，采用逐层分解的方式分析系统。使用该方法做需求分析，设计人员首先需要把任何一个系统都理解为一个大的功能模块，然后将处理功能的具体内容按照某种原则分解为若干子功能，再将每个子功能继续分解，直到把系统的工作过程表达清楚为止，如图 2.1 所示。

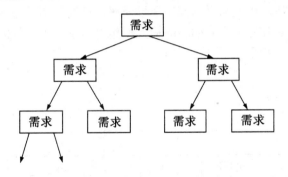

图 2.1　自顶向下的需求分析方法

3. 需求调查内容

(1) 业务现状：业务现状是指业务方针政策、系统的组织机构、业务内容、约束条件及各种业务流程。

(2) 信息流：信息流是指数据的产生、修改、查询及更新过程和更新频率以及各种数据与业务处理的关系。

(3) 外部要求：外部要求是指对数据保密性的要求，对数据完整性的要求，对查询响应时间的要求，对新系统使用方式的要求，对输入方式的要求，对输出报表的要求，对各种数据精度的要求，对吞吐量的要求，对将来功能、性能及应用范围扩展的要求。

2.1.2　"教学成绩管理系统"功能设计

1. 功能需求分析

一个学院正常教务管理系统包括教学计划、师资、教材、教室、学籍、考试、排课、成绩、评估管理等，但最重要的还是成绩管理。本案例是"教学成绩管理信息系统"，它包含了学院、系部、教研室、专业、教师、学生、课程等信息管理和课程设置、教学成绩信息管理等方面，比完整的教务系统简洁明了，有利同学们学习数据库系统管理与开发技能。

本系统开发任务是实现某学院教学成绩信息管理规范化和自动化，系统的用户有学院领导、成绩管理人员、班主任、教师及学生等。

(1) 教师：在校园网(局域网)或互联网录入与查询所代课程成绩数据，查询学院、系部、教研室、专业、教师、学生、课程信息等数据。

(2) 班主任：在校园网或互联网录入与查询所负责班级的学生档案信息，查询学院、系部、教研室、专业、教师、课程信息和所管学生成绩等数据。

(3) 学生：在校园网或互联网查询学生个人档案信息和成绩信息，查询学院、系部、教研室、专业公共信息和所在班的课程设置等数据。

(4) 领导：在校园网或互联网查询本系统所有信息。

(5) 成绩管理人员：在校园网或互联网查询本系统所有信息，在校园网维护所有数据。

2. 功能设计

系统目标的实现是通过系统的各功能模块来达到的。由于每个系统功能又可以划分为若干个具体的功能模块，因此从目标开始层层分解，直到每个子功能模块只执行一个具体的任务。子功能模块是独立的，有明显的输入和输出信息。通常将按功能关系画成的图称为功能结构图，如图 2.2 所示。

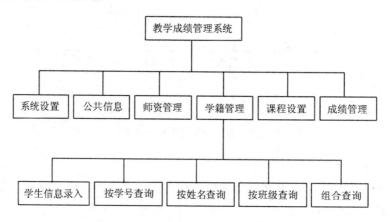

图 2.2　教学成绩管理系统的功能结构图

2.2　数据库设计

数据库设计是指对于给定的硬件、软件环境，针对应用问题，设计一个较优的数据模型，依据此模型建立数据库中表、视图等结构，并以此为基础构建数据库信息管理应用系统。

2.2.1　数据库设计方法

要使数据库设计更加合理，就需要有有效的指导原则，这种原则就称为数据库设计方法。多年来人们经过不断的努力和探索，提出了各种数据库设计方法，这些方法结合了软件工程的思想和方法，从而形成了各种设计准则和规程，进一步形式规范化设计方法。

数据库设计方法中比较著名的是新奥尔良(New Orlean)方法，这种方法将数据库设计分为 4 个阶段，即需求分析、概念结构设计、逻辑结构设计、物理结构设计阶段，如图 2.3 所示。

图 2.3　新奥尔良方法的数据库设计步骤

通过分析、比较与综合各种常用的数据库规范设计方法，将数据库设计分为如下 4 个阶段。

1. 需求分析阶段

主要是收集信息并对信息进行分析和整理，从而为后续的各个阶段提供充足的信息。本阶段是整个设计过程的基础，也是最困难、最重要的一个阶段。详见 2.1.1 节需求分析。

2. 概念结构设计阶段

是整个数据库设计的关键，对需求分析的结果进行综合、归纳，从而形成一个独立于具体数据库管理系统的概念数据模型。

3. 逻辑结构设计阶段

将概念结构设计的结果转换为某个具体的数据库管理系统所支持的数据模型，并对其进行优化。

4. 物理设计阶段

为逻辑结构设计的结果选取一个最适合应用环境的数据库物理结构。

以下将对中间两个阶段做详细介绍。

2.2.2　概念结构设计

概念模型是一种独立于计算机系统，用于建立信息世界的数据模型，反映现实系统中有应用价值的信息，它是现实世界的第一层抽象，是用户和数据库设计人员之间进行交流的工具，是整个数据库设计的关键，对需求分析的结果进行综合、归纳，从而形成一个独立于具体数据库管理系统的概念数据模型。这一模型中最著名的是"实体—联系模型"。

概念结构设计的策略主要有以下 3 种。

(1) 自顶向下：先定义全局概念模型，然后再逐步细化。

(2) 自底向上：先定义每个局部的概念结构，然后按一定的规则把它们集成起来，得到全局概念模型。

(3) 混合策略：将自顶向下和自底向上方法结合起来使用。先用自顶向下方法设计一个全局概念结构，再以它为框架用自底向上方法设计局部概念结构。其中最常用的策略是自底向上策略，但无论采用哪种设计方法，一般都以最著名的"实体—联系模型"为工具来描述概念结构。

实体—联系模型(E-R 模型)是 P.P.Chen 于 1976 年提出的。这个模型直接从现实世界中抽象出实体类型及实体间的联系。

1. E-R 模型

1) 实体

实体对应于现实世界中可区别的客观对象或抽象概念。例如，在教学成绩管理系统中，主要的客观对象有学生、教师、课程实体，还有学院、系部、教研室、专业、班级等 8 个实体。

在 E-R 图中用矩形框表示实体，并将实体名写在矩形框内。

实体中的每一个具体的记录值，称为实体的一个实例。例如学生实体中的每个具体的学生(如张三等)就是实体的一个实例。

2) 属性

属性是实体或者联系具有的特征或性质。例如，学生实体的属性有：学号、姓名、性别、……、照片等。

在 E-R 图中，用椭圆形框表示属性，并将属性名写在椭圆形框内，并用连线将属性框与它所描述的实体联系起来。

一个实体的所有实例都具有共同属性。

属性的个数由用户对信息的需求决定。

例如：学生实体的 E-R 图如图 2.4 所示。其他实体的属性见表 2-1。

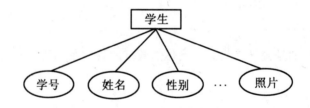

图 2.4　学生实体 E-R 图

表 2-1　教学成绩管理中实体属性表

实体	属性
学生	学号、姓名、密码、性别、出生日期、民族、籍贯、家庭地址、邮政编码、联系电话、身份证号、政治面貌、(班级编号)、入学日期、备注、简历、照片
教师	编号、登录名、姓名、密码、性别、(教研室编号)、出生日期、工作日期、职称、职务、学历、学位、工资、照片
课程	编号、名称、(院系编号)、学时、学分、类别、考试类型
学院	编号、名称、简称、院长、书记
系部	编号、名称、主任、书记
教研室	编号、名称、主任
专业	编号、(院系编号)、名称
班级	编号、名称、年级、(专业编号)、人数、学制、班主任、班长、书记

注：表中带括号的"属性"均不是实体的本质属性，而是实体之间的联系。

3) 联系

联系是指不同实体之间的关系。在 E-R 图中，用菱形框表示联系，并将联系名写在菱形框内，并用连线将联系框与它所描述的实体联系起来。联系也可以有自己的属性。

在教学成绩管理系统中，教师、学生和课程三个实体之间存在"教学成绩"的联系，其属性有：学号、教师编号、课程编号、分数等；教师、班级和课程三个实体之间存在"班级课程设置"的联系，其属性有：教师编号、班级编号、课程编号、学年学期等；如果考虑学生可以选课、选老师，教师、学生和课程 3 个实体之间还存在"学生选课"的联系，其属性有：学号、教师编号、课程编号等。

例如：成绩联系的 E-R 图如图 2.5 所示。在教学成绩管理系统中，其他联系的属性见表 2-2。

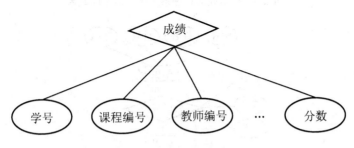

图 2.5　成绩联系 E-R 图

表 2-2　教学成绩管理中联系属性表

联系	属性
班级课程设置	(班级编号)，(教师编号)，(课程编号)，学年学期，学时
教学成绩	(学号)，(课程编号)，(教师编号)，学年学期，成绩，分数，考试类别，考试考查类型，考试日期，录入日期

注：① 表中带括号的"属性"均不是实体的本质属性，而是实体之间的联系。

② 班级课程设置中学时，存在同一门课不同专业班级开设学时不一样的情况。

③ 教学成绩有两种：分数是百分制的数值，成绩是等级制的文字。

4) 联系的类型

实体之间的联系可分为 3 类。

(1) 一对一联系(1∶1)。实体 A 中的每个实例在实体 B 中至多有一个实例与之对应关联，反之亦然。例如，系和正系主任是一对一的联系。

(2) 一对多联系(1∶n)。实体 A 中的每个实例在实体 B 中至少有一个实例与之对应关联，反之实体 B 中的每个实例在实体 A 中最多有一个实例与之对应关联。例如，学院与系部、教研室与教师，系部与专业、班级与学生、系部和课程都是一对多的联系，如图 2.6 所示。

(3) 多对多联系(m∶n)。实体 A 中的每个实例在实体 B 中至少有一个实例与之对应关联，反之亦然。例如，学生和课程之间是多对多的联系，如图 2.7 所示。

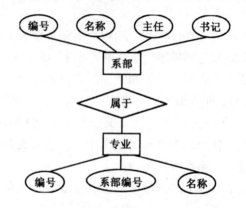

图 2.6　教学成绩管理系统中一对多的联系

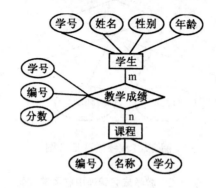

图 2.7　多对多的联系

E-R 模型具有两个明显的优点：一是接近于人的思维，容易理解；二是与计算机无关，用户容易接受。它已成为软件工程的一个重要设计方法。

2. 自底向上策略的设计步骤

1) 数据抽象与局部 E-R 图设计

概念结构是对现实世界的一种抽象，即对实际的人、物、事和概念进行人为处理，抽取所关心的特性，并把这些特性用各种概念准确地描述出来。自底向上策略首先要根据需求分析的结果对现实世界的数据进行抽象，设计各个局部的 E-R 图。每个实体都设计一个局部的 E-R 图。

2) 集成全局 E-R 图

把局部 E-R 图集成全局 E-R 图时，可采用一次将所有的 E-R 图集成在一起的方式，也可以用逐步集成、进行累加的方式，一次只集成两个 E-R 图，直到最后集成为一个全局 E-R 图，这样实现起来比较容易些。

当将局部 E-R 图集成为全局 E-R 图时需要消除各局部 E-R 图集成时产生的冲突。

3. 教学成绩管理系统概念结构设计

(1) 局部 E-R 图，如图 2.8 所示。

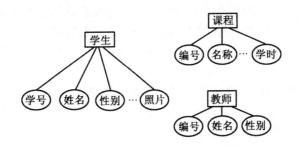

图 2.8　局部 E-R 图

(2) 集成 E-R 图，在这里只列出了其中部分属性，如图 2.9 所示。

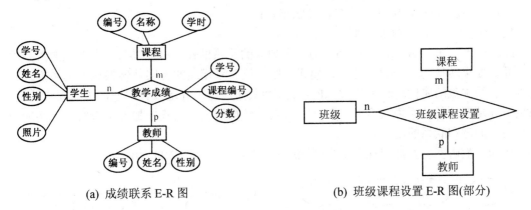

(a) 成绩联系 E-R 图　　　　　　　　　　(b) 班级课程设置 E-R 图(部分)

图 2.9　部分集成

2.2.3　逻辑结构设计

逻辑结构设计的任务是把概念结构设计阶段产生的概念数据库模式变换为逻辑结构的数据库模式。即把 E-R 图转换为数据模型，这里以关系模型和关系数据库管理系统为基础来进一步讨论逻辑结构设计方法，逻辑结构设计一般包含两个步骤。

(1) 将 E-R 图转换为初始的关系数据库模式；

(2) 对关系模式进行规范化处理。

下面将详细讨论这两个方面的具体处理过程。

1. 将 E-R 图转换为初始关系数据库模式

E-R 图向关系模型的转换要解决的问题是如何将实体和实体间的联系转换为关系模式，如何确定这些关系到模式的属性和键。

关系模型的逻辑结构是一组关系模式的集合。E-R 图是由实体、实体的属性和实体之间的联系组成的。所以将 E-R 图转换为关系模型实际上就是要将实体、实体的属性和实体之间联系转换为关系模式，这种转换应遵循如下原则。

(1) 一个实体型转换为一个模式，实体的属性就是关系模式的属性，实体的键即为关系模式的键。

对于实体间的联系，就要视 1∶1，1∶n，m∶n 这 3 种不同情况做不同的处理。

(2) 一个 1∶1 的联系，可以转换为一个独立的关系模式，也可以与任意一端对应的关系模式合并。如果转换为一个独立的关系模式，则与该联系相连的各实体的键以及联系本身的属性均转换为关系的属性，每个实体的键均是该关系的键。如果是与某一端实体对应的关系模式合并，则需要在该关系模式的属性中加入另一个关系模式的键和联系本身的属性。

例如：校长与学校间存在 1∶1 的联系，其 E-R 图如图 2.10 所示。

"任职"联系转换为一个独立的关系模式

学校(校名，地址，电话)

校长(姓名，年龄，性别，职称)

任职(校名，姓名(校长姓名)，任职年月)

"任职"联系与"学校"实体合并

学校(校名，地址，电话，姓名，任职年月)

校长(姓名，年龄，性别，职称)

(3) 一个 1∶n 的联系，可以转换为一个独立的关系模式，也可以与 n 端对应的关系模式合并。如果转换为一个独立的关系模式，则与该联系相连的各实体转换成的关系模式的键以及联系本身的属性均转换为关系的属性，而关系的键为 n 端实体对应的关系模式的键。如果与 n 端对应的关系模式合并，则在 n 端实体转换的关系模式中加入 1 端实体转换成的关系模式的键和联系的属性。

例如：教研室与教师间存在 1∶n 的联系，其 E-R 图如图 2.11 所示。

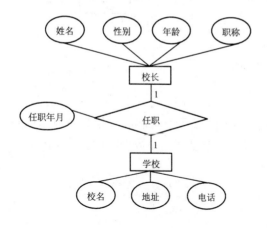

图 2.10 1∶1 联系 E-R 图

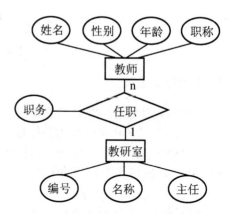

图 2.11 1∶n 联系 E-R 图

"任职"联系转换为一个独立的关系模式

教师(姓名，性别，年龄，职称)

教研室(编号，名称，主任)

任职(编号，姓名，职务)

"任职"联系与 n 端实体合并

教师(姓名，性别，年龄，职称，编号，职务)

教研室(编号，名称，主任)

(4) 一个 m∶n 的联系，则将该联系转换为一个独立的关系模式，其属性为两端实体类型的键加上联系类型的属性，而关系的键为两端实体的键的组合。

例如：学生与课程间存在 m∶n 的联系，其 E-R 图如图 2.12 所示。

转换为 3 个关系模式

学生(学号，姓名，性别，年龄)

课程(编号，名称，学分)

教学成绩(学号，编号，分数)

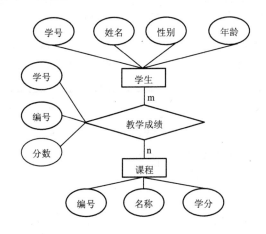

图 2.12　m∶n 联系 E-R 图

2. 对关系模式进行规范化处理

所谓关系的规范化，是指一个低一级范式的关系模式，通过投影运算，转化为更高级别范式的关系模式的集合的过程。满足不同程度要求的关系模式称为不同的范式。

(1) 第一范式(1NF)设 R 是一个关系模式，如果 R 的每一属性都是不可分离的数据项，则 R 是第一范式。

(2) 第二范式(2NF)如果关系模式 R 是第一范式，且 R 中每一非主属性完全函数依赖于 R 的主属性，则 R 是第二范式。

(3) 第三范式(3NF)如果关系模式 R 是第二范式，且它的任何一个非主属性都不传递函数依赖于任何属性，则称 R 是第三范式。

一个规范化的关系不能只满足第一范式或第二范式的要求，至少应当满足第三范式的要求。

关系规范化的基本思想：逐步消除数据依赖中不合适的部分，使关系模式达到一定程度的分离，即"一事一地"的模式设计原则，使概念单一化，即让一个关系描述一个概念、一个实体或者实体间的一种关系。

定义：设 X、Y 是关系 R 的两个属性集合，当任何时刻 R 中的任意两个元组中的 X 属性值相同时，则它们的 Y 属性值也相同，则称 X 函数决定 Y，或 Y 函数依赖于 X，记做 X→Y。

在 R(U)中，若 X→Y 并且对于 X 的任何一个真子集 X′ 都有 X′↛Y，则称 Y 对 X 完全函数依赖。

若 X→Y，但 Y 不完全函数依赖于 X，则称 Y 对 X 部分函数依赖。

在 R(U)中，X、Y 和 Z 为属性集 U 上的子集，若 X→Y，(Y∉X)，Y→Z，Y↛X，则存在 X→Z ，即 X 传递函数决定 Z，Z 传递函数依赖于 X。

例：举例说明规范化过程。假设在一个简单的教学成绩管理系统开发中，有一个关于学生成绩的登记表，见表2-3。

表2-3　学生成绩登记表

学号	姓名	性别	专业	课号	课名	学时	学分	成绩	教师	职工号
99088	李力	男	计算机	01	DB	60	3	88	李月	040
99088	李力	男	计算机	02	OS	80	4	80	张东	048
96066	康佳	女	计算机	01	DB	60	3	90	李月	040

通过分析可知，每个学生有一个学号；每个学生可选修多门课，每门课程有一个课程号，它能决定课名、学时、学分、任课教师、职工号；职工号决定每位教师；每个学生选定一门课程后有一个成绩。由此可得如下函数依赖：

学号→姓名

学号→性别

学号→专业

课号→课名

课号→学分

课号→学时

课号→教师

课号→职工号

(学号，课号)→成绩

职工号→教师

现在用规范化理论对此关系进行规范化处理，具体过程如下。

1) 消除部分函数依赖

在该关系模式中，(学号，课号)为主键，此关系属于第一范式。但存在非主属性对主键的部分函数依赖，如姓名、性别、专业均部分函数依赖于主键，而实际上它们只由学号决定，这样就导致了数据冗余。因此对该关系投影分解可得到如下3个关系模式：

学生(学号，姓名，性别，专业)　　　　　　其主键为(学号)

课程(课号，课名，学时，学分，教师，职工号)　　其主键为(课号)

成绩(学号，课号，成绩)　　　　　　　　　其主键为(学号，课号)

这3个关系属于第二范式，但仍然存在数据冗余等问题，需进一步分解。

2) 消除传递函数依赖

在关系模式课程中，存在非主属性对主键的传递函数依赖，即课号→职工号，每个职工号只有一位教师与之对应，即有职工号→教师，这样就有教师传递函数依赖于课号，继续分解该关系模式，得到解决如下两个关系模式：

课程(课号，课名，学时，学分，职工号)　　其主键为(课号)

教师(职工号，教师)　　　　　　　　　　其主键为(职工号)

最后，经过两次投影分解得到如下的4个关系模式均为第三范式：

学生(学号，姓名，性别，专业)　　　　　　其主键为(学号)

课程(课号，课名，学时，学分，职工号)　　其主键为(课号)

教师(职工号，教师)　　　　　　　　其主键为(职工号)

成绩(学号，课号，成绩)　　　　　　其主键为(学号，课号)

3. 代码(编号)设计

代码(编号)是一组有序的易于计算机和人识别与处理的符号，具有鉴别、分类、排序 3 种功能，本系统代码设计见表 2-4。

表 2-4　教学成绩管理系统代码表

表名	代码	类型	意义
学院信息表	编号	char(2)	2 位字符
系部信息表	编号	char(4)	4 位字符、前 2 位为所属学院编号
教研室信息表	编号	char(6)	6 位字符、前 4 位为所属系部编号
专业信息表	编号	char(6)	6 位字符
班级信息表	编号	char(8)	8 位字符
学生信息表	学号	char(6)	6 位字符
教师信息表	编号	char(6)	6 位字符
课程信息表	编号	char(6)	6 位字符
班级课程设置表	id	int	班级编号+教师编号+课程编号，不能重复
教学成绩表	id	int	学号+教师编号+课程编号，不能重复

4. 教学成绩管理系统逻辑结构设计

教学成绩管理系统数据库中各个表格的设计结果见表 2-5～表 2-14。每个表格表示在数据库中的一个表。

表 2-5　学院信息表

字段名	类型	空值	约束条件
编号	char(2)	not null	主键
名称	nchar(20)	not null	纯中文字符串，不能重名
简称	nchar(10)	not null	纯中文字符串，不能重名
院长	nchar(4)		
书记	nchar(4)		

表 2-6　系部信息表

字段名	类型	空值	约束条件
编号	char(4)	not null	前 2 位编号必须是有效的学院编号、主键
名称	nchar(20)	not null	纯中文字符串，不能重名
主任	nchar(4)		
书记	nchar(4)		

表 2-7　教研室信息表

字段名	类型	空值	约束条件
编号	char(6)	not null	前 4 位编号必须是有效的系部编号、主键
名称	nchar(20)	not null	纯中文字符串，不能重名
主任	nchar(4)		

表 2-8　教师信息表

字段名	类型	空值	约束条件
编号	char(6)	not null	主键
登录名	char(10)		
姓名	nchar(4)	not null	
密码	char(6)		
性别	nchar(1)	not null	男或女
教研室编号	char(6)	not null	有效的教研室编号(外键)
出生日期	datetime		
工作日期	datetime		
职称	nvarchar(5)		助教、讲师、副教授、教授、空
职务	nchar(12)		
学历	nchar(12)		
学位	nchar(2)		学士、硕士、博士、双学士
工资	money		
照片	image		

表 2-9　班级信息表

字段名	类型	空值	约束条件
编号	char(8)	not null	主键
名称	varchar(15)	not null	
年级	char(4)	not null	
专业编号	char(6)	not null	有效的专业编号(外键)
人数	int		
学制	int		
班主任	nchar(4)		
班长	nchar(4)		
书记	nchar(4)		

表 2-10　专业信息表

字段名	类型	空值	约束条件
编号	char(6)	not null	主键
院系编号	char(4)	not null	有效的系部编号(外键)
名称	nchar(20)	not null	

表 2-11　学生信息表

字段名	类型	空值	约束条件
学号	char(6)	not null	主键
姓名	nchar(4)	not null	汉字
密码	char(6)		
性别	nchar(1)	not null	男或女
出生日期	Datetime		
民族	nchar(4)		
籍贯	nchar(25)		
家庭地址	nchar(20)		
邮政编码	char(6)		数字
联系电话	char(20)		
身份证号	char(18)		不能重复
政治面貌	nchar(8)		党员、团员、群众、其他
班级编号	char(8)		有效的班级编号(外键)
入学日期	Datetime		
备注	nvarchar(40)		
简历	Ntext		
照片	Image		

表 2-12　课程信息表

字段名	类型	空值	约束条件
编号	char(6)	not null	主键
名称	varchar(50)	not null	
院系编号	char(4)	not null	有效的系部编号(外键)
学时	numeric(10，1)	not null	20～300
学分	numeric(10，1)	not null	
类别	nchar(5)	not null	公共基础课、选修课、专业基础课、专业课
考试类型	nchar(2)	not null	考查、考试

表2-13 班级课程设置表

字段名	类型	空值	约束条件
id	int	not null	自动编号(标识号)
班级编号	char(8)		有效的班级编号(外键)
教师编号	char(6)		有效的教师编号(外键)
课程编号	char(6)		有效的课程编号(外键)
学年学期	char(11)		
学时	int		

表2-14 教学成绩表

字段名	类型	空值	约束条件
id	int	not null	自动编号(标识号)
学号	char(6)	not null	有效的学号(外键)
课程编号	char(6)	not null	有效的课程编号(外键)
教师编号	char(6)		有效的教师编号(外键)
学年学期	char(11)	not null	
成绩	char(10)	not null	优、良、中、及格、合格、不及格、补考及格、缓考、缺考、缺课、免修、未修、 重修、作弊
分数	numeric(5，1)		0~100
考试类别	nchar(4)	not null	期末考试、期初补考、高挂补考、回校补考
考试考查类型	nchar(2)	not null	考试、考查
考试日期	datetime	not null	
录入日期	datetime	not null	

2.3 系 统 实 施

　　数据库应用系统开发在确定系统总体框架(系统功能)和系统基础(数据库设计,数据库概念设计)之后,接下来进行应用系统的实施工作,主要包括数据库实现(数据库物理设计与实现)、系统编程(菜单设计、输入界面设计、输出报表设计)、系统调试与运行、系统维护与评价等工作。在此,不介绍如何完成这些工作和完成这些工作的技术细节,而是介绍完成这些工作需要的知识点,为同学们学习指明学习方向。关于如何完成这些工作和完成这些工作的技术细节,可以注意相关课程的学习,如"管理信息系统"和 VB .NET、Delphi、PowerBuilder、Java、C#、PHP 等程序设计语言课程。

2.3.1　数据库实现

　　数据库实现即数据库物理设计与实现。数据库物理设计是利用已确定的逻辑结构以及数据库管理系统提供的方法、技术，以较优的存储结构、较好的数据存取路径、合理的数据存储位置以及存储分配，设计出一个高效的、可实现的物理数据库结构。

在 SQL Server 中，关于数据库存储结构、存储位置的方法与技术，在第 5 章创建数据库中进行了介绍，结合服务器硬件也可实现磁盘镜像、磁盘阵列技术；数据库存取方法是快速存取数据库中的数据的技术，在第 7 章索引中介绍了数据库存取方法和技术。

2.3.2　系统编程

1. 编程语言简介

数据库应用系统从应用地域来分，可以分为：局域网应用(C/S，客户/服务器结构)与互联网应用(B/S，浏览器/服务器结构)。

局域网数据库应用是指服务器和客户端均处于一个局部网络中，如公司的办公大楼、学校的校园网，客户端利用编写的桌面应用程序通过局域网络高速访问同一局域网中数据库服务器的数据，采用客户/服务器结构(C/S)。面向此类应用的编程语言有：Visual Basic、Visual FoxPro、PowerBuilder、Delphi、Java、VB .NET 和 C#等编程语言。其中，比较流行的编程语言是 VB 和 VF，容易进行数据应用开发的语言是 PB。如第 11 章教学成绩管理系统的 VB 实现、附录 1 SQL 作业提交与批阅系统和附录 2 SQL 上机考试与阅卷系统都是客户/服务器结构的局域网数据库应用系统。

互联网数据库应用是指服务器和客户端处于 Internet 中，世界上任何一台可以上网的计算机均可利用浏览器访问数据库服务器中的数据，采用浏览器/服务器结构(B/S)。面向此类应用的编程语言有：ASP、ASP.NET、PHP、C#、Java EE 等编程语言。其中，比较流行的编程语言是 ASP。如第 12 章教学成绩管理系统的 ASP 实现是浏览器/服务器结构的互联网数据库应用系统。

移动网应用是指客户端是处于移动状态的手持设备，如手机，通过无线移动网访问数据库服务器。面向此类应用的编程技术有：J2ME、Windows Mobile 等。

2. 功能菜单

菜单是指总体功能控制机制，通常称为系统菜单。如 VB 中菜单设计器，有关内容在学习 VB 时，请同学们掌握菜单设计技能。

3. 输入界面

输入界面是指屏幕输入格式。如 VB 中表单设计器，有关内容在学习 VB 时，请同学们掌握表单设计技能。

4. 输出界面

输出界面是指查询屏幕显示与报表输出，特别是报表输出。如 VB 中报表设计器、Cell 组件等，有关内容在 VB 中与第 11 章的 Cell 组件中等。

5. 数据处理

数据库的查询(select)语句具有较强的统计汇总计算功能。有关技术在第 6 章查询与视图中的聚合函数与 compute 子句中。

2.3.3　运行和维护

系统的运行和维护包括系统的调试、测试、试运行、运行、维护、评价。

系统测试是指加载实际数据对系统进行测试运行，测试系统的性能指标是否符合设计目标。系统运行标志着开发工作的基本完成和维护工作的开始，只要数据库系统存在，就要不断地对它进行维护和调整。

数据库运行阶段的维护工作主要有以下几个方面。

(1) 维护数据库的安全性与完整性。检查系统的安全是否受到侵犯，及时调整授权和密码，数据备份，以便发生故障时及时恢复。随着数据库应用环境的变化，对数据库的安全性和完整性要求也会发生变化，这时需要对数据库进行适当调整，以反映新变化。

(2) 监测并改善数据库的运行性能。对数据库的存储空间状况和响应时间进行分析评价，结合用户反应确定改进措施，实施数据库再构造、再组织。

(3) 及时发现并改正运行中的系统错误和不足。根据用户的要求对数据库系统现有功能进行调整和扩充。

2.4　本 章 小 结

本章主要介绍了数据库系统设计的主要过程和方法，即功能设计(需求分析、"教学成绩管理系统"功能设计)，数据库设计(数据库设计方法、概念结构设计、逻辑结构设计)和系统实施(数据库实现、系统编程、运行和维护)。读者应在学习第 11 和 12 章教学成绩管理系统实现时对本章内容做进一步的理解。

2.5　本 章 习 题

1. 选择题

(1) 数据库设计中的概念结构设计的主要工具是(　　)。
　　A. 数据模型　　　B. E-R 模型　　　C. 新奥尔良模型　　D. 概念模型
(2) 数据库设计中的逻辑结构设计的任务是把(　　)阶段产生的概念数据库模式变换为逻辑结构的数据库模式。
　　A. 需求分析　　B. 物理设计　　　C. 逻辑结构设计　　D. 概念结构设计
(3) 一个规范化的关系至少应当满足(　　)的要求。
　　A. 第一范式　　B. 第二范式　　　C. 第三范式　　　D. 第四范式

2. 填空题

(1) 需求分析阶段常用的调查方法有＿＿＿＿＿、＿＿＿＿＿、＿＿＿＿＿、＿＿＿＿＿和＿＿＿＿＿5 种。
(2) 需求分析的主要方法有＿＿＿＿＿和＿＿＿＿＿。

(3) 数据库设计方法中新奥尔良(New Orlean)方法将数据库设计分为_____分析、_____结构设计、_____结构设计、_____结构设计 4 个阶段。

(4) 概念结构设计的主要策略有_____、_____和_____ 3 种。

(5) 实体之间的联系可分为_____联系、_____联系和_____联系 3 类。

3. 判断题

(1) 物理设计的主要工作是建立实际数据库结构。

(2) 最常用的概念结构设计的方法是自底向上的设计策略。

(3) 编写程序不属于数据库的模式设计阶段。

(4) 设计好的数据库系统在投入使用后出现问题由使用方负责。

4. 简答题

(1) 试述把 E-R 图转换成关系模型的规则。

(2) 什么是数据库规范化理论？它对数据库设计有什么指导意义？

5. 简述题

现有关于班级、学生、课程的信息如下。

描述班级的属性有：班级号、班级所在专业、入校年份、班级人数、班长的学号。

描述学生的属性有：学号、姓名、性别、年龄。

描述课程的属性有：课程号、课程名、学分。

假设每个班有若干学生，每个学生只能属于一个班，学生可选修多门课程，每个学生选修的每门课程有一个成绩记载。根据语义，画出它们的 E-R 模型。

第 3 章　SQL Server 服务器的安装与配置

技能目标：通过本章的学习，读者应该掌握以下操作技能。

➢ 认识、掌握 SQL Server 2000 的 4 个主要工具，特别是从 SQL Server 的联机帮助中查询准确的概念解释、语法格式等知识，对于学好、用好 SQL Server 非常重要。

➢ 使用服务管理器进行数据库引擎、代理服务和分布式事务协理等 SQL 服务的开始/继续、暂停、停止。

➢ 使用企业管理器创建/删除服务器组、注册/删除服务器和配置 SQL Server 服务器。

➢ 用于教学的 SQL Server 2000 服务器安装在向导的帮助下十分简单，基本是一直选择默认值和单击【下一步】按钮，建议自学并亲自动手安装。

3.1　认识 SQL Server 2000 的主要工具

在已安装 SQL Server 2000 软件的计算机上，单击【开始】【程序】【Microsoft SQL Server】命令可以看到应用程序组件，如图 3.1 所示。SQL Server 2000 提供了一套管理工具和实用程序，可以用来设置和管理 SQL Server 2000，这里只简单介绍最常用的 4 个工具：服务管理器、企业管理器、查询分析器和联机丛书。

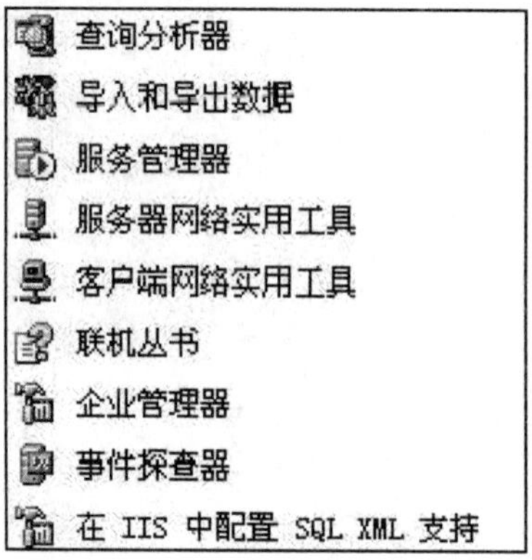

```
查询分析器
导入和导出数据
服务管理器
服务器网络实用工具
客户端网络实用工具
联机丛书
企业管理器
事件探查器
在 IIS 中配置 SQL XML 支持
```

图 3.1　主要工具

3.1.1　SQL 服务管理器

SQL Server 服务管理器是一个图形界面的服务管理工具，用于管理 SQL Server 组件的启动、停止和暂停服务，如数据库引擎——SQL Server、代理服务——SQL Server Agent、分布式事务协调器——Distributed Transaction Coordinator 等。组件程序名是位于\Program Files\Microsoft SQL Server\80\Tools\Binn\目录下的 sqlmangr.exe，如图 3.2 所示。

图 3.2　SQL Server 服务管理器

3.1.2　SQL 企业管理器

　　SQL Server 企业管理器是一个图形界面的综合管理工具，是 SQL Server 2000 的主要管理工具，它提供了一个管理控制台的用户界面，具有管理 SQL Server 服务器组和注册配置服务器，管理 SQL Server 登录和用户、数据库以及数据表、视图、存储过程、触发器、索引等功能，定义并执行所有 SQL Server 管理任务，唤醒调用为 SQL Server 定义的各种向导等功能。组件程序名是位于\WINDOWS\system32\ 目录下的 mmc.exe，如图 3.3 所示。

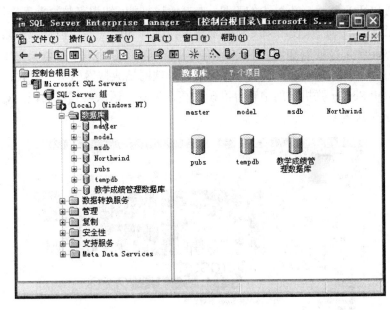

图 3.3　企业管理器

3.1.3　SQL 查询分析器

　　SQL 查询分析器是一个图形界面的实用工具，可以编写调试 T-SQL 语句或脚本实现对数据库、表等项目的创建、修改以及对数据的查询、增加、修改、删除等功能。组件程序名是位于\Program Files\Microsoft SQL Server\80\Tools\Binn\目录下的 isqlw.exe，如图3.4所示。

图 3.4　查询分析器

3.1.4　SQL 联机帮助

　　SQL 联机帮助文档介绍了关于 SQL Server 2000 的相关技术文档和使用说明，包括一些示例。SQL Server 联机帮助界面如图 3.5 所示。SQL 联机帮助是一个非常重要的工具，是学习和使用 SQL Server 必不可少的工具，本书所述技能、知识点是数据库应用中最基本、最常用的技能或知识点，从使用频度角度来说大约达到 80%左右，但从数量角度来说大约只占 SQL Server 全部技能或知识点的 20%左右，使用频度较小或更准确、更全面、更权威的技能、知识点要从 SQL Server 联机帮助甚至是微软网站或搜索引擎中搜索、查询。所以，熟练掌握从 SQL Server 联机帮助中查寻准确的概念解释、语法格式等知识，对于学好、用好 SQL Server 非常重要。

图 3.5　联机帮助

3.2　SQL Server 服务器启动与注册、配置

启动服务是学习和使用 SQL Server 的第一步，只有启动了 SQL Server 服务，特别是数据库引擎服务：SQL Server，才能使用企业管理器、查询分析器等工具访问和管理数据库服务器。

3.2.1　SQL Server 服务管理

【演练 3.1】使用 SQL 服务管理器管理 SQL 的服务进程。

(1) 单击【开始】|【程序】|【Microsoft SQL Server】|【服务管理器】命令，打开如图 3.2 所示的【SQL Server 服务管理器】窗口；或者在 SQL 服务管理器已启动的情况下，双击任务栏中服务图标也可弹出【SQL Server 服务管理器】窗口。

(2) 在【服务器】列表框中选择或输入服务器名，在【服务】列表框中选择服务类型，选择【当启动 OS 时自动启动服务】复选框，单击▶按钮启动相应的 SQL 服务，然后打开【Windows 任务管理器】查看其服务进程是否存在。

(3) 在【服务器】列表框中选择或输入服务器名，在【服务】列表框中选择服务类型，选择【当启动 OS 时自动启动服务】复选框，单击▮▮按钮暂停相应的 SQL 服务进程。

(4) 在【服务器】列表框中选择或输入服务器名，在【服务】列表框中选择服务类型，选择【当启动 OS 时自动启动服务】复选框，单击▮按钮停止相应的 SQL 服务进程，然后打开【Windows 任务管理器】查看其服务进程是否还存在。

(5) 单击✕按钮或【关闭】命令，关闭服务管理器图形界面，并在任务栏显示托盘图标。

(6) 右击 Windows 任务栏上的【SQL Server 服务管理器】图标，单击【退出】命令退出【SQL Server 服务管理器】关闭 sqlmangr.exe 程序，同时托盘图标消失。

【知识点】

(1) SQL 服务类型有 3 种，分别是：

SQL Server 数据库引擎服务，服务进程名 sqlservr.exe；

SQL Server Agent 代理服务，服务进程名 sqlagent.exe；

Distributed Transaction Coordinator 分布式事务协调，服务进程名 msdtc.exe。

(2) SQL 服务数据库引擎启动、暂停和停止的托盘图标是📷、📷、📷，代理服务启动和停止的托盘图标是📷、📷，分布式事务协调启动和停止的托盘图标是📷、📷。

(3) SQL Server 服务管理器的程序是 sqlmangr.exe，启动和关闭(退出)服务管理器即允许或关闭 sqlmangr.exe 程序。即便是停止服务管理器运行，也并不意味着 SQL 服务(服务进程)也停止了，如右击任务栏📷图标或单击【退出】命令关闭【服务管理器】同时托盘图标消失，数据库引擎服务进程 sqlservr.exe 仍然运行，仍然可以通过企业管理器或查询分析器或客户端程序连接数据库引擎访问数据库服务器。

3.2.2　创建服务器组

【演练 3.2】使用企业管理器创建服务器组。

（1）在企业管理器中，右击一个服务器组图标，然后单击【新建 SQL Server 组】命令弹出【服务器组】对话框，如图 3.6 所示。

图 3.6　创建服务器组

（2）在【名称】文本框中为该新组输入唯一名称。

（3）根据用户的需要，可以选择【顶层组】单选按钮、【下面项目的子组】单选按钮。如果选择了【下面项目的子组】单选按钮，则需要选择一个希望新组位于其下的顶层组。

（4）单击【确定】按钮，完成新服务器组创建。

3.2.3　注册/删除服务器

【演练 3.3】　SQL Server 企业管理器是用来管理数据库的客户端程序，在使用企业管理器管理数据库(创建、修改或删除数据库对象，添加、修改或删除数据等)之前，需要提供注册账户(连接服务器引擎的登录账户名称和口令)，将要管理的本地的或远程的服务器注册到企业管理器中。在企业管理器中，如何注册、删除要管理的服务器呢？

（1）在企业管理器中，右击一个服务器组或者服务器图标，然后单击【新建 SQL Server 注册】命令，出现如图 3.7 所示的【注册 SQL Server 向导】对话框，然后单击【下一步】按钮后，则出现如图 3.8 所示的对话框。

（2）在【可用的服务器】列表框中选择所要注册的服务器名称，单击【添加】按钮，此时右侧【添加的服务器】列表框中列出了被添加的服务器名称，然后单击【下一步】按钮。

（3）在【选择身份验证模式】对话框中根据用户的需要选择验证模式，如图 3.9 所示，单击【下一步】按钮。

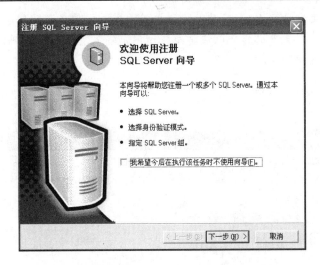

图 3.7　【注册 SQL Server 向导】对话框

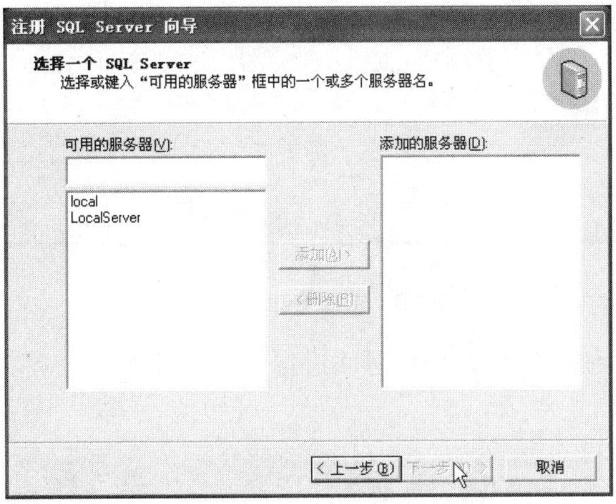

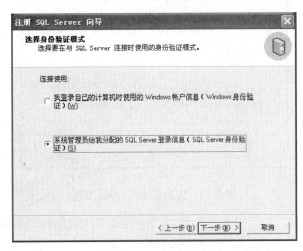

图 3.8　选择服务器

图 3.9　【选择身份验证模式】对话框

说明：如果选择【使用 SQL Server 身份验证】必须提供登录名和密码，选择【总是提示输入登录名和密码】复选框，以便总是提示用户输入登录名和密码，而不要将登录 ID 和密码保存在注册表中。

(4) 在【选择 SQL Server 组】对话框中，单击一个服务器组，然后单击【下一步】按钮，如图 3.10 所示。

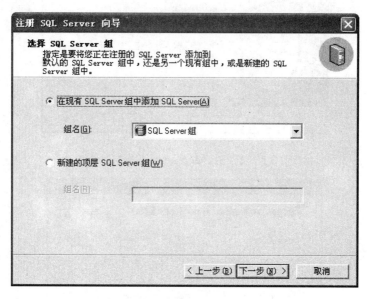

图 3.10　选择 SQL Server 组

(5) 完成注册，系统可能花几分钟时间进行连接，并确认服务器存在以及连接信息有效，如图 3.11 所示。

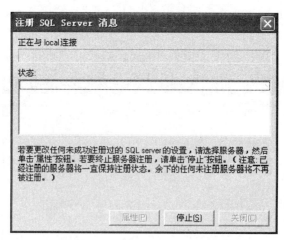

图 3.11　注册 SQL Server 消息

(6) 展开服务器组，然后展开服务器，选定要修改注册属性的服务器，右击选择【编辑 SQL Server 注册属性】命令，弹出相应对话框修改注册属性。

(7) 展开服务器组，然后展开服务器，选定要删除的服务器，右击选择【删除 SQL Server

注册】命令，在弹出的提示对话框中单击【是】按钮便可直接删除此服务器注册。

3.2.4　配置 SQL Server 服务器

【演练 3.4】使用企业管理器配置服务器。

在企业管理器控制台根目录下，展开服务器组，然后展开服务器，就可以对服务器进行配置，选定所要配置的服务器，右击选择【属性】命令，便可直接对此服务器进行配置，如图 3.12 所示。

图 3.12　配置服务器

用户可以对服务器、数据库、内存、处理器等资源进行配置，这里只是简单提到，详细操作读者可自己动手。

3.3　SQL Server 2000 的安装

安装一个用于教学的 SQL Server 2000 数据库服务器，在向导的帮助下，基本上是选择默认值和单击【下一步】按钮，十分简单。但真正理解 SQL Server 安装时选项的含义要到学完本书时才能有较深的认识，真正安装一个能够承担成千上万人同时访问的 SQL Server 2000 数据库服务器，还需要学习和查询很多知识。本节只是简单地介绍 SQL Server 2000 安装的感性知识。

3.3.1　SQL Server 2000 对系统的需求

1. 对硬件的要求

表 3-1 描述了 SQL Server 2000 对硬件的要求。

表 3-1　SQL Server 2000 对硬件的要求

硬件	需求
计算机	Intel 及其兼容系统、计算机 Pentium 166MHz 或更高
内存	企业版：至少 64MB，建议 128MB 或更多 标准版：至少 64MB 个人版：在 Windows 2000/XP 下至少 64MB，其他操作系统至少 32MB 开发版：在 Windows 2000/XP 下至少 64MB，其他操作系统至少 32MB 内存容量可以和数据容量保持 1：1 的比例，这样可以更好的发挥其效能
硬盘空间	需要约 500MB 的程序空间，以及预留 500MB 的数据空间
显示器	需要设置成 800×600 模式，才能使用其图形分析工具

2. 对操作系统的要求

表 3-2 描述了 SQL Server 2000 对操作系统的要求。

表 3-2　SQL Server 2000 对操作系统的要求

版本	操作系统要求
企业版	Microsoft Windows NT Server 4.0、NT Server 4.0 企业版、2000 Server、2000 Advanced Server 和 2000 Data Center Server 以及所有更高级的 Windows 操作系统(所有版本均需要安装 IE 5.0 以上版本浏览器)
标准版	Microsoft Windows NT Server 4.0、NT Server 企业版、2000 Server、2000 Advanced Server 和 2000 Data Center Server 以及所有更高级的 Windows 操作系统
开发版	Microsoft Windows NT Workstation、2000 Professional 和所有其他 NT 和 2000 以及所有更高级的 Windows 操作系统
个人版	Microsoft Windows Me、98、NT Workstation 4.0、2000 Professional、NT Server 4.0、2000 Server 和所有更高级的 Windows 操作系统

3.3.2　SQL Server 2000 的安装版本

SQL Server 2000 包括企业版、标准版、开发版、个人版 4 个版本。

(1) 企业版：作为生产数据库服务器使用。支持 SQL Server 2000 中的所有可用功能，并可根据支持最大的 Web 站点和企业联机事务处理(OLTP)及数据仓库系统所需的性能水平进行伸缩。

(2) 标准版：作为小工作组或部门的数据库服务器使用。

(3) 个人版：供移动的用户使用，这些用户有时从网络上断开，但所运行的应用程序需要 SQL Server 数据存储。在客户端计算机上运行并且需要本地 SQL Server 数据存储的独立应用程序时也使用个人版。

(4) 开发版：供程序员用来开发将 SQL Server 2000 用作数据存储的应用程序。虽然开发版也支持企业版的所有功能，使开发人员能够编写和测试可使用这些功能的应用程序，但是只能将开发版作为开发和测试系统使用，不能作为生产服务器使用。

3.3.3　SQL Server 2000 的安装步骤

【演练 3.5】SQL Server 2000 软件安装。

(1) 将 SQL Server 2000(企业版)的安装光盘放入 CD-ROM 中，一般情况下，安装程序会自动运行，如果不能自动运行，双击文件 setup.bat 或 autorun.exe，开始安装，如图 3.13 所示。如果操作系统是 Windows 95 以上，则选择【安装 SQL Server 2000 组件】，如果操作系统是 Windows 95，则需要选择【安装 SQL Server 2000 的先决条件】。

(2) 选择【安装 SQL Server 2000 组件】后，弹出【安装组件】界面，如图 3.14 所示。

图 3.13　安装选项界面　　　　　　　　图 3.14　【安装组件】界面

(3) 选择【安装数据库服务器】，在弹出的欢迎界面中单击【下一步】按钮，出现【计算机名】对话框，这里是默认选中【本地计算机】单选按钮，本地计算机的计算机名称出现在编辑文本框中。对于远程安装，则选择【远程计算机】单选按钮，输入远程计算机的名称或单击【浏览】按钮来查找远程计算机。单击【下一步】按钮，如图 3.15 所示。

(4) 在弹出的【安装选择】对话框中选中【创建新的 SQL Server 实例，或安装"客户端工具"】单选按钮，也就是默认选项，如图 3.16 所示。然后单击【下一步】按钮，弹出【用户信息】对话框，如图 3.17 所示。

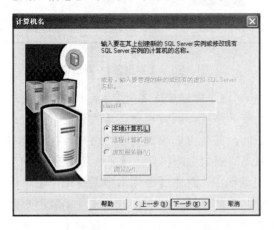
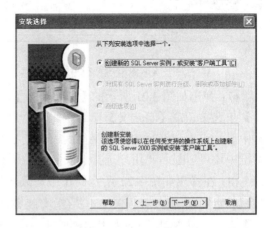

图 3.15　【计算机名】对话框　　　　　　图 3.16　【安装选择】对话框

（5）在【用户信息】对话框中输入用户姓名和公司名称，然后单击【下一步】按钮，弹出【软件许可证协议】对话框，单击【是】按钮，弹出【安装定义】对话框，如图 3.18 和图 3.19 所示，选中【服务器和客户端工具】单选按钮，然后单击【下一步】按钮。

（6）弹出如图 3.20 所示的【实例名】对话框，用户可以不输入实例名称，选择系统的默认选项，如果【默认】复选框不可用，则说明该计算机已经安装了 SQL Server 其他的版本了，这时必须输入新的"实例名"。设置完成后，单击【下一步】按钮。

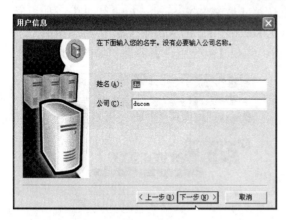

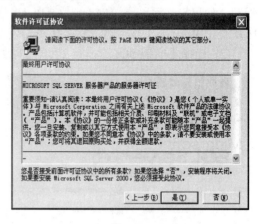

图 3.17　【用户信息】对话框　　　　　图 3.18　【软件许可证协议】对话框

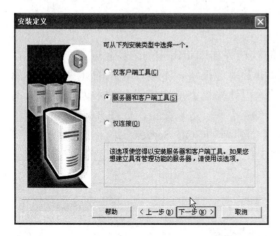

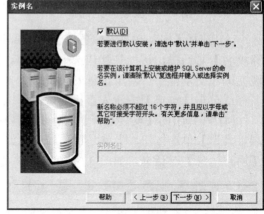

图 3.19　【安装定义】对话框　　　　　图 3.20　【实例名】对话框

（7）弹出如图 3.21 所示的【安装类型】对话框，这里可以选中【典型】单选按钮、【最小】单选按钮或【自定义】单选按钮，然后修改安装路径，同时也会在【安装类型】对话框中显示出用户选择的安装类型所需要的磁盘空间，并且可以改变安装的路径，在这个对话框中还可以显示出用户选择的安装路径所在磁盘的剩余空间，单击【下一步】按钮。

（8）在弹出如图 3.22 所示的【服务账户】对话框中，选中【使用本地系统账户】单选按钮表示启动 SQL 服务采用本机(指安装 SQL 服务器的计算机)账户，选中【使用域用户账户】表示启动 SQL 服务采用本机所在域(局域网)账户并输入域名、用户名和密码。此处，选中【使用本地系统账户】单选按钮，单击【下一步】按钮。

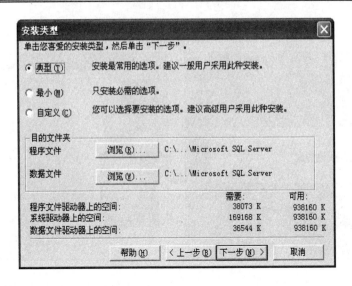

图 3.21　【安装类型】对话框

(9) 在弹出如图 3.23 所示的【身份验证模式】对话框中，选中【Windows 身份验证模式】单选按钮表示身份验证模式采用仅 Windows 身份验证模式(SQL 登录账户只能是 Windows 操作系统的账户名)，选中【混合模式(Windows 身份验证和 SQL Server 身份验证)】单选按钮表示 SQL 登录账户既可以是 Windows 操作系统的账户名，也可以在 SQL 中创建 SQL 登录账户名。此处，选中【混合模式(Windows 身份验证和 SQL Server 身份验证)】单选按钮，输入 sa 用户访问 SQL Server 数据库的密码，sa 用户是 SQL Server 自动添加的一个用户。这里可以不输入访问密码，出于对数据库安全性考虑，强烈建议输入密码，单击【下一步】按钮，出现开始复制文件窗口，如图 3.24 所示。

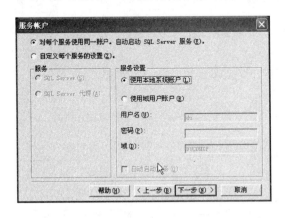

图 3.22　【服务账户】对话框　　　　　图 3.23　【身份验证模式】对话框

(10) 安装完毕后，系统会要求重新启动，可以选择重新启动或稍后再重新启动，单击【完成】按钮。到此为止，就完成了 SQL Server 2000 服务器的安装，如图 3.25 所示。

图 3.24　安装进度

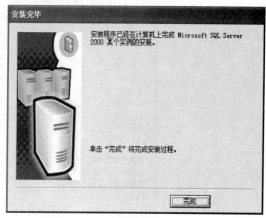

图 3.25　【安装完毕】对话框

3.4　本章小结

　　本章介绍了 SQL Server 2000 中 4 个常用的工具,服务器的启动、注册和配置,SQL Server 2000 的系统需求和安装 SQL Server 2000 的一般步骤,使读者对 SQL Server 2000 有个感性认识。对于 SQL Server 2000 安装、启动、注册和配置中的概念、选项的深刻理解,需要在以后各章的学习中不断体会,对于真正安装、配置和管理一个能够承担成千上万人同时访问的 SQL Server 2000 数据库服务器,还需要在今后的工作中学习、查询和钻研很多知识。

3.5　本章习题

　1. 填空题

　(1) SQL Server 2000 启动 SQL Server 服务的服务账户有＿＿＿＿＿＿账户和＿＿＿＿＿＿账户。

　(2) SQL Server 2000 采用的身份验证模式有＿＿＿＿＿＿模式和＿＿＿＿＿＿模式。

　(3) 安装一个用于教学的 SQL Server 2000 数据库服务器,在向导的帮助下,基本上是一路选择＿＿＿＿＿＿和单击＿＿＿＿＿＿按钮。

　(4) SQL Server 2000 最常用的 4 个工具是＿＿＿＿＿＿管理器、＿＿＿＿＿＿管理器、＿＿＿＿＿＿分析器和联机帮助。

　(5) SQL Server 服务管理器用于＿＿＿＿＿＿、＿＿＿＿＿＿和暂停服务器上的 SQL Server 2000 组件。

(6) SQL Server 企业管理器是一个具有图形界面的综合管理工具，它提供了一个管理控制台的用户界面，具有管理 SQL Server_____和注册配置_____，管理 SQL Server_____、数据库以及数据表、视图、存储过程、触发器、索引等功能，定义并执行所有 SQL Server 管理任务，唤醒调用为 SQL Server 定义的各种向导等功能。

(7) SQL 查询分析器是一种图形界面的实用工具，可以编写调试 T-SQL 语句或脚本实现对数据库、表等项目的_____、_____和_____，以及对数据的_____、_____、_____和_____等功能。

(8) SQL 联机帮助文档介绍了关于 SQL Server 2000 的相关的_____和_____。

2. 简答题

(1) 在安装 SQL Server 2000 时，在【服务账户】对话框中，如何进行选择？

(2) 如何停止 SQL Server 2000 服务？

(3) 在企业管理服务器中，如何创建 SQL Server 2000 服务器组？

(4) 在企业管理服务器中，如何删除已注册的 SQL Server 2000 服务器？

3. 操作题

(1) 上机安装一下 SQL Server 2000(个人版)。

(2) 上机配置一下 SQL Server 2000 服务器。

第 4 章　T-SQL 语言基础

技能目标：通过本章的学习，读者应该掌握以下 T-SQL 语言的基础技能。

➤ 整数、实数、货币、字符串、日期等常量的表示方法。

➤ 变量命名、类型声明及其赋值方法(declare, set, select)。

➤ 使用函数如何实现的下列常用功能的方法：

实数取整、四舍五入；

字符编码(ASCII、Unicode)；

字符串长度、字符串转换、求子字符串；

当前时间、求某日期的年份(月份、日)、年龄(月龄、日龄)、求某日过几天(月/年)的日期、求某日几天/月/年前的日期。

➤ 运算表达式的书写：日期与整数的算术运算、数值型字符串与数值的算术运算、字符串与字符串的连接运算、数值大小比较运算、字符串字典排列前后的比较运算、相等比较运算。

➤ 流程控制语句的使用：复合语句、判断语句、循环语句，特别是情况表达式(case)。

➤ T-SQL 语句调试：逗号、全角逗号、单引号、空格等书写。

4.1　常量与数据类型

SQL 是结构化查询语言(Structure Query Language)的英文缩写，Transact-SQL(T-SQL)是由国际标准化组织(ISO)和美国国家标准学会(ANSI)发布的 SQL 标准中定义的语言的扩展。

在 T-SQL 语言编程中常量、变量、表中的列、函数的自变量与函数值、过程参数及返回代码、表达式等都具有数据类型，数据类型可分为精确数字(整数、位型、货币型、十进制)、近似数字、日期时间、字符与二进制(字符、Unicode、二进制)和特殊数据类型。

4.1.1　常量

【导例 4.1】设一同学有如下特征，姓名：白云、性别：男、年龄：20 周岁、身高：1.78 米、体重：60.5 公斤、出生日期：1988 年 5 月 21 日、出生地：山西长治、月薪期望：3000 元。在 SQL 程序中如何表示这些常量？

```
'白云'  ---- 姓名      '男'  ---- 性别     20 ---- 年龄      1.78 ---- 身高
60.5 ---- 体重      '1988.05.21'    ---- 出生日期     '山西长治'  ---- 出生地
$3000  ----  月薪期望
```

【知识点】

常量也称为字面值或标量值，是表示一个特定数据值的符号。常量的值在程序运行过程中不会改变。常量包括字符常量、整型常量、实型常量、日期型常量、货币型常量等。常量的格式取决于它所表示的值的数据类型，见表 4-1。

表 4-1 SQL 常量类型表

类型	说明	例如
整型常量	没有小数点和指数 E	60，20，−365
实型常量	decimal 或 numeric 带小数点常数 float 或 real 带指数 E 的常数	1.78，−200.25 +123E−3，−12E5
字符串常量	用单引号引起来	'白云'，'this is database'
双字节字符串	前缀 N 必须是大写 用单引号引起来	N'黑土'
日期型常量	用单引号(')引起来	'6/5/03'，'May 12 2008'，'19491001'
货币型常量	精确数值型数据，前缀$	$380.2
二进制常量	前缀为 0x	0xAE、0x12Ef、0x69048AEFDD010E
全局唯一 标识符	前缀为 0x 用单引号(')引起来	0x6F9619FF8B86D011B42D00C04FC964FF '6F9619FF− 8B86− D011− B42D − 00C04FC964FF'

4.1.2 数据类型

数据类型是指数据所代表信息的类型。Microsoft SQL Server 2000 中定义了 24 种数据类型，同时允许用户自定义数据类型，见表 4-2。

表 4-2 SQL 数据类型表

数据类型名称			性质说明	字节数
精确数字类型	整数	bigint	从-2^{63} 到 $2^{63}-1$(− 922 亿亿到 922 亿亿)的整型数据	8
		int	从-2^{31} 到 $2^{31}-1$ (− 21 亿到 21 亿)的整型数据	4
		smallint	从-2^{15} 到 $2^{15}-1$(− 32768 到 32767)的整型数据	2
		tinyint	从 0 到 255 的整型数据	1
	位型	bit	由 0 和 1 组成，用来表示真、假	1/8
	货币	money	−922 万亿到 922 万亿，精确到万分之一货币单位	8
		smallmoney	存储从−214748.3648~214748.3647，精确到万分之一	4
	十进制	decimal	−10^{38}−1~10^{38}−1，最大位数 38 位	5、9、13 或 17
		numeric		
近似数值		float	从−1.79E+308 到 1.79E+308 的浮点近似数字	4(7) ,8(15)
		real	从−3.40E+38 到 3.04E+38 的浮点近似数字	4(7)
日期时间		datetime	存储从 1753.1.1~9999.12.31，精确到 3.33 毫秒	8
		smalldatetime	存储从 1900.1.1~2079.12.31，精确到分钟	4
字符类	字符类型	char[(n)]	固定长度的单字节字符数据，最长 8000 个字符	最长 8000
		varchar[(n)]	可变长度的单字节字符数据，最长 8000 个字符	最长 8000
		text[(n)]	可变长度的单字节字符数据，最长 2^{31}-1 个字符	

续表

	数据类型名称		性质说明	字节数
字符类	Unicode	nchar [(n)]	固定长度的双字节字符数据，最长 4000 个字符	最长 8000
		nvarchar[(n)]	可变长度的双字节字符数据，最长 4000 个字符	最长 8000
		ntext[(n)]	可变长度的双字节字符数据，最长 2^{30}-1 个字符	
二进制		binary[(n)]	固定长度的 n(默认 1)字节二进制数据(1<n<8000)	最长 8000
		varbinary[(n)]	可变长度的 n(默认 1)字节二进制数据(1<n<8000)	最长 8000
		image	可变长度的二进制数据	
特殊类型		timestamp	以二进制格式表示 SQL 活动的先后顺序	8
		uniqueidentifier	以十六字节二进制数字表示一个全局唯一的标识号	16

(1) 表中 n 表示字符串长度。

(2) 位型数据存储格式：如果一个表中有 8 个以内的 bit 列，这些列用一个字节存储。如果表中有 9 到 16 个 bit 列，这些列用两个字节存储。更多列的情况以此类推。

(3) 十进制数据宽度最高为 38 位。

(4) 日期时间类型：没有指定小时以上精度的数据，自动时间为 00:00:00。

(5) 单字节字符串数据类型：

① 定长 char：一个字符一个字节，空间不足截断尾部，空间多余空格填充。

② 变长 varchar：一个字符一个字节，空间不足截断尾部，多余空间不填空格。

③ 变长字符串(text)：存储大小是所输入字符个数。

(6) 双字节字符串数据类型，unicode 字符类型(N 代表国际语言 National Language)：

① 定长字符串(nchar)：一个字符两个字节，空间不足截断尾部，空间多余空格填充。

② 变长字符串(nvarchar)：一个字符两个字节，空间不足截断尾部，多余空间不填空格。

③ 变长字符串(ntext)：存储大小是所输入字符个数的两倍(以字节为单位)。

(7) 二进制数据类型：存储 Word 文档、声音、图表、图像(包括 GIF、BMP 文件)等数据。

在 SQL Server 中，除上述 24 种数据类型外，允许用户在系统数据类型的基础上建立自己定义的数据类型。但值得注意的是每个数据库中所有用户定义的数据类型名称必须唯一。建立自己定义的数据类型则需要使用系统存储过程 sp_addtype。

4.2　局部变量和全局变量

在 T-SQL 编程语言中变量可分为局部变量和全局变量。局部变量是用来存储指定数据类型的单个数据值的对象，全局变量是由系统提供且预先声明的用来保存 SQL Server 系统运行状态数据值的变量。无源 select 语句是用来查询常量、变量、函数、表达式值的语句。

4.2.1　select 语句无源查询

【演练 4.1】初识 SQL 查询分析器。

在操作系统桌面，单击【开始】|【程序】|【Microsoft SQL Server】|【查询分析器】命

令，输入连接数据库的用户名和密码，打开如图 4.1 所示的【SQL 查询分析器】界面，认识界面的各个组成部分，浏览【SQL 查询分析器】菜单体会表 4-3 所示的常用快捷键。

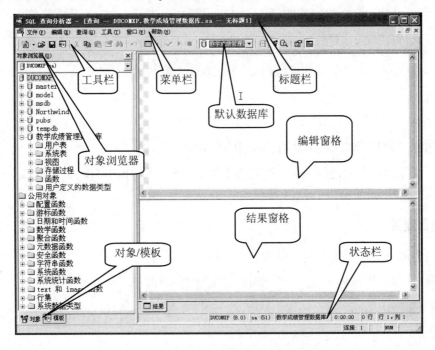

图 4.1　【SQL 查询分析器】界面

【知识点】

　　SQL 查询分析器是一种图形工具。在查询分析器中，用户可以对单个 SQL 语句或由多个 SQL 语句编写的脚本进行编写调试。

表 4-3　SQL 查询分析器常用快捷键表

快捷键	功能	快捷键	功能
Ctrl+A	全选	F3	重复查找
Ctrl+C	复制	Ctrl+H	替换
Ctrl+V	粘贴	Ctrl+Shift+L	使选定内容为小写
Ctrl+X	剪切	Ctrl+Shift+U	使选定内容为大写
Ctrl+Z	撤销	Ctrl+F5	分析查询并检查语法
Tab	增大缩进	F5	执行查询
Shift+Tab	减小缩进	Alt+Break	取消查询
Ctrl+Shift+C	注释代码	F1	查询分析器帮助
Ctrl+Shift+R	删除注释	Shift+F1	对所选 SQL 语句的帮助
Ctrl+F	查找	F8	显示/隐藏对象浏览器

【演练 4.2】初识 select 无源查询语句。

打开【SQL 查询分析器】，在编辑窗格录入下列脚本代码，注意逗号、全角逗号、单引号、全角单引号、空格等字符的录入，体会常量如何表示、select 无源查询语句格式。

```
select '白云' as 姓名, '男' as 性别, 20 as 年龄,
    1.78   as 身高, 60.5 as 体重, '1988.05.21' as 出生日期,
    '山西长治' as 出生地, $3000 as 月薪期望
```

【知识点】

(1) select 语句无源查询就是最简单的语句，其语法格式：

```
select 常量|变量|函数|表达式 [as 别名][,…n]
```

(2) 所谓无源查询就是指 select 语句中不需要 from 子句指出查询源，实质上就是查询常量、变量或表达式的值。

4.2.2 局部变量

【导例 4.2】如何进行变量声明、赋值、重新赋值与查询？

```
declare @姓名 nvarchar(3), @age int, @出生日期 datetime

set @姓名 = '白云'
set @age = 20
set @出生日期 = '1988.05.21'
select @姓名, @age, @出生日期

select @姓名 = '黑土', @age = 22, @出生日期 = '1986.06.01'
select @姓名, @age, @出生日期
```

【知识点】

(1) 变量是由用户定义并可赋值的数据内存空间。变量有局部变量和全局变量两种。

(2) 局部变量用 declare 语句声明，声明时它被初始化为 null，并由 set 语句或 select 语句赋值，它只能用在声明该变量的过程实体中，即使用范围是定义它的批、存储过程和触发器等。其名字由一个 @ 符号开始。

(3) 定义局部变量、局部变量赋值的语法格式如下：

```
定义: declare 局部变量名数据类型[,…n]
赋值: set 局部变量名=表达式[,…n]
```

4.2.3 全局变量

【导例 4.3】如何查询 SQL Server 服务器版本、默认语言、累计连接数、上一条 T-SQL 语句执行后的错误号？

```
select @@version as 版本, @@language as 默认语言
select @@connections as 累计连接数, @@error as 上条语句错误号
```

【知识点】

(1) 全局变量是由 SQL Server 系统提供并赋值的变量，名字由 "@@" 符号开始。用户不能建立全局变量，也不可能使用 set 语句去修改全局变量的值。大部分全局变量的值是

报告本次 SQL Server 启动后发生的系统活动状态。通常应该将全局变量的值赋给在同一个批中的局部变量，以便保存和处理。

(2) SQL Server 提供的全局变量分为两类：一是与 SQL Server 连接有关的全局变量，如：@@rowcount 表示受最近一个语句影响的行数；二是与系统内部信息有关的全局变量，如：@@version 表示 SQL Server 的版本号。SQL Server 2000 提供了 30 多个全局变量，表 4-4 介绍了几个常用的全局变量。

表 4-4　SQL 常用的全局变量表

名称	说明
@@connections	返回当前服务器的连接的数目
@@rowcount	返回上一条 T-SQL 语句影响的数据行数
@@error	返回上一条 T-SQL 语句执行后的错误号
@@procid	返回当前存储过程的 ID 号
@@remserver	返回登录记录中远程服务器的名字
@@spid	返回当前服务器进程的 ID 标识
@@version	返回当前 SQL Server 服务器的版本和处理器类型
@@language	返回当前 SQL Server 服务器的语言

4.3　常　用　函　数

在 T-SQL 编程语言中函数可分为系统定义函数和用户定义函数。本节介绍的是系统定义函数中常用的数学函数、字符串函数、日期时间函数、聚合函数、系统函数、系统统计函数中的常用的部分函数。

4.3.1　数学函数

【导例 4.4】如何实现实数取整、四舍五入？

```
select floor(13.4), floor(14.6), floor(-13.4), floor(-14.6)
select ceiling(13.4), ceiling(14.6), ceiling(-13.4), ceiling(-14.6)
select round(13.4321,3), round(13.4321,2)
select round(13.4567,3), round(-13.4567,3)
```

【知识点】

数学函数对作为函数参数提供的输入值执行计算，返回一个数字值。SQL Server 2000 中定义了 23 种数学函数，表 4-5 是数值处理中常用的数学函数。除表 4-5 外，还提供了开方、幂、指数、对数和三角函数等函数，需要时可查询联机帮助。

表 4-5　SQL 常用数学函数表

函数	名称	说明
round(数字表达式，小数位数)	四舍五入	返回数字表达式的值并按指定小数位数四舍五入

续表

函数	名称	说明
floor(数字表达式)	整数函数	返回小于或等于数值表达式值的最大整数
ceiling(数字表达式)	整数函数	返回大于或等于所给数值表达式的最小整数
rand()	随机函数	返回 0 到 1 之间的随机 float 值

4.3.2　字符串函数

【导例 4.5】如何查询某字符的 ascii 或 unicode 编码？如何查询某编码的字符？

```
select ascii('A'), ascii('a'), ascii('E'), ascii('汉字'), ascii('函数')
select unicode('杜'),unicode('李') ,unicode('English')
select char(65),char(97)
select nchar(26460),nchar(26446)
```

【思考】ascii('B')和 ascii('b')函数值是多少？ascii('E') 和 unicode('English') 函数值一样吗？ascii('汉字')和 ascii('函数')函数值为什么一样？查自己姓名的每个字的 unicode 代码。

【导例 4.6】如何查询字符串长度和进行字符串大小写转换？

```
select len('You are a dog'), len('你是dog'), len('你是小狗')
select '计算机系'+space(5)+'网络专业'
select lower('ABCDEfg'), lower('WonDERful')
select upper('wonderful'), upper('ABcdefg')
```

【思考】在 SQL 中，一个汉字算几个字符长度？

【导例 4.7】如何剔除字符串左部空格、右部空格？截取字符串左部子串、中间子串、右部子串？如何进行字符串倒置？

```
select ltrim ('  计算机网络专业'), rtrim ('计算机网络专业   ')
select left('计算机系网络专业',4), right('计算机系网络专业',4)
select substring('计算机系网络专业',5, 2)
select reverse(12345),reverse('计算中心')
```

【思考】reverse('上海自来水来自海上')，substring('上跳下串',2,2)函数值是多少？

【导例 4.8】如何将实数转换指定宽度、小数位数的字符串？

```
select str(2.347,6,1), str(12.376,8,1)
select str(0.4,3,0), str(0.6,3,0), str(-1.732,6,2)
```

【知识点】

字符串函数是对字符串(char 或 varchar)输入值执行操作，并返回一个字符串或数字值，见表 4-6。

表 4-6　SQL 常用字符函数表

函数	名称	说明
ascii(字符表达式)	ASCII 码	返回字符表达式最左端字符的 ASCII 代码值

续表

函数	名称	说明
char(数字表达式)	字符	将 int ASCII 代码转换为字符的字符串函数
unicode(字符表达式)	统一代码	返回输入表达式的第一个字符的统一代码(整数值)
nchar(数字表达式)	字符	根据 Unicode 标准所进行的定义，用给定整数代码返回 Unicode 字符
len(字符表达式)	长度	返回字符串的长度，不包括字符串尾部的空格；返回值类型为 int
space(数字表达式)	空格	返回空格组成的字符串。如果为负值，返回为 null
lower(字符表达式)	小写	转换成小写字母；返回值类型为 varchar
upper(字符表达式)	大写	转换成大写字母；返回值类型为 varchar
left(字符表达式,整数)	截取左字串	返回左边的字符；返回值类型为 varchar
right(字符表达式,整数)	截取右字串	返回右边的字符；返回值类型为 varchar
substring(字符表达式，起始点，n)	截取中间字串	返回字符表达式中从"起始点"开始的 n 个字符；其中可以为字符串、二进制、文本或图像数据类型
charindex(字符表达式 1，字符表达式 2，[开始位置])	求子串位置	返回指定的表达式开始位置，搜索则从起始位置开始，返回值类型为 int
ltrim(字符表达式)	剪去左空格	将前导空格删除；返回值类型为 varchar
rtrim(字符表达式)	剪去右空格	将尾部空格删除，返回值类型为 varchar
replicate(字符表达式,n)	重复字串	将字符串重复，组成一个字符串，返回值类型为 varchar
reverse(字符表达式)	倒置字串	将字符串表达式中字符逆向排列组成字符串，返回值类型为 varchar
str(数字表达式)	数值转字串	将一个数值数据转换为字符串，返回值类型为 char
replace	替换字串	将字符串表达式中所有字符串替换
stuff	删除字串	删除指定长度的字符串,并在删除位置插入新的字符串

4.3.3　日期时间函数

【导例 4.9】如何查询某日期的年份(月份、几号)、某时间的几点(几分、几秒)?

```
select year('2004-4-6') as '年份'
select month('2004-4-6') as '月份'
select day('2004-4-6') as '几号'
select getdate() as '现在'
select datepart(yy, getdate()) as '现在是何年'
select datepart(mm, getdate()) as '现在是几月'
select datepart(dd, getdate()) as '现在是几号'
select datepart(hh, getdate()) as '现在是几时'
select datepart(n, getdate()) as '现在是几分'
select datepart(s, getdate()) as '现在是几秒'
```

【导例 4.10】如何计算某日期的过几天(几月、几年)、前几天(几月、几年)的日期？如何计算年龄(月龄、天龄)？

```
select dateadd(year,2, '2004-4-6') as '过2年'
select dateadd(month,-1, '2004-4-6') as '前1月'
select dateadd(day,3, getdate()) as '大后天'
select datediff(day, '2004-4-4',getdate()) as '天龄'
select datediff(month, '2004-3-2', '2004-4-6') as '月龄'
select datediff(year, '2001-3-3', '2004-4-6') as '年龄'
```

【知识点】

日期时间函数对日期和时间输入值执行操作，将返回一个字符串、数字或日期和时间值，见表 4-7。

表 4-7　SQL 常用日期和时间函数表

函数	名称	说明
getdate()	现在日期时间	从数据库服务器中返回当前日期时间和时间
year(日期型表达式)	年	自变量为日期型，返回结果自变量的年份,整型
month(日期型表达式)	月	自变量为日期型，返回结果自变量的月份,整型
day(日期型表达式)	日	自变量为日期型，返回结果自变量的日期,整型
Datepart(格式串,日期型表达式)	日期　部分	返回代表指定日期的指定日期部分的整数
dateadd(格式串,数值,日期)	日期　加	返回类型数值，其值加上参数指定的时间间隔
Datediff(格式串,日期1,日期2)	日期　差	返回时间间隔，其单位由参数决定

4.3.4　聚合函数

聚合函数对一组值执行计算并返回单一的值，见表 4-8。除 count 函数之外，聚合函数忽略空值，聚合函数主要用于 select 语句的 group by 子句、compute by 子句，具体例子可参阅第 6 章的查询与视图一节。

表 4-8　SQL 常用聚合函数表

函数	名称	说明
max	最大	返回表达式中的最大值项
min	最小	返回表达式中的最小值项
sum	求和	计算并返回表达式中各项的和
avg	平均	计算并返回表达式中各项的平均值
count	计数	返回一个集合中的项数，返回值为整型

4.3.5　系统函数

【导例 4.11】如何判断表达式是有效的数值、有效的日期值？

```
select isnumeric('233'), isnumeric('233x'), isnumeric('2.33')
select isnumeric(233), isnumeric(233e1)
```

```
select isdate('20080808'), isdate('2008-08-08'), isdate('2008.08.08')
select isdate('2008-08.18'),isdate('2008-18.08'),isdate('2007.02.29')
```

【知识点】

系统函数(system function)将返回有关 SQL Server 中的状态值、对象和设置的信息，见表 4-9。

表 4-9　SQL 常用系统函数表

函数	说明
app_name	返回当前会话的应用程序名称(如果应用程序进行了设置)
current_user	返回当前的数据库用户，等价于 user_name()
user_name()	返回给定标识号的用户数据库用户名
session_user	返回会话用户名
system_user	返回系统用户名
host_id	返回工作站标识号
host_name	返回工作站名称
isdate	确定输入表达式是否为有效的日期
isnull	使用指定的替换值替换 null
isnumeric	确定表达式是否为一个有效的数字类型
@@error	返回最后执行的 T-SQL 语句的错误代码
@@trancount	返回当前连接的活动事务数

4.3.6　系统统计函数

系统统计函数(system statistic function)将返回系统的统计信息，系统统计函数也可认为全局变量，表 4-10 列出了常用统计函数。

表 4-10　SQL 常用统计函数表

函数	说明
@@connections	返回自上次启动 SQL Server 以来连接或试图连接的次数
@@cpu_busy	返回自上次启动 SQL Server 以来 CPU 的工作时间，单位为 ms
@@idle	返回 SQL Server 自上次启动后闲置的时间，单位为 ms
@@io_busy	返回 SQL Server 自上次启动后用于执行输入和输出的时间，单位为 ms
@@timeticks	返回一刻度的 ms
@@pack_sent	返回 SQL Server 自上次启动后写到网络上的输出数据包数
@@pack_received	返回 SQL Server 自上次启动后从网络上读取的输入数据包数
@@packet_errors	返回自 SQL Server 上次启动后,在 SQL Server 连接上发生的网络数据包错误
@@total_write	返回 SQL Server 自上次启动后写入磁盘的次数
@@total_read	返回 SQL Server 自上次启动后读取磁盘(不是读取高速缓存)的次数
@@total_errors	返回 SQL Server 自上次启动后，所遇到的磁盘读/写错误

在 SQL Server 中，除上述函数外，还提供了返回系统配置信息的配置函数(configure function)、返回游标执行信息的游标函数(cursor function)、返回用户和角色的信息安全函数 (security function)以及返回有关数据库和数据库对象的信息的元数据函数(meta data function)，可参阅有关章节或联机帮助。

4.4　运算及表达式

在 T-SQL 编程语言中常用的运算有算术运算、字符串连接运算、比较运算、逻辑运算 4 种，本节介绍这些常用的运算，有关一元运算和位运算等可查阅联机帮助。

4.4.1　算术运算

【导例 4.12】在 SQL 中，如何书写算术运算表达式？参与算术运算的数值可以是什么类型的数据？

```
select 3/2, 3/2., 9%4
select getdate()-20 as '今天的前 20 天'
select getdate()+20 as '过 20 天后的日期'
select '125127' - 15, '125127' + 15
```

【思考】7/2 和 7/2.结果一样吗？7 除以 4 余几？日期数值加(减)一个整数的结果是什么类型的数值？数字型字符串加(减)一个整数的结果又是什么类型的数值？

【知识点】

在 SQL 中，算术运算符有：加(+)、减(-)、乘(*)、除(/)和取余(%)5 个，参与运算的数据是数值类型数据，其运算结果也是数值类型数据。另外，加(+) 和减(-)运算符也可用于对日期型数据进行运算，还可对数值型字符数据与数值类型数据进行运算。

4.4.2　字符串连接运算

【导例 4.13】在 SQL 中，如何进行字符串连接运算？

```
select '计算机系'+ltrim('    网络专业')
select '计算机系'+space(5)+'网络专业'
```

【知识点】

在 SQL 中，字符串连接运算(+)可以实现字符串之间的连接。参与字符串连接运算的数据只能是字符数据类型：char、varchar、nchar、nvarchar、text、ntext，其运算结果也是字符数据类型。

4.4.3　比较运算

【导例 4.14】在 SQL 中，如何进行数值比较运算？字符串比较运算？

```
-- 比较数值大小
if 45 > 23.44
  print '45 > 23.44 正确!'
```

```
else
  print '45 > 23.44 错误!'

-- 比较字符串顺序
if '杜甫' > '李白'
  print '''杜甫'' > ''李白'' 正确!'
else
  print '''杜甫'' > ''李白'' 错误!'
```

【知识点】

在 SQL 中，常用的比较运算符有大于(>)、大于等于(>=)、等于(=)、不等于(<>)、小于(<)、小于等于(<=)6 种，用来测试两个相同类型表达式的顺序、大小、相同与否。除了 text、ntext 或 image 数据类型的表达式外，比较运算符可以用于所有的表达式，即用于数值大小的比较、字符串在字典排列顺序的前后的比较、日期数据前后的比较。比较运算结果有 3 种值：正确(TRUE)、错误(FALSE)、未知(UNKNOWN)。比较表达式用于 if 语句和 while 语句的条件、where 子句和 having 子句的条件。

4.4.4　逻辑运算

逻辑运算对某个条件进行测试，以获得其真实情况，见表 4-11。逻辑运算符和比较运算符一样，返回带有 TRUE 或 FALSE 值的布尔数据类型。逻辑表达式用于 if 语句和 while 语句的条件、where 子句和 having 子句的条件。具体例子见第 6 章的查询与视图一节。

表 4-11　SQL 逻辑运算

运算符	含义
and	如果两个布尔表达式都为 TRUE，那么就为 TRUE
or	如果两个布尔表达式中的一个为 TRUE，那么就为 TRUE
not	对任何布尔运算符的值取反
in	如果操作数等于表达式列表中的一个，那么就为 TRUE
like	如果操作数与一种模式相匹配，那么就为 TRUE
between	如果操作数在某个范围之间，那么就为 TRUE
exists	如果子查询包含一些行，那么就为 TRUE
all	如果一系列的比较都为 TRUE，那么就为 TRUE
any	如果一系列的比较中任何一个为 TRUE，那么就为 TRUE
some	如果在一系列比较中，有些为 TRUE，那么就为 TRUE

在 SQL Server 中，除上述运算符外，还提供了一元运算符(取正+、取负–)、位运算符(与运算&、或运算|、异或运算^、取反~)、赋值运算符(=)，可参阅有关章节或联机帮助。

4.4.5　运算优先级

当一个复杂的表达式有多个运算符时，运算符优先性决定执行运算的先后次序，见表 4-12。执行的顺序可能严重地影响所得到的最终值。运算符有下面这些优先等级，在较低等级的运算符之前先对较高等级的运算符进行求值。

表 4-12　SQL 运算优先级表

运算顺序	类型	运算符
↓	一元运算	+(正)、−(负)、～(按位取反)
↓	乘除模	*(乘)、/(除)、%(模)
↓	加减连接	+(加)、(连接+)、-(减)
↓	比较运算	=, >, <, >=, <=, <>
↓	位运算	^(位异或)、&(位与)、|(位或)
↓	逻辑非	not
↓	逻辑与	and
↓	逻辑或等	all、any、between、in、like、or、some
	赋值	=

当一个表达式中的两个运算符有相同的运算符优先等级时，基于它们在表达式中的位置来对其从左到右进行求值。例如，在下面的示例中，在 select 语句中使用的表达式中，在加号运算符之前先对减号运算符进行求值。

【导例 4.15】分析下列语句中的运算符执行顺序及运算结果。

```
select (2+3)*5-6/(4-(5-3))
```

4.5　批处理和流程控制语句

通常，服务器端的程序使用 SQL 语句来编写。一般而言，一个服务器端的程序由以下一些成分组成：批、注释、变量、流程控制语句、错误和消息处理。这部分知识点在本章学习时要有个初步认识，在学习以后各章(特别是第 9 章、第 11 章) 需要加强理解。

4.5.1　批和脚本

1. 批

批是一个 SQL 语句集，这些语句一起提交并作为一个组来执行。批结束的符号是"go"。由于批中的多个语句是一起提交给 SQL Server 的，所以可以节省系统开销。

使用批时有如下限制。

(1) create default、create procedure、create rule、create trigger 和 create view 语句不能在批处理中与其他语句组合使用。批处理必须以 create 语句开始，所有跟在 create 后的其他语句将被解释为第一个 create 语句定义的一部分。

(2) 在同一个批中不能既绑定到列又被使用规则或默认。

(3) 在同一个批中不能删除一个数据库对象又重建它。

(4) 在同一个批中不能改变一个表再立即引用其新列。

另外，当一个含有多个批的 SQL 脚本提交并在执行时发生错误，SQL 服务器显示出的错误行号提示是错误语句所在批中的行号，而不是该语句在整个 SQL 脚本中的行号。

2. 脚本

脚本是一系列顺序提交的批。脚本英文为 Script。实际上脚本就是程序，一般都是由应用程序提供的编程语言。应用程序包括浏览器(JavaScript、VBScript)、多媒体创作工具，应用程序的宏和创作系统的批处理语言也可以归入脚本之类。脚本同平时使用的 VB、C 语言的区别主要有以下几个方面。

(1) 脚本语法比较简单，比较容易掌握。

(2) 脚本与应用程序密切相关，所以包括相对应用程序自身的功能。

(3) 脚本一般不具备通用性，所能处理的问题范围有限。

4.5.2　流程控制语句

流程控制语句是 T-SQL 对 ANSI-92 SQL 标准的扩充。它可以控制 SQL 语句执行的顺序，在存储过程、触发器和批中比较有用。

1. return

return 语句的作用是无条件返回所在的批、存储过程和触发器。退出时，可以返回状态信息。在 return 语句后面的任何语句不被执行。

return 语句的语法格式：

```
return [整型表达式]
```

2. print 和 raiserror

print 语句的作用是在屏幕上显示用户信息。其语法格式为：

```
print {'字符串' | 局部变量 | 全局变量}
```

raiserror 语句的作用是将错误信息显示在屏幕上，同时也可以记录在 NT 日志中。其语法格式为：

```
raiserror(错误号|错误信息，错误的严重级别，错误时的状态信息)
```

3. 复合语句(begin…end)

其语法格式为：

```
begin
  SQL 语句
  […n]
end
```

4. case 表达式

【导例 4.16】根据考试分数换算为[优良中及不及格]等级成绩(方法一)。

```
declare @分数 decimal
declare @成绩级别 nchar(3)
set @分数 = 88
```

```
set @成绩级别 =
case
  when @分数>=90 and  @分数<=100 then '优秀'
  when @分数>=80 and  @分数<90 then '良好'
  when @分数>=70 and  @分数<80 then '中等'
  when @分数>=60 and  @分数<70 then '及格'
  when @分数<60 then '不及格'
end
print @成绩级别
```

【导例 4.17】根据考试分数换算为[优良中及不及格]等级成绩(方法二)。

```
declare @分数 decimal
declare @成绩级别 nchar(3)
set @分数 = 88
set @成绩级别 =
case floor(@分数/10)
  when 10 then '优秀'
  when 9 then '优秀'
  when 8 then '良好'
  when 7 then '中等'
  when 6 then '及格'
  else '不及格'
end
print @成绩级别
```

【知识点】

case 表达式是根据测试/条件表达式的值的不同，取其相应的值。

语法格式 1：

```
case
{when 条件表达式 0 then 结果表达式 0}[,···n]
[else 结果表达式 n]
end
```

语法格式 2：

```
case 测试表达式
{when 简单表达式 0 then 结果表达式 0}[,···n]
[else 结果表达式 n]
end
```

5. 判断语句(if···else)

【导例 4.18】判断某一字符串是否为正确格式的日期/数值。

```
declare @s1 char(10), @s2 char(5)
declare @入学日期 datetime, @体重 decimal(5,1)

set @s1 = '2007.02.29'
set @s2 = '82.5kg'

if isdate(@s1) = 1    -- 判断正确日期
  set @入学日期 = @s1
```

```
else
  print '入学日期 数据错误!'

if isnumeric(@s2) = 1 -- 判断正确数值
  set @体重  = @s2
else
  print '体重 数据错误!'
```

【思考】将 s1、s2 赋值语句修改什么样的数值就不会显示错误提示。

【知识点】

　　if...else 命令使得 SQL 命令的执行是有条件的，其语法格式为：

```
if 条件表达式
  SQL 语句 1
[else
  SQL 语句 2]
```

　　6. 循环语句(while)

【导例 4.19】利用 while 语句编写计算 1+2+3+…+100 之和的脚本程序。

```
declare @i int, @s int
set @s = 0
set @i = 1
while @i<101
  begin
    set @s = @s + @i
    set @i = @i + 1
  end
print '和是' + str(@s)
```

【知识点】

　　while 语句的作用是为重复执行某一语句或语句块设置条件。其语法格式为：

```
while 条件表达式
  SQL 语句 |复合语句
```

说明：[break]、[continue]位于复合语句内，为可选项。break 跳出循环之后执行、continue 转到循环开始之处执行。

　　7. 注释

　　注释是为 SQL 语句加上注释正文，以说明该代码的含义，增加代码的可读性。有两种用法，注释多行用/*……*/ 和注释一行用--，具体例子见【例 4.18】。

4.6　本 章 小 结

　　本章讲述了 T-SQL 的数据类型，它们是精确数字(整数、位型、货币型、十进制)、近似数值、日期时间、字符与二进制(字符、Unicode、二进制)和特殊数据类型等，另外还讲述了 T-SQL 的常量与变量、函数、运算符与表达式和流程控制语句等。本章是学习 SQL 语言的基础，只有理解和掌握它们的用法，才能正确编写 SQL 程序和深入理解 SQL 语言。表 4-13～表 4-15 列出了要求掌握的 T-SQL 语言基本要素。

表 4-13　SQL 数据类型一览表

类型	名称	取值范围
整数	bigint、int、smallint、tinyint	(±922 亿亿)/ (±21 亿)/ (±32768)/ (0～255) 8/4/2/1
位型	bit	由 0 和 1 组成，用来表示真、假
货币型	money、smallmoney	(±922 万亿)/ (±21 万)，精确到万分之一
十进制	decimal、numeric	$\pm 10^{38}-1$，最大位数 38 位
浮点数	float、real	(±1.79E+308)/ (±3.40E+38)
日期时间	datetime、smalldatetime	1753.1.1~9999.12.31，精确到 3.33 毫秒 1900.1.1~2079.12.31，精确到分钟
单字节字符	char、varchar、text	定/变长单字节字符，最长 8000
Unicode 字符	nchar、nvarchar、ntext	定/变长双字节字符，最长 4000
二进制数据	binary、varbinary、image	定/变长二进制数据，最长 8000；变长二进制数据
特殊类型	timestamp	SQL 活动的先后顺序
	uniqueidentifier	全局唯一标识

表 4-14　SQL 常量与变量、函数、运算符一览表

类型		说明
常量	整型常量	没有小数点和指数 E。例如：60，25，-365
	实型常量	decimal 或 numeric 带小数点的常数，float 或 real 带指数 E 的常数 例如：15.63、-200.25 +123E-3、-12E5
	字符串常量	用单引号引起来。例如：'学生', 'this is database'
	双字节字符串	前缀 N，单引号引起来。例如：N'学生'
	日期型常量	用单引号(')引起来。例如：'6/5/03', 'May 12 2008', '19491001'
	货币型常量	精确数值型数据，前缀$。例如：$380.2
	二进制常量	前缀 0x。例如：0xAE、0x12Ef、0x69048AEFDD010E
	全局唯一标识符	前缀 0x/用单引号(')引起来 例如：0x6F9619FF8B86D011B42D00C04FC964FF
变量	全局变量	由系统定义和维护，名字由@@符号开始
	局部变量	由 declare 语句声明，声明时它被初始化为 null，由 set 语句 或 select 语句赋值，名字由一个@符号开始

续表

类型		说明
函数	数学函数	四舍五入函数 round、取整函数 floor 和 ceiling、随机函数 rand
	字符函数	ASCII 码/ascii、字符/char、长度 len、大/小写 upper/lower、左/右/中间子串 left/right/substring、剪去左/右空格 ltrim/rtrim
	日期函数	现在日期时间 getdate()、年 year、月 month、日 day、日期差 datediff
	聚合函数	最大 max、最小 min、求和 sum、平均 avg、计数 count
运算符	算术运算	加(+)、减(-)、乘(*)、除(/)和取余(%)
	字符串运算	连接运算(+)
	比较运算	大于(>)、大于等于(>=)、等于(=)、不等于(<>)、小于(<)、小于等于(<=)
	逻辑运算	与(and)、或(or)、非(not)、

表 4-15　SQL 流程控制语句一览表

语句	语法格式
注释语句	多行用/*……*/；单行用--
声明语句	declare 局部变量名　数据类型[,…n]
赋值语句	set 局部变量名=表达式[,…n]
消息返回客户端	print{'字符串'|局部变量|全局变量}
返回用户定义的错误信息	raiserror(错误号|错误信息, 错误的严重级别, 错误时的状态信息)
case 函数	case 　　{when　条件表达式 0 then　结果表达式 0}[,…n] 　　[else　结果表达式 n] end 或 case　测试表达式 　　{when 简单表达式 0 then　结果表达式 0}[,…n] 　　[else　结果表达式 n] end
复合语句	begin 　　SQL 语句 　　[…n] end
条件语句	if 条件表达式 　　SQL 语句 1|复合语句 1 [else 　　SQL 语句 2|复合语句 2]

续表

语句	语法格式
循环语句	while 条件表达式 　SQL 语句|复合语句 说明：[break]、[continue]位于复合语句内
无条件返回	return [整型表达式]

4.7　本章习题

1. 填空题

(1) SQL Server 2000 支持的整数型数据类型包括_____、int、_____、_____，其中 int 的数值范围为_____到_____。

(2) SQL Server 2000 支持的货币型数据类型包括_____、smallmoney，其中 smallmoney 的数值范围为_____到_____，精确到_____分之一。

(3) SQL Server 2000 支持的日期时间型数据类型包括_____、smalldatetime，其中 smalldatetime 的数值范围为_____到_____，精确到_____。

(4) 假设表中某列的数据类型为 varchar(100)，而输入的字符串为'ahng3456'，则存储的字节是_____。

(5) SQL Server 2000 局部变量名字必须以_____开头，而全局变量名字必须以_____开头。

(6) 在 SQL Server 2000 中，字符串常量由_____引号引起来，日期型常量由_____引号引起来。

(7) 在 SQL Server 2000 中，货币型常量由_____前缀引导，双字节字符串型常量由_____前缀引导，二进制型常量由_____前缀引导。

(8) 语句 select floor(17.4)，floor(-214.2)，round(13.4382,2)，round(-18.4562,3)的执行结果是：_____、_____、_____和_____。

(9) 语句 select ascii('B')，char(67)，len('你是 tiger')的执行结果是：_____、_____和_____。

(10) 语句 select upper('beautiful')，lower('BEAUtiful')的执行结果是：_____和_____。

(11) 语句 select reverse(6789)，select reverse('你是狼')的执行结果是：_____和_____。

(12) 语句 select ltrim('我心中的太阳 ')，rtrim('我心中的月亮　')的执行结果是：_____和_____。

(13) 语句 select left('bye',2)，right('人活百岁不是梦',5),substring('人活百岁不是梦',3,2)的执行结果是：_____、_____和_____。

(14) 语句 select year ('1931-9-18')，month ('1937-7-7')，day ('1945-8-14')，getdate()的执

行结果是：_____、_____、_____和_____。

(15) 语句 select 15/2，15/2，17%4，'1000'–15，'2000' + 15　的执行结果是：_____、_____、_____、_____和_____。

(16) 语句　SELECT (7+3)*4 –17/(4 – (8 – 6))+99%4　的执行结果是：_____。

(17) 算术运算符有：加(+)、_____、_____、_____和_____。

(18) 常用的比较运算符有：大于(>)、大于等于(>=)、_____、_____、_____和_____，测试两个相同类型表达式的顺序、_____和_____。

(19) T-SQL 语言中，运算有：算术运算、_____运算、_____运算和_____运算。

(20) T-SQL 语言中，数据类型有：精确数字类型、_____类型、_____类型、_____类型和_____类型。

2. 简答题

(1) 在 SQL 语言中，什么是全局变量？什么是局部变量？

(2) T-SQL 语言中运算符的优先顺序？

3. 设计题

(1) 用 dateadd 函数、算术运算编写求今天 100 天后日期的查询语句。

(2) 用 datediff 函数、算术运算编写计算年龄、月龄的查询语句。

(3) 设学位代码与学位名称见表 4-16，用 case 语句编写学位代码转换为名称的程序。

表 4-16　学位代码与名称

代码	名称
1	博士
2	硕士
3	学士

(4) 用 while 循环控制语句编写求 20!=1*2*3*…*20 的程序，并由 print 语句输出结果。

(5) 用 while 循环控制语句编写求 1 到 20 的偶数之积和奇数之和的程序。

第 5 章 数据库和数据表

技能目标：本章教学内容是本课程的重点(熟练掌握)。通过本章的学习，读者应该掌握以下操作技能。

➤ 能用企业管理器(图形界面)对数据库及其数据表进行创建、查看、修改和删除等操作。

➤ 能用企业管理器对数据表中数据进行插入、修改和删除等操作。

➤ 能用企业管理器对数据库进行附加分离。

➤ 能用查询分析器(命令行界面)，编写和调试数据库及其数据表的创建和删除的 T-SQL 语句。

➤ 能用查询分析器编写和调试数据表数据插入、修改和删除的 T-SQL 语句。

5.1 数据库的初步认识

企业管理器是运行在客户端用来进行数据库引擎管理的图形界面的集成管理工具，可以通过企业管理器查看、维护数据库及其数据库对象。

【演练 5.1】 如何打开企业管理器？企业管理器的图形界面是什么样？SQL Server 有哪些系统数据库和示例数据库？一个数据库包含哪些数据库对象呢？

(1) 在操作系统桌面上，单击【开始】|【程序】|【Microsoft SQL Server】|【企业管理器】命令，打开如图 5.1 所示的 SQL 企业管理器界面，认识界面的各个组成部分。

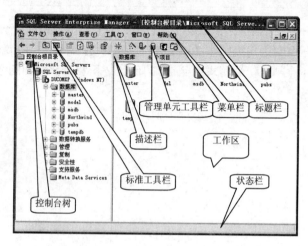

图 5.1 SQL Server 企业管理器界面

(2) 在没有建立任何数据库之前，打开企业管理器，展开服务器/数据库目录，可以看到系统中已经有了 6 个数据库。它们是 SQL Server 2000 在安装过程中创建的，如图 5.2 所示。

（3）单击数据库【pubs】，展开数据库对象：表、视图、存储过程、用户自定义数据类型、用户自定义函数、默认、规则、用户和角色等数据库对象，如图 5.3 所示。

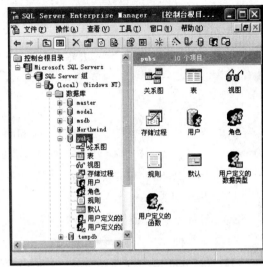

图 5.2　SQL Server 系统数据库和示例数据库　　　　图 5.3　SQL Server 数据库对象

【知识点】

1. 系统数据库

SQL Server 2000 安装时自动创建了 master、tempdb、model 和 msdb 4 个系统数据库，它们是运行 SQL Server 的基础。

1）master 数据库

master 数据库记录了 SQL Server 系统级的信息，包括系统中所有的登录账号、系统配置信息、所有数据库的信息、所有用户数据库的主文件地址等。

每个数据库都有属于自己的一组系统表，记录了每个数据库各自的系统信息，这些表在创建数据库时自动产生。为了与用户创建的表相区别，这些表被称为系统表，表名都以 sys 开头。

master 数据库中还有很多系统存储过程和扩展存储过程。系统存储过程是预先编译好的程序，所有的系统存储过程的名字都以 sp_开头。

master 系统数据库是一个关键的数据库，如果它受到损坏，就有可能导致 SQL Server 系统的瘫痪。所以应该经常对 master 数据库进行备份。

2）model 数据库

model 数据库是所有数据库的模板，在创建一个新数据库时，服务器通过复制 model 数据库建立新数据库，因此刚建立的数据库，其内容与 model 数据库完全一样。

3）tempdb 数据库

tempdb 数据库用于存放所有连接到系统的用户临时表和临时存储过程以及 SQL Server 产生的其他临时性的对象。tempdb 数据库是一个全局资源，没有专门的权限限制，允许所有可连接上 SQL Serve 2000 服务器的用户使用。

tempdb 数据库中存放的所有数据信息都是临时的。在 SQL Server 关闭时，tempdb 数据库中的所有对象都被自动删除，所以每次启动 SQL Server 时，tempdb 数据库里面总是空的。

4) msdb 数据库

msdb 数据库被 SQL Server 代理(SQL Server Agent)用于安排报警、作业调度以及记录操作员等活动。

2. 示例数据库

SQL Server 在安装时还自动创建了 pubs(图书出版公司的数据库)和 Northwind(一个名为 Northwind Traders 虚构公司的销售数据库，该公司从事世界各地的特产食品进出口贸易)，这是 SQL Server 的两个示例数据库，可作为学习工具供读者学习使用。

3. 数据库对象

SQL Server 2000 数据库中的数据在逻辑上被组织成一系列数据库对象，这些数据库对象包括以下几种。

(1) 表(Table)：由行和列组成，是存储数据的地方。

(2) 关系图(Relationship)：表示数据库中表与表之间的关系(表与表之间的主键和外键对应联系)的图形显示。

(3) 视图(View)：虚表，是查看一个或者多个表的一种方式。

(4) 存储过程(Stored Procedure)：一组预编译的 SQL 语句，可能完成指定的操作。

(5) 用户(Database Access)：数据库的访问账户，与服务器的登录账户链接关联。

(6) 角色(Database Role)：是定义在数据库级别上的安全访问对象，包含两方面的内涵，一是角色的成员，二是角色的权限。

(7) 规则(Rule)：限制表中列的取值范围。

(8) 默认值(Defaults)：自动插入的常量值。

(9) 用户自定义数据类型(User-Defined Data Types)：由用户基于已有的数据类型而定义的新数据类型。

(10) 用户自定义函数(User-Defined Functions)：实现用户定义的某种功能。

(11) 约束(Constraints)：强制数据库完整性。

(12) 索引(Indexes)：加快检索数据的方式。

(13) 触发器(Triggers)：一种特殊类型的存储过程，当某个操作影响到它保护的数据时，它就会自动触发执行。

5.2　用企业管理器管理数据库和表

管理数据库和表可以用企业管理器或 T-SQL 语句两种方式进行管理，这节学习用企业管理器管理数据库和表。

5.2.1　创建数据库

【演练 5.2】如何使用企业管理器图形界面工具创建"教学成绩管理数据库"？用户数据库"教学成绩管理数据库"创建在磁盘的什么文件夹下？数据库文件名及其扩展名是什么？

(1) 在企业管理器窗口中，依次单击左窗格中 Microsoft SQL Servers/SQL Server 组旁的加号，选中将要使用的服务器，单击服务器旁的加号，可以看到"数据库"文件夹，用鼠标右击【数据库】，在弹出的快捷菜单中单击【新建数据库】命令，如图 5.4 所示。

(2) 在单击【新建数据库】命令后出现的【数据库属性—教学成绩管理数据库】对话框中选择【常规】选项卡，在【名称】文本框中输入数据库的名称"教学成绩管理数据库"，如图 5.5 所示。

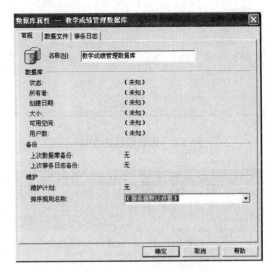

图 5.4　新建数据库图　　　　　　　　图 5.5　输入数据库名

(3) 在【数据库属性—教学成绩管理数据库】对话框中选择【数据文件】选项卡，如图 5.6 所示。在这里可以指定数据库文件名称及存储位置，数据库文件名称默认情况下由数据库名称和数据文件后缀"_Data"组成。还可设置其他属性，如文件初始大小、文件最大是多少、文件增长方式是以兆字节增长还是以百分比增长以及每次增长的幅度。也可以增减数据文件。

(4) 在【数据库属性—教学成绩管理数据库】对话框中选择【事务日志】选项卡，在这里可以指定事务日志文件名称及保存位置，并可以设置日志文件的初始大小、增长方式等，如图 5.7 所示，单击【确定】按钮，完成数据库的创建。

(5) 在企业管理器的控制台树中右击"教学成绩管理数据库"数据库，单击【属性】命令，则显示数据库属性对话框，如图 5.8 所示。

(6) 在属性对话框中可以查看/修改数据库的设置，在如图 5.9 所示的【教学成绩管理数据库属性】对话框中，选择【数据文件】、【事务日志】选项卡，可以增减数据文件和修改数据文件属性(包括更改文件名、位置和文件大小)；选择【选项】选项卡，可以只允许特殊用户访问数据库(限制访问属性)，设置数据库中的数据只能读取而不能修改(只读属性)，指定数据库在没有用户访问并且所有进程结束时自动关闭，释放所有资源，当又有新的用户要求连接时，数据库自动打开(自动关闭属性)，当数据或日志量较少时自动缩小数据库文件的大小(自动缩减)等设置。

图 5.6　配置数据库文件

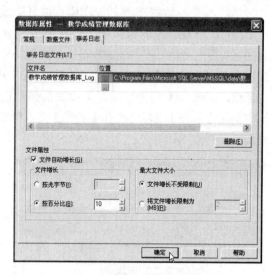

图 5.7　配置事务日志文件

图 5.8　查看/修改教学成绩管理数据库设置 1

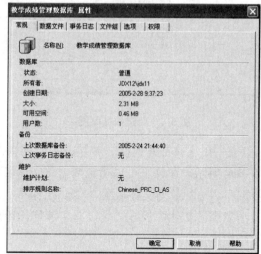

图 5.9　查看/修改教学成绩管理数据库设置 2

（7）在企业管理器的控制台树中展开【SQL Server 组】、服务器、【数据库】、"教学成绩管理数据库"、【表】，则显示该数据库中 19 个系统数据表，如图 5.10 所示；单击【model】数据库的【表】，则显示模板数据库的 19 个系统数据表，如图 5.11 所示。比较上述两个数据库的系统数据表并根据表名理解其用途。

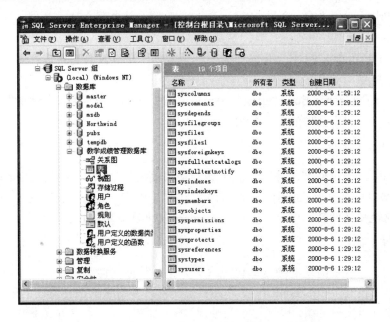

图 5.10　"教学成绩管理数据库"中的系统数据表

图 5.11　【model】数据库中的系统数据表

注意：创建数据库时，一定要清楚地知道数据文件、日志文件的文件及其存储位置。

【知识点】

1. 数据库文件

　　SQL Server 2000 使用文件映射数据库。数据库中的所有数据和对象(如表、存储过程、触发器和视图)都存储在文件中，SQL Server 2000 使用系统数据库来记录系统信息和管理系统运行。这些文件有以下 3 种。

主文件(Primary)用于存放数据，每个数据库都必须至少有一个主文件。主文件的扩展名为 .mdf。

次要文件(Secondary)也用于存放数据，一个数据库可以没有也可以有多个次要文件，次要文件的扩展名为 .ndf。

事务日志文件(Transaction Log)包含用于恢复数据库的日志信息。每个数据库必须至少有一个日志文件，日志文件的扩展名为 .ldf。

2. 默认数据库文件

默认状态下，数据库文件存放在服务器的默认数据目录下（如\MSSQL\data\下），数据文件名为[数据库名_Data .mdf]，日志文件名为[数据库名_Log .ldf]。可以在创建数据库时指定其他的路径和文件名，也可以添加 Secondary 文件和更多的日志文件。

3. 数据库文件组

一般情况下，一个简单的数据库可以只有一个主数据文件和一个日志文件。如果数据库很大，则可以设置多个 Secondary 文件和日志文件，并将它们放在不同的磁盘上。

文件组允许对文件分组，以便对它们进行管理。比如，可以将 3 个数据文件(data1.mdf、data2.mdf 和 data3.mdf)分别创建在 3 个盘上，这 3 个文件组成文件组 fgroup1，在创建表的时候，就可以指定一个表创建在文件组 fgroup1 上。这样该表的数据就可以分布在 3 个盘上，在对该表执行查询时，可以并行操作，从而大大提高了查询效率。

SQL Server 的文件和文件组必须遵循以下规则。

(1) 一个文件和文件组只能被一个数据库使用。

(2) 一个文件只能属于一个文件组。

(3) 数据和事务日志不能共存于同一文件或文件组上。

(4) 日志文件不能属于任何文件组。

4. 常用系统数据表

系统表是特殊表，保存着 SQL Server 及其组件所用的信息。任何用户都不应直接修改(指使用 delete、update、insert 语句或用户定义的触发器)系统表，但允许用户使用 select 语句查询系统表。其中 master 数据库中的系统表存储着服务器级系统信息，每个数据库中的系统表存储数据库级系统信息。表 5-1 列出常用的系统数据表，仅供参考。

表 5-1　常用系统数据表

名称	表名	内容
数据库 *	sysdatabases	对 SQL Server 中每个数据库有一行记录
登录账户 *	syslogins	对 SQL Server 中每个登录账户信息有一行记录
文件组	sysfilegroups	当前数据库中的每个文件组在表中占一行
文件	sysfiles	当前数据库中的每个文件在表中占一行
对象 **	sysobjects	对当前数据库中每个数据库对象有一行记录
列	syscolumns	当前数据库中对基表或者视图的每个列和存储过程中的每个参数含有一行记录

续表

名称	表名	内容
注释(文本)	syscomments	当前数据库中，每个视图、check 约束、默认值、规则、default 约束、触发器和存储过程的注释或文本
索引	sysindexes	当前数据库中对每个索引和没有聚簇索引的每个表含有一行记录，它还对包括文本/图像数据的每个表含有一行记录
外键	sysforeignkeys	关于表定义中的 foreign key 约束的信息
依赖(相关性)	sysdepends	当前数据库中，对表、视图和存储过程之间的每个依赖关系含有一行记录
用户	sysusers	当前数据库中，对每个 Windows NT 用户、Windows NT 用户组、SQL Server 用户或者 SQL Server 角色含有一行记录
角色成员	sysmembers	当前数据库中，每个数据库角色成员在表中占一行
保护	sysprotects	当前数据库中，包含有关已由 grant 和 deny 语句应用于安全账户的权限的信息
许可	syspermissions	当前数据库中有关对数据库用户、组和角色授予和拒绝的权限的信息

注：①*只出现在 master 中，其余是出现在 master 和每个用户数据库中；

②**数据库对象类型：系统表(S)、用户表(U)、视图(V)、primary key 约束(PK)、check 约束(C)、默认值或 default 约束(D)、unique 约束(UQ)、foreign key 约束(F)、标量函数(FN)、内嵌表函数(IF)、表函数(TF)、存储过程(P)、扩展存储过程(X)、复制筛选存储过程(RF)、触发器(TR)和日志(L)。

5.2.2　管理数据表结构

【演练 5.3】怎样使用企业管理器在"教学成绩管理数据库"中创建表"学生信息表"？怎样定义表中的列(字段)？

(1) 启动企业管理器，在左边窗口的树型目录中，展开要建表的数据库"教学成绩管理数据库"。

(2) 右击【表】，在弹出的快捷菜单中单击【新建表】命令，如图 5.12 所示。

(3) 在出现的表设计器窗口中定义表结构，即逐个定义好表中的列(字段)，确定各字段的名称(列名)、数据类型、长度等，如图 5.13 所示。

(4) 单击工具栏上的【保存】图标，保存新建的数据表，如图 5.14 所示。

(5) 在出现的【选择名称】对话框中，输入数据表的名称"学生信息表"，单击【确定】按钮，如图 5.15 所示。

【演练 5.4】怎样使用企业管理器查看"教学成绩管理数据库"中"学生信息表"表结构(字段及其定义)？

(1) 启动企业管理器，在左窗口展开数据库文件夹，展开要查看的表所在的数据库"教学成绩管理数据库"，单击【表】，则右边的窗口中显示这一数据库中所有的表，对于每个表，都会显示它的所有者、类型和创建日期，如图 5.16 所示。

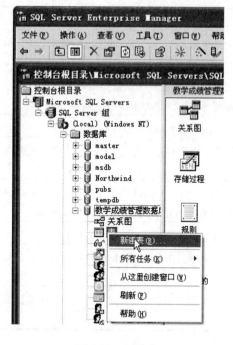

图 5.12　创建表

图 5.13　定义表中的列

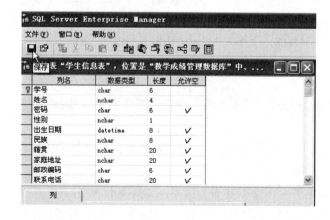

图 5.14　保存表

图 5.15　输入表名

(2) 在右边的窗口列表中选择要查看的表"学生信息表",单击鼠标右键打开快捷菜单,单击【属性】命令。

(3) 在出现的表属性对话框中单击查看表中每一列的定义,即表结构,如图 5.17 所示。

【演练 5.5】怎样使用企业管理器修改"教学成绩管理数据库"中"学生信息表"表结构(字段及其定义)?

(1) 启动企业管理器,展开要修改的表所在的数据库"教学成绩管理数据库",单击【表】。

(2) 在右边的详细信息窗口中选择要修改的表"学生信息表",单击鼠标右键,在弹出的快捷菜单中单击【设计表】命令,如图 5.18 所示。

(3) 这时会出现如图 5.19 所示的设计表结构窗口，在设计表结构窗口中，可按照要求对表结构进行修改。

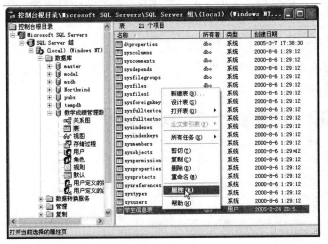

图 5.16　选中教学成绩管理数据库中的学生信息表

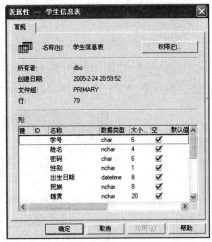

图 5.17　查看学生信息表结构

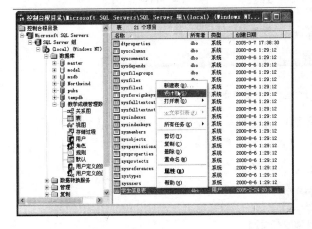

图 5.18　单击【设计表】命令

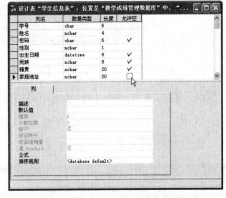

图 5.19　设计表结构窗口

(4) 修改表结构，可对已存在的列(字段)进行修改，修改其字段名、类型、长度、可否为 null 值等；可增加新的字段，将光标移到最后一个字段下面的空行上，进行新的字段的定义；可在某列字段前插入新的字段，具体做法是选中某字段所在行，单击鼠标右键，在弹出的菜单中单击【插入列】命令，这时在该行的上方出现一个空行，在这个空行中定义一个新字段；还可以删除某个字段，具体做法是选中该字段所在行，单击鼠标右键，在弹出的菜单中单击【删除列】命令，则删除该字段。

(5) 修改完毕后单击【保存】按钮。

5.2.3　管理数据表数据

【演练 5.6】怎样使用企业管理器查看、修改"教学成绩管理数据库"中"学生信息表"表中数据？

（1）启动企业管理器，在树形目录中展开"教学成绩管理数据库"，单击【表】。

（2）在右边窗口的列表中用鼠标右击要查看的表"学生信息表"，在其弹出的快捷菜单中单击【打开表】命令，在该菜单下有 3 个子菜单，如图 5.20 所示。

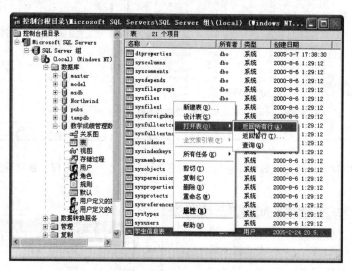

图 5.20　在企业管理器中查看表

（3）单击【返回所有行】命令，在界面中可添加一条记录，修改某记录的数据项，删除一条或多条记录，如图 5.21 所示；单击【返回首行】命令，则打开如图 5.22 所示的对话框，让用户输入 n 的值，然后显示前 n 行，如图 5.23 所示。

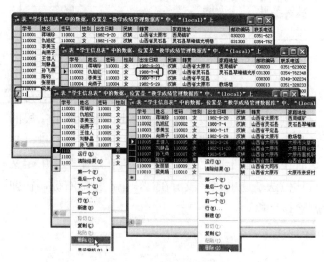

图 5.21　显示表中所有行　　　　　　　图 5.22　输入显示行数

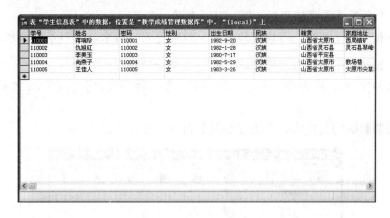

图 5.23　显示表中前 5 行

(4) 在图 5.21 或图 5.23 所示的表格窗口中可对数据进行查看和修改操作。

(5) 在图 5.21 或图 5.23 所示的表格窗口中右击鼠标弹出快捷菜单，单击【删除】命令将删除鼠标所在行的记录；在最后一行(*)添加数据将插入一条新记录；在表格窗口左边右击鼠标弹出快捷菜单，单击【复制】命令将鼠标所在行的记录复制到剪贴板，然后在最后一行(*)表格窗口左边右击鼠标弹出快捷菜单，单击【粘贴】命令将剪贴板中数据记录粘贴(插入)一条新记录。

(6) 在图 5.21 或图 5.23 所示的表格窗口中编辑数据后，移动光标到编辑单元外将保存所做数据编辑，或按 Esc 键将取消上述编辑修改。

5.2.4　删除表与删除数据库

【演练 5.7】如何使用企业管理器删除"教学成绩管理数据库"中的"学生信息表"？

(1) 启动企业管理器，展开欲删除的表所在的数据库"教学成绩管理数据库"，单击【表】。

(2) 在右窗口中选择要删除的表"学生信息表"，单击鼠标右键，从弹出的快捷菜单中单击【删除】命令，如图 5.24 所示。

(3) 在打开的【除去对象】对话框中单击【取消】按钮，如图 5.25 所示。

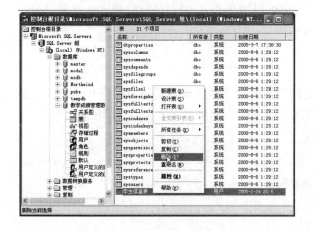

图 5.24　单击【删除】命令

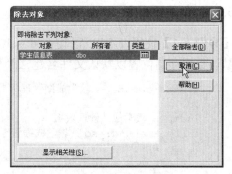

图 5.25　除去对象

注意：　当某个表不再需要使用时，可以将其删除。

一个表一旦被删除，则该表的数据、结构定义、约束、索引等都被永久删除。

【演练 5.8】如何使用企业管理器删除"教学成绩管理数据库"？

(1) 启动 SQL Server 企业管理器，展开服务器，找到要删除的数据库"教学成绩管理数据库"。

(2) 右击要删除的数据库，单击【删除】命令，如图 5.26 所示。

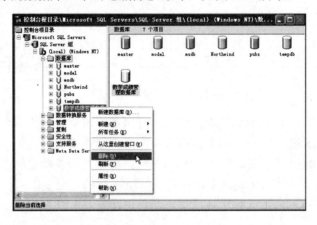

图 5.26　删除数据库

注意：　①当一个数据库不再需要使用时，就可将它删除。

②一旦一个数据库被删除，则该数据库中所有数据和所有文件都将被删除，占用的空间被释放。

③系统数据库不能被删除。

5.3　用 T-SQL 语句管理数据库和表

数据库可以使用企业管理器进行管理，也可以用 T-SQL 语句进行管理，本节学习如何用 T-SQL 语句创建、查看、修改和删除数据库。

5.3.1　创建数据库

【导例 5.1】使用 T-SQL 语句在 d:\sql\文件夹下创建"教学成绩管理数据库"，在服务器默认数据存储位置以默认文件名建立"测试"数据库。如果目录 d:\sql\不存在怎么办？

```
create database 教学成绩管理数据库
on
(name = 教学成绩管理数据库,
 filename ='d:\sql\教学成绩管理数据库_Data.mdf',
 size = 1,
 filegrowth = 10%)
log on
(name = 教学成绩管理数据库_log,
 filename =' d:\sql\教学成绩管理数据库_log.ldf',
```

```
    size = 5,
    filegrowth = 10%)

create database [测试]
```

【知识点】

(1) 创建数据库就是复制 model 数据库。用最简洁语法格式创建数据库，主文件和日志文件的大小都同 model 数据库的一致，并且可以自由增长。

(2) 最常用的语法格式：

```
create database 数据库名
[ on (name = '逻辑文件名',
      filename = '物理文件名.mdf') ]
[ log on (name = '逻辑文件名_log',
      filename = '物理文件名_log.ldf') ]
```

(3) 最简洁的语法格式：

```
create database 数据库名
```

5.3.2　查看数据库

【导例 5.2】系统存储过程 sp_helpdb, sp_database, sp_helpfile, sp_helpfilegroup 的功能是什么(一般性了解)?

```
sp_helpdb
go
sp_helpdb 教学成绩管理数据库
go
sp_databases
go
use 教学成绩管理数据库     --指定[教学成绩管理数据库]为当前数据库
go
sp_helpfile 教学成绩管理数据库
go
sp_helpfile
go
sp_helpfilegroup           --显示[教学成绩管理数据库]中所有文件组信息
```

【知识点】

语法格式及其功能：

```
sp_helpdb [数据库名]        显示服务器中指定数据库的信息
sp_helpdb                   显示服务器中所有数据库的信息
sp_databases                显示服务器中所有可以使用的数据库的信息
sp_helpfile [数据库名]      显示指定数据库中所有文件的信息
sp_helpfile                 显示数据库中所有文件的信息
sp_helpfilegroup [文件组名]  显示数据库中指定文件组的信息
sp_helpfilegroup            显示数据库中所有文件组的信息
```

5.3.3　修改数据库

【导例 5.3】在"教学成绩管理数据库"中增加数据文件"教学管理_dat";修改"教学成绩管理数据库"中第二个数据文件"教学管理_dat"初始大小为 10MB;删除"教学成绩管理数据库"中"教学管理_dat"文件;设置"教学成绩管理数据库"为自动收缩(一般性了解)。

```
alter database 教学成绩管理数据库
add file (
  name = 教学管理_dat,
  filename='d:\sql\教学管理_dat.ndf',
  size=5mb,filegrowth=1mb
)

alter database 教学成绩管理数据库
modify file ( name = 教学管理_dat,  size=10mb )

alter database 教学成绩管理数据库
remove file 教学管理_dat

alter database 教学成绩管理数据库
set auto_shrink on

go
sp_dboption '教学成绩管理数据库', 'autoshrink', 'true'
```

【知识点】

alter database 语法格式及选项:

```
alter database[数据库名]
add file          增加数据文件
add log file        增加日志文件
remove file       删除文件
modify file       修改文件
```

5.3.4　创建表

【导例 5.4】在"教学成绩管理数据库"中创建"教师信息表"。

```
use 教学成绩管理数据库
go
create table 教师信息表
(    编号 char(6),
     登录名 char(10),
     姓名 nchar(4),
     密码 char(6),
     性别 nchar(1) ,
     教研室编号 char(6),
     出生日期 datetime,
     工作日期 datetime,
     职称 nvarchar(5),
     职务 nchar(12),
```

```
        学位 nchar(2),
        工资 money,
        照片 image
)
```

思考： 数据表中记录"出生日期"好，还是记录"年龄"好呢？

【知识点】

(1) 一个表最多可以有 1024 列。

(2) create table 最常用的语法格式：

```
create table 数据表名
( 列名 数据类型 | 列名 as 计算列表达式 [ ,…n ]
)
```

5.3.5　显示表

【导例 5.5】 显示"教学成绩管理数据库"中"教师信息表"结构信息；显示"教学成绩管理数据库"中所有数据库对象信息。

```
use 教学成绩管理数据库        --选中一条语句单条执行察看运行结果
go
sp_help 教师信息表 --显示[教学成绩管理数据库]中[教师信息表]结构信息
go
sp_help            --显示[教学成绩管理数据库]中所有数据库对象信息
```

【知识点】

(1) sp_help 是用来显示数据库对象等信息，其语法格式如下：

```
sp_help [数据库对象名]
```

(2) 系统存储过程 sp_help 用来显示数据库对象的定义信息，除了显示表外，还可显示视图、存储过程以及用户自定义数据类型等对象的定义信息。

(3) 未指定[数据库对象名]时，sp_help 显示当前数据库中所有数据库对象的信息。

5.3.6　修改表

【导例 5.6】 在"教师信息表"中增加"email"和"学历"列；删除"教师信息表"中"email"列和"学历"列；将"教师信息表"的"姓名"列改为最大长度为 8 的 nchar 型数据，且不允许空值。

```
use 教学成绩管理数据库
go
alter table 教师信息表
add email varchar(20) null,
学历 text
go
alter table 教师信息表
drop column email, 学历
use 教学成绩管理数据库
go
```

```
alter table 教师信息表
alter column 姓名 nchar(8) not null
```

【知识点】

(1) 修改表包括向表中添加列、删除表中的列以及修改表中列的定义。

(2) 添加列语句格式:

```
alter table 表名 add 列名 列的描述
```

注意: 在默认状态下, 列是被设置为允许空值的。向表中增加一列时, 应使新增加的列有默认值或允许为空值, SQL Server 将向表中已存在的行填充新增列的默认值或空值, 如果既没有提供默认值也不允许为空值, 那么新增列的操作将出错, 因为 SQL Server 不知道该怎么处理那些已经存在的行。

(3) 删除列语法格式:

```
alter table 表名 drop column 列名[,…]
```

(4) 修改列定义(包括列名、数据类型、数据长度以及是否允许为空值等)语句格式:

```
alter table 表名 alter column 列名 列的描述
```

注意: 在默认状态下, 列是被设置为允许空值的。如果要将一个原来允许空值的列改为不允许空值, 必须满足两个条件: 该列中没有空值和在该列上没有建立索引。

5.3.7　删除表与删除数据库

【导例 5.7】删除"教学成绩管理数据库"中的"教师信息表"(请暂时不要删除此表, 下面学习还要用到它)。

```
use 教学成绩管理数据库
go
drop table 教师信息表
```

【知识点】

使用 T-SQL 语句删除表, 是通过 drop table 语句来实现的。语法格式:

```
drop table 表名
```

【导例 5.8】如何删除数据库? 如何一次删除多个数据库?

```
-- 1.删除一个数据库        --一段一段选中执行
drop database [测试]

-- 2.创建多个数据库, 然后一次删除多个数据库
create database [测试 1]
create database [测试 2]
go
drop database [测试 1], [测试 2]
```

【知识点】

删除数据库(drop database)语句的语法格式:

```
drop database 数据库名 1 [, 数据库名 2…]
```

当有用户正在使用某个数据库时，该数据库不能被删除；当一个数据库正在被恢复或正在参与复制时，该数据库不能被删除。另外，不能删除系统数据库。

5.4　用 T-SQL 语句操作数据表数据

在 5.2 节中介绍了怎样用企业管理器管理数据表数据，本节介绍用 T-SQL 语句管理数据表数据。

5.4.1　插入数据

【导例 5.9】 在"教师信息表"中插入记录。

```
use 教学成绩管理数据库        --一段一段选中执行
go
-- 1.将杜老师的记录插入[教师信息表]
insert 教师信息表
values ('000001','du','杜老师','1','男','010301','1963-05-28',null,
'副教授','室主任','学士',0,null)

-- 2.查询上述语句的执行效果
select * from 教师信息表

-- 3.将马老师的记录插入[教师信息表]
insert into 教师信息表(编号,姓名,性别)
values ('000002','马老师','男')

-- 4.查询上述语句的执行效果
select * from 教师信息表
```

【知识点】

(1) 向表中插入数据，使用 insert 命令完成。语法格式：

```
insert [into] 表名 [(列名1,...) ]
values (表达式1,…)
```

(2) 当将数据添加到一行的所有列时，insert 语句中无需给出表中的列名，只需用 values 关键字给出要添加的数据即可。需要注意的是，values 中给出的数据顺序和数据类型必须与表中列的顺序和数据类型一致。

(3) 向表中插入一条记录时，可以给某些列赋空值，但这些列必须是可以为空的列。如上例中给"工作日期"和"照片"赋了空值。

(4) 当将数据添加到一行中的部分列时，需要同时给出列名和要赋给这些列的值。需要注意的是，对于这种添加部分列的操作，在添加数据前应确认那些没有在 values 中出现的列是否允许为空，只有允许为空的列，才可以不出现在 values 列表中。即在向表中插入记录时，可以不给全部列赋值，但没有赋值的列必须是可以为空的列。

(5) 插入字符型和日期型数据时，要用单引号括起来。

5.4.2　修改数据

【导例 5.10】将"教师信息表"中马老师的职称改为讲师。将"教师信息表"中每个老师的工作日期改为'1990-07-01'.

```
use 教学成绩管理数据库      --一段一段选中执行
go
update 教师信息表 set 职称='讲师' where 姓名='马老师'
go
update 教师信息表 set 工作日期='1990-07-01'
go
select * from 教师信息表
```

【知识点】

(1) 修改表中数据，使用 update 语句完成。语法格式：

```
update 表名 set 列名=表达式 [where 条件]
```

(2) 若在 update 语句中使用 where 子句，则对表中满足 where 子句中条件的记录进行修改。

(3) 若在 update 语句中没有使用 where 子句，则对表中所有记录进行修改。

5.4.3　删除数据

【导例 5.11】如何删除"教师信息表"中编号为'000001'的记录？如何删除"教师信息表"中所有记录？

```
use 教学成绩管理数据库      --一段一段选中执行
go
delete 教师信息表
where 编号='000001'
go
truncate table 教师信息表
```

【知识点】

(1) 删除表中数据，使用 delete 语句完成。语法格式：

```
delete 表名 [where 条件]
```

(2) 若在 delete 语句中给出 where 子句，则删除表中满足条件的记录。

(3) 若在 delete 语句中没有给出 where 子句，则删除表中所有记录。

(4) 删除表中所有记录，也可以使用 truncate table 语句完成。truncate table 语句提供了一种删除表中所有记录的快速方法。因为 truncate table 语句不记录日志，只记录整个数据页的释放操作，而 delete 语句对每一行修改都记录日志，所以 truncate table 语句总比没有指定条件的 delete 语句快。语法格式：

```
truncate table 表名
```

注意：truncate table 操作不进行日志记录，因此在执行 truncate table 语句之前应先对数据
　　　库做备份，否则被删除的数据将不能再恢复。

5.5 数据库分离与附加

一个数据库只能被一个服务器管理，通过分离数据库可以将数据库与服务器分离，分离后的数据库可以附加到别的服务器上。附加数据库就是将存放在硬盘上的数据库文件加入到 SQL Server 服务器中。

5.5.1 分离数据库

【演练 5.9】如何使用企业管理器分离"教学成绩管理数据库"？数据库分离后数据库文件存放在什么地方？数据库分离前数据库文件是否允许复制或剪切？

(1) 打开企业管理服务器，展开服务器组，展开服务器。

(2) 展开数据库文件夹，右击要分离的数据库"教学成绩管理数据库"，在弹出的快捷菜单中单击【所有任务】命令，在其子菜单中单击【分离数据库】命令，如图 5.27 所示。

图 5.27 选择分离数据库

(3) 在随后出现的【分离数据库】对话框中单击【确定】按钮，则完成数据库分离，如图 5.28 所示。分离数据库后可将数据库文件复制到 U 盘保管。

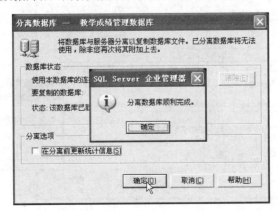

图 5.28 分离数据库

5.5.2 附加数据库

【演练 5.10】如何使用企业管理器附加"教学成绩管理数据库"？数据库附加后数据库文件是否允许复制？

(1) 为了加快数据库访问速度，将数据库文件(*.mdf,*.ldf)复制到硬盘某个文件夹下。当然数据库文件放在 U 盘上也可以。

(2) 打开企业管理服务器，展开服务器组，展开服务器。

(3) 右击数据库，在弹出的快捷菜单中单击【所有任务】命令，在其子菜单中单击【附加数据库】命令，如图 5.29 所示。

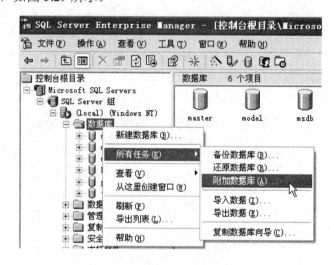

图 5.29 选择附加数据库

(4) 在随后出现的【附加数据库】对话框中，单击【…】按钮，出现文件选择对话框，选择要附加的数据库的主数据文件名及存放位置，单击【确定】按钮，完成数据库附加，如图 5.30 所示。

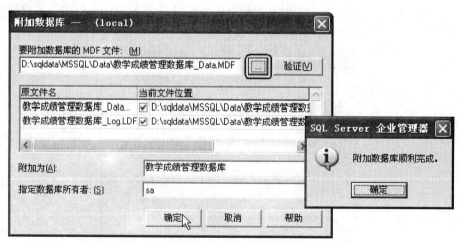

图 5.30 附加数据库

提示：也可以用下列 T-SQL 语句附加或分离数据库。

```
sp_attach_db [教学成绩管理数据库],
    N'd:\sqldata\MSSQL\Data\教学成绩管理数据库_Data.mdf',
    N'd:\sqldata\MSSQL\Data\教学成绩管理数据库_log.ldf'  --附加数据库
sp_detach_db [教学成绩管理数据库], 'true'  --分离数据库
```

5.6　本章实训

实训目的

通过本章实训，使学生深刻理解数据库和表的概念，掌握用企业管理器与 T-SQL 两种方法建立、查看、修改和删除数据库，用企业管理器与 T-SQL 两种方法建立、查看、修改、删除数据表以及向表中插入、修改和删除数据的基本操作。

实训内容

(1) 建立一个数据库，数据库名为：我班同学库。

(2) 分别用企业管理器与 T-SQL 方法在我班同学库中建立如下数据表。

① 同学表(学号 char(6)，姓名 nchar(4)，性别 nchar(1)，出生日期 datetime，身高 decimal(5,2)，民族 nchar(5)，身份证号 char(18)，宿舍编号 char(6))。

② 宿舍表(宿舍编号 char(6)，宿舍电话号码 char(12))。

(3) 向以上数据表中输入所在班同学的真实数据。并用 insert、update、delete 命令进行插入、修改、删除数据操作。

实训过程

1. 用企业管理器建立数据库和数据表

实训步骤

(1) 参照【演练 5.2】建立一个名为【我班同学库】的数据库，查看数据库属性信息。

(2) 参照【演练 5.3】建立名为【同学表】和【宿舍表】的数据表。

(3) 参照【演练 5.4】【演练 5.5】查看、修改【同学表】和【宿舍表】的表结构。

(4) 参照【演练 5.7】删除【同学表】和【宿舍表】。

(5) 参照【演练 5.8】删除【我班同学库】。

2. 用 T-SQL 方法建立数据库和数据表

(1) 参照【导例 5.1】用 create database 命令创建名为【我班同学库】的数据库，必须清楚地知道数据库存储的位置和文件名。

(2) 参照下列代码用 create table 命令创建【同学表】和【宿舍表】。

```
use [我班同学库]
create table [宿舍表] (
```

```
    [宿舍编号] char (6),
    [宿舍电话号码] char (12)
)
go
--创建同学表
create table [同学表] (
    [学号] char(6),
    [姓名] nchar(4),
    [性别] nchar(1),
    [出生日期] datetime,
    [身高] decimal(5, 2),
    [民族] nchar(5),
    [身份证号] char(18),
    [宿舍编号] char(6)
)
go
```

(3) 参照【导例 5.5】用系统存储过程 sp_help 显示【同学表】和【宿舍表】的表结构。

(4) 参照【导例 5.9】、【导例 5.10】、【导例 5.11】用 insert、update 和 delete 命令在【同学表】和【宿舍表】中插入数据、修改和删除数据。

(5) 参照【演练 5.6】利用企业管理器向【同学表】和【宿舍表】中输入所在班同学的真实数据，走读生也给编上宿舍编号，宿舍电话号码用家庭电话号码代替。

(6) 参照【演练 5.9】分离【我班同学库】并复制保存到自己 U 盘上，以备在以后各章实训中使用，真实数据更能使同学们容易理解和接受知识点。

实验总结

通过本章的上机实验，学员应该能够掌握用企业管理器和 T-SQL 语句两种方法进行数据库的创建、查看、修改及删除；表的创建、查看、修改及删除；数据的添加、查看、修改及删除。

5.7　本　章　小　结

本章主要讨论了数据库和数据表。数据库和数据表是 SQL Server 2000 最基本的操作对象。对数据库的基本操作包括数据库的创建、查看、修改和删除。对数据表的基本操作包括数据表的创建、查看、修改和删除以及数据的添加、查看、修改及删除等。这些基本操作是进行数据库管理与开发的基础。通过学习，要求读者熟练掌握使用企业管理器进行数据库和数据表的创建、查看、修改、删除及数据维护操作技能，要求熟练掌握表 5-2 所列的 T-SQL 语句。

表 5-2　本章 T-SQL 主要语句一览表

	语句		语法格式
数据库	创建数据库*		create database 数据库名 [on (name = '逻辑文件名', 　　　　filename = '物理文件名.mdf')] [log on (name = '逻辑文件名_log', 　　　　filename = '物理文件名_log.ldf')]
	删除数据库*		drop database 数据库名
数据表	创建表*		create table 数据表名 (列名 数据类型 | 列名 as 计算列表达式 [,…n])
	修改表	添加列	alter table 表名 add 列名 列的描述
		修改列	alter table 表名 alter column 列名 列的描述
		删除列	alter table 表名 drop column 列名,…
	删除表*		drop table 表名
数据操作	插入数据*		insert [into] 表名 [(列名 1,…)] values (表达式 1,…)
	修改数据*		update 表名 set 列名= 表达式 [where 条件]
	删除数据*		delete 表名 [where 条件]

注：其中带*是要求熟练掌握的语句。

5.8　本章习题

1. 选择题

(1) SQL Server 安装程序创建 4 个系统数据库，下面(　　　　)不是系统数据库。

　　A. master　　　　　B. model　　　　　C. pubs　　　　　　D. msdb

(2) 下列哪个不是 SQL Server 数据库文件的后缀？（　　　）。

　　A. mdf　　　　　　B. ldf　　　　　　C. dbf　　　　　　　D. ndf

(3) SQL 语言中，删除表中数据的命令是(　　　　)。

　　A. delete　　　　　B. drop　　　　　C. clear　　　　　　D. remove

2. 填空题

(1) SQL Server 2000 在安装过程中创建_____、_____、_____和 msdb4 个系统数据库，_____和 Northwind 两个示例数据库。

(2) SQL Server 2000 数据库中的所有数据和对象都存储在文件中。这些文件有 3 种，分别是：_____文件(扩展名为._____、次要文件(扩展名为._____)和_____文件(扩展名为.ldf)。

(3) 在 SQL Server 2000 中，数据库对象包括数据_____、_____、约束、索引、用户自定义函数、_____、触发器、规则、默认和用户自定义的数据类型等。

(4) 创建、修改和删除数据库对象的语句分别是 create 、_____和_____。

(5) 数据表中查询、插入、修改和删除数据的语句分别是 select、_____、_____和_____。

3. 简答题

(1) 事务日志文件的作用是什么？

(2) 什么是文件组？其作用是什么？

4. 设计题

在“教学成绩管理数据库”中用 T-SQL 语句创建以下(1)～(10)各表，其结构见第 2 章。

(1) 学院信息表(编号，名称，简称，院长，书记)。

(2) 系部信息表(编号，名称，主任，书记)。

(3) 专业信息表(编号，院系编号，名称)。

(4) 教研室信息表(编号，名称，主任)。

(5) 班级信息表(编号，名称，年级，专业编号，人数，学制，班主任，班长，书记)。

(6) 课程信息表(编号，名称，院系编号，学时，学分，类别，考试类型)。

(7) 班级课程设置表(ID，班级编号，教师编号，课程编号，学年学期，学时)。

(8) 教学成绩表(ID，学号，课程编号，教师编号，学年学期，成绩，分数，考试类别，考试考查类型，考试日期，录入日期)。

(9) 用 T-SQL 语句删除“学院信息表”。

(10) 用 T-SQL 语句删除“教学成绩管理数据库”数据库。

第 6 章　数据查询与视图

技能目标：本章教学内容是本课程的重点(熟练掌握)。通过本章的学习，读者应该掌握以下操作技能。

- ➤ 能用企业管理器的查询设计器、查询分析器编写、调试和执行 select 语句。
- ➤ 能按照语法格式编写查询语句，包括单表单条件查询、单表多条件查询、多表多条件查询、查询结果排序分组语句和视图的建立、修改、使用和删除语句。
- ➤ 能用企业管理器、查询分析器创建、修改、删除和查询视图等操作。
- ➤ 能用企业管理器导入、导出数据库。

6.1　T-SQL 简单查询

在 T-SQL 中使用 select 语句来实现数据查询。用户通过 select 语句可以从数据库中搜寻用户所需要的数据，也可进行数据的统计汇总并返回给用户。

6.1.1　查询执行方式

使用 select 语句进行数据查询，SQL 提供了两种执行工具：企业管理器和查询分析器。而在实际应用中大部分是将 select 语句嵌入在前台编程语言(如 VB、PB、ASP)中来执行的。

【演练 6.1】　如何使用企业管理器的查询设计器编写、调试和执行 select 语句进行数据查询？例如，在"教学成绩管理数据库"，从"学生信息表"和"班级信息表"中查询"学号"、"姓名"、"性别"、"出生日期"和"班级名称"。

(1) 打开企业管理器，在左边窗口中展开所要操作的数据库"教学成绩管理数据库"；在右边窗口中右击所要查询的"学生信息表"，从弹出的快捷菜单中单击【打开表】命令，然后单击【查询】命令，如图 6.1(a)所示。

(2) 在打开的查询设计器中设计查询，可看到有 4 个窗格，从上到下分别是关系图窗格、网格窗格、SQL 窗格、结果窗格。在网格窗格【输出】栏下单击鼠标去掉勾，如图 6.1(b)所示。

(3) 在关系图窗格空白处单击鼠标右键，在弹出的快捷菜单中单击【添加表】命令，弹出【添加表】对话框然后选择【表】选项卡中的"班级信息表"，单击【添加】、【关闭】按钮，如图 6.2(a)所示。

(4) 在关系图窗格中选择要查询的"学生信息表"列的"学号"、"姓名"、"性别"和"出生日期"、"班级信息表"的"名称"，然后连接"学生信息表"的"班级编号"和"班级信息表"的"编号"；在网格窗格中"名称"后【别名】列输入"班级名称"，另还可设置排序以及记录的筛选条件等。在 SQL 窗格中自动生成 SELECT 语句，如图 6.2(b)所示。

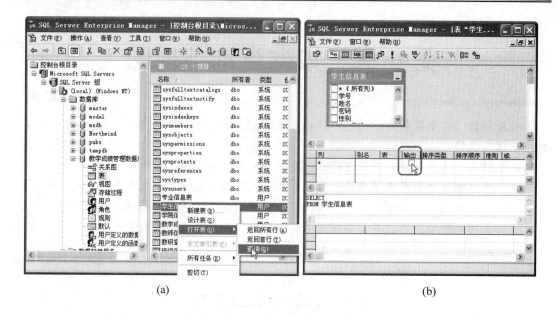

(a)　　　　　　　　　　　　　　　　　(b)

图 6.1　企业管理器的查询设计器

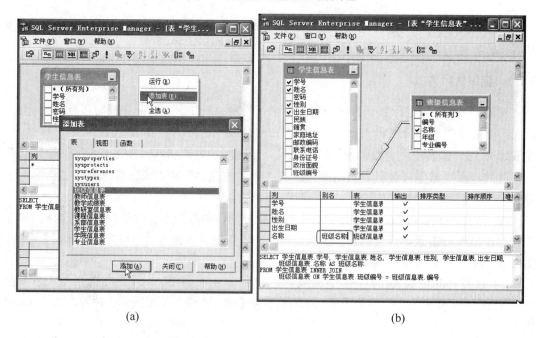

(a)　　　　　　　　　　　　　　　　　(b)

图 6.2　设计查询

(5) 单击查询设计器工具栏中的【分析】按钮，进行语句分析；单击查询设计器工具栏中的【运行】按钮，执行查询，则在结果窗格中显示查询结果，如图 6.3 所示。这样就从"学生信息表"和"班级信息表"得到一个只包含"学号"、"姓名"、"性别""出生日期"和"班级名称"的虚拟表。

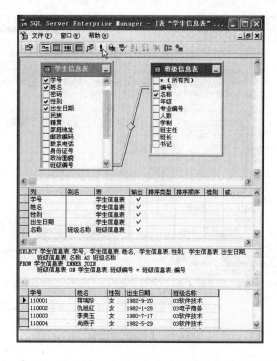

图 6.3　执行查询的结果

【演练 6.2】如何使用查询分析器编写、调试和执行 select 语句进行数据查询？如从"教学成绩管理数据库"的"学生信息表"中查询女生（"性别"='女'）的"姓名"、"性别"、"出生日期"？

(1) 打开查询分析器，在数据库下拉列表中，选择当前数据库"教学成绩管理数据库"，如图 6.4 所示。

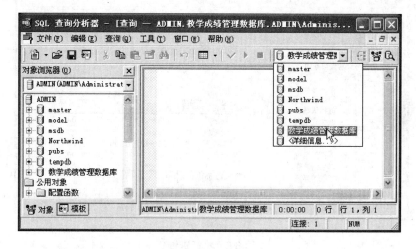

图 6.4　选择当前数据库

(2) 在【对象浏览器】对话框中展开"教学成绩管理数据库"、【用户表】，右击"dbo.学生信息表"，单击快捷菜单中的【在新窗口中编写对象脚本】、【选择】，在编辑器窗格中自动得到相应的 SELECT 语句代码，如图 6.5 所示。

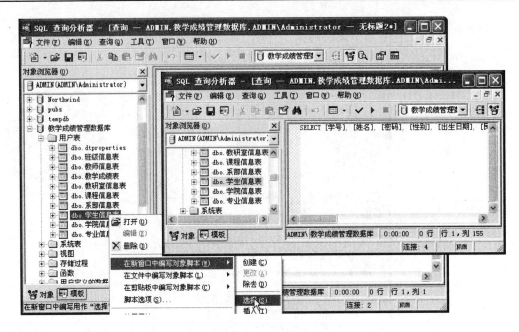

图 6.5　代码编辑窗格

（3）在编辑器窗格自动得到的 SELECT 语句代码基础上编辑下列 SELECT 语句：

SELECT 姓名，性别，出生日期 FROM 学生信息表 where 性别 = '女'

　　在工具栏上单击 ✔ 按钮或按 Ctrl+F5 快捷键分析查询，单击 ▶ 按钮或按 F5 快捷键执行查询。结果如图 6.6 所示。

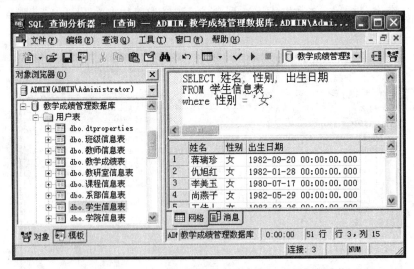

图 6.6　执行查询

6.1.2　select 子句选取字段

【导例 6.1】如何从"学生信息表"只查询表中的姓名和性别列？从"学生信息表"查询表中的所有列时，如何书写简洁的 select 语句？在"学生信息表"中记录着学生出生日期，如何由出生日期计算出年龄并查询学生姓名、性别和年龄？

```
use 教学成绩管理数据库      --一段一段选中执行
--1. 查询学生姓名和性别
select 姓名, 性别 from 学生信息表

--2. 查询学生信息表中所有字段（列，栏目）
select * from 学生信息表

--3. 使用别名
select 姓名 学生姓名, 性别, datediff(year,出生日期,getdate()) as 年龄
from 学生信息表

--4. 计算字段, 与使用别名等价
select 学生姓名=姓名, 性别, 年龄=datediff(year,出生日期,getdate())
from 学生信息表
```

【知识点】

(1) 简单查询是按照一定的条件在单表上查询数据，还包括汇总查询以及查询结果的排序与保存。select 语句最基本的语法格式是：

```
select 列名 1[,…列名 n]
from  表名
```

(2) 选取字段：在 select 后指定要查询的字段名。选取字段就是关系运算的投影运算，它是对数据源(from 子名)进行垂直分割，如图 1.6 所示。

(3) 选取全部字段：在 select 后用"*"号表示所有字段，服务器会按用户创建表时声明列的顺序来显示所有的列。

(4) 设置字段别名：T-SQL 提供了在 select 语句中使用别名的方法。用户可以根据实际需要对查询数据的列标题进行修改，或者为没有标题的列加上临时标题。列名的语法格式是：

```
列表达式 [as] 别名
```

(5) 使用计算字段：T-SQL 提供了在 select 语句查询表达式的功能。列名的语法格式是：

```
计算字段名=表达式
```

6.1.3　select 子句记录重复与最前面记录

【导例 6.2】　从"学生信息表"查询年龄和性别，如何允许返回重复记录或过滤掉重复记录？如何从学生信息表中查询出生日期最小的前 5 名同学的姓名和出生日期？如何从"学生信息表"中查询年龄最小的前 10%的同学的姓名、性别和年龄？

```
use 教学成绩管理数据库      --一段一段选中执行
--1. 指定在查询结果中可以返回重复行
select all 年龄=datediff(year,出生日期,getdate()), 性别
from 学生信息表

--2. 指定在查询结果中可以返回重复行  与 1 基本等价
Select 性别, 年龄=datediff(year, 出生日期, getdate())
from 学生信息表
```

```
--3．指定在查询结果中过滤掉重复行，结果排序
select distinct 性别, 年龄=datediff(year,出生日期,getdate())
from 学生信息表

--4．指定在查询结果中过滤掉重复行，结果排序
select distinct 年龄=datediff(year,出生日期,getdate()), 性别
from 学生信息表

--5．前5条记录
select top 5 姓名, 出生日期 from 学生信息表 order by 出生日期

--6．前10%条记录
select top 10 percent 姓名, 性别, 年龄=datediff(year,出生日期,getdate())
from 学生信息表 order by 年龄
```

思考：

(1) 下列 select 语句返回的结果是：

```
select distinct 性别 from 学生信息表
```

(2) 下列 select 语句书写正确吗？为什么？

```
select all distinct 性别 from 学生信息表
```

【知识点】

(1) all 选项表示返回重复行记录，all 是默认设置，可以省略；distinct 选项表示过滤重复记录，如果表中有多个为 null 的数据，服务器会把这些数据视为相等。语法格式是：

```
select [all | distinct] 列名1[,…n] from 表名
```

(2) top n 表示返回最前面的 n 行记录，n 表示返回的行数；top n percent 表示返回的最前面的 n%行。top 一般与 order by 联合使用。

```
select [top n | top n percent] 列名1[,…n]
from 表名 [order by 列名]
```

6.1.4 条件查询

条件查询是指在数据表中查询满足某些条件的记录，在 select 语句中使用 where 子句可以达到这一目的，即从数据表中过滤出符合条件的记录。条件查询就是关系运算的选择运算，它是对数据源(from 子句)进行水平分割。语法格式如下：

```
select 列名1[,…列名n] from  表名
where 条件表达式
```

使用 where 子句可以限制查询的记录范围。在使用时，where 子句必须紧跟在 from 子句后面。where 子句中的条件是一个逻辑表达式，其中可以包含的运算符见表 6-1。

表6-1 查询条件中常用的运算符

运算符	用途
=, <>, >, >=, <, <=, !=	比较大小
and，or，not	设置多重条件
between and	确定范围
in、not in、any|some、all	确定集合
like	字符匹配，用于模糊查询
is[not] null	测试空值

【导例 6.3】如何从"学生信息表"查询年龄在 23 岁以下(包括 23 岁)的学生的姓名、性别和年龄？如何从"学生信息表"查询年龄在 23 岁以上(不包括 23 岁)的男生的姓名、年龄？

```
use 教学成绩管理数据库      ----段一段选中执行
select 姓名，性别，年龄=datediff(year,出生日期,getdate())
from 学生信息表
where datediff(year,出生日期,getdate())<=23

select 姓名，性别，年龄=datediff(year,出生日期,getdate())
from 学生信息表
where (datediff(year,出生日期,getdate())>23) and (性别='男')
```

【知识点】

(1) 比较运算用来测试两个相同类型表达式的顺序、大小、相同与否，比较运算的结果是逻辑值，见 4.4.3 节比较运算。**【导例 6.3】**第一条查询语句的条件就是比较运算。比较表达式语法格式是：

```
表达式 比较运算符 表达式
```

(2) 基本逻辑运算符有 and、or、not，基本逻辑运算参与运算的表达式是逻辑表达式，运算结果是逻辑值。**【导例 6.3】**第二条查询语句的条件就是先进行比较运算，然后将两个比较运算的结果进行基本逻辑运算。基本逻辑运算表达式语法格式是：

```
逻辑表达式 and 逻辑表达式
逻辑表达式 or 逻辑表达式
not 逻辑表达式
```

【导例 6.4】如何从"学生信息表"查询电话号码区号为 0351、 0354 和 0355 的学生的姓名、性别和联系电话？如何从"学生信息表"查询年龄在 20(包括 20)到 24(包括 24)岁之间同学的姓名、性别和年龄？

```
use 教学成绩管理数据库      ----段一段选中执行
select 姓名，性别，联系电话
from 学生信息表
where left(联系电话,4) in ('0351','0354', '0355')
```

```
select 姓名, 性别, 联系电话
from 学生信息表
where 联系电话 like '035[145]%'

select 姓名, 性别, 年龄=datediff(year,出生日期,getdate())
from 学生信息表
where datediff(year,出生日期,getdate()) between 20 and 24
```

【知识点】

(1) in 条件表达式的语法格式如下,用来判断表达式的值是否是 in 后面括号中列出的表达式 1,表达式 2,…表达式 n 的值之一。

```
表达式 [not] in (表达式 1, 表达式 2[,…表达式 n])
```

(2) like 条件表达式用来进行模糊查询。语法格式如下,其中格式串通常与下列通配符配合使用,用来灵活实现复杂的查询条件。

```
表达式 [not] like '格式串'
```

(3) SQL Server 提供了以下 4 种通配符,以下所有通配符都只有在 like 条件表达式的格式串子句中才有如下意义,否则通配符会被当作普通字符处理。

```
%(百分号):表示从 0 到 n 个任意字符。
_(下划线):表示单个的任意字符。
[ ](封闭方括号):表示方括号里列出的任意一个字符。
[^]:任意一个没有在方括号里列出的字符。
```

(4) between 条件表达式的语法格式如下,意义为表达式的值在表达式 1 的值与表达式 2 的值之间。使用 between 限制查询数据范围时同时包括了边界值,而使用 not between 进行查询时没有包括边界值。

```
表达式 [not] between 表达式 1 and 表达式 2
```

6.1.5 汇总查询(聚合函数)

【导例 6.5】如何从"学生信息表"查询学生的最大年龄、最小年龄、平均年龄、年龄总和、最大生日、最小生日和总人数?

```
use 教学成绩管理数据库
select max(datediff(year,出生日期,getdate())) 最大年龄,
    min(datediff(year,出生日期,getdate())) 最小年龄,
    avg(datediff(year,出生日期,getdate())) 平均年龄,
    sum(datediff(year,出生日期,getdate())) 年龄总和,
    max(出生日期) 最大生日,
    min(出生日期) 最小生日,
    count(*) as 总人数
from 学生信息表
```

【知识点】

汇总查询是把存储在数据库中的数据作为一个整体,对查询结果得到的数据集合进行汇总运算。SQL Server 提供了一系列统计函数,用于实现汇总查询。常用的统计函数见表 6-2。

表 6-2　SQL Server 的统计函数

函数名	功能
sum()	对数值型列或计算列求总和
avg()	对数值型列或计算列求平均值
min()	返回一个数值列或数值表达式的最小值
max()	返回一个数值列或数值表达式的最大值
count()	返回满足 select 语句中指定的条件的记录的个数
count(*)	返回找到的行数

6.1.6　查询结果排序

【导例 6.6】如何从"学生信息表"按年龄从大到小的顺序选择学生的姓名、性别、年龄？

```
use 教学成绩管理数据库
select 姓名，性别，年龄=datediff(year,出生日期,getdate())
from 学生信息表
order by 年龄 desc
```

【知识点】

　　对查询的结果进行排序，通过使用 order by 子句实现。语法格式如下，其中，表达式给出排序依据，即按照表达式的值升序(asc)或降序(desc)排列查询结果。多个表达式给出多个排序依据，表达式在 order by 子句中的顺序决定了这个排序依据的优先级。

```
order by 表达式 1 [ asc| desc] [,…n]]
```

　　不能按 ntext、text 或 image 类型的列排序，因此 ntext、text 或 image 类型的列不允许出现在 order by 子句中。

　　在默认的情况下，order by 按升序进行排列即默认使用的是 asc 关键字。如果用户特别要求按降序进行排列，必须使用 desc 关键字。

6.1.7　查询结果保存

【导例 6.7】如何从"学生信息表"中查询所有女生的信息并保存在"女生表"中？如何从"学生信息表"查询所有李姓男生的信息并保存在临时库【tempdb】的临时表中？

```
use 教学成绩管理数据库      --一段一段选中执行
select * into 女生表 from 学生信息表
where 性别='女'
--刷新当前库的用户表，看看有无【女生表】
select * from 女生表

select * into #李姓公子表 from 学生信息表
where 性别='男' and 姓名 like '李%'
--刷新当前库的用户表，看看有无【#李姓公子表】
--刷新【tempdb】库的用户表，看看有无【#李姓公子表】
```

```
select * from #李姓公子表    --加#在当前库可查询其临时表

drop table #李姓公子表    --在当前库可删除[tempdb]的临时表
select * from #李姓公子表
```

【知识点】

在 select 语句中,into 子句的语法格式如下,使用 into 子句可以将查询的结果存放到一个新建的数据表,也可保存到【tempdb】库的临时表中。如果要将查询结果存放到【tempdb】临时表,则在临时表名前要加 "#" 号。

```
into 目标数据表
```

6.2　T-SQL 高级查询

高级查询包括从多个相关的表中查询数据时使用的连接查询、分组、合并结果集、汇总计算和子查询等。

6.2.1　连接查询

连接查询是关系数据库中最主要的查询方式,连接查询的目的是通过加载连接字段条件将多个表连接起来,以便从多个表中检索用户所需要的数据。在 SQL Server 中连接查询类型分为内连接、外连接、交叉连接、自连接。连接查询就是关系运算的连接运算,它是从多个数据源间(from 子句)查询满足一定条件的记录。

1. 内连接

【导例 6.8】"教学成绩表"记录学生的学号和课程编号,而没有记录学生的姓名和课程的名称,如何从"教学成绩表"、"学生信息表"和"课程信息表"中查询学生的学号、姓名、课程名称和分数?

```
use 教学成绩管理数据库    ---一段一段选中执行
select 教学成绩表.学号, 姓名, 课程信息表.名称 课程名称, 分数
  from 教学成绩表, 学生信息表, 课程信息表
  where 教学成绩表.学号 = 学生信息表.学号 and
        教学成绩表.课程编号 = 课程信息表.编号

--等价于下列语句:
select 教学成绩表.学号, 姓名, 课程信息表.名称 课程名称, 分数
  from 教学成绩表 inner join 学生信息表
        on 教学成绩表.学号 = 学生信息表.学号
              inner join 课程信息表
        on 教学成绩表.课程编号 = 课程信息表.编号

--为数据表指定别名
select cj.学号, 姓名, kc.名称 课程名称, 分数
  from 教学成绩表 as cj
    inner join 学生信息表 as xs on cj.学号 = xs.学号
```

```
inner join 课程信息表 as kc on cj.课程编号 = kc.编号
```

查询结果如图 6.7(a)、(b)、(c)所示，均是 179 行记录。教学成绩表共有 216 条记录，有 20 条记录的课程编号查不到课程名称，有 17 条记录的学号查不到学生姓名。

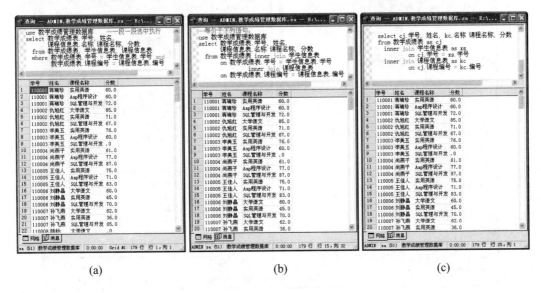

(a)　　　　　　　　　　　　　　(b)　　　　　　　　　　　　　　(c)

图 6.7　内连接查询结果

【知识点】

内连接也叫自然连接，它是组合两个表的常用方法。自然连接是将两个表中的列进行比较，将两个表中满足连接条件的行组合起来作为结果。语法格式：

```
from 表 1 [inner] join 表 2 on 条件表达式 1
```

2. 外连接

【导例 6.9】如何从"学生信息表"、"教学成绩表"和"课程信息表"中查询学生的学号、姓名、课程名称和分数(包括没有成绩的新入学同学的学号、姓名)？如何从"学生信息表"、"教学成绩表"和"课程信息表"中查询学生的学号、姓名、课程名称和分数(包括还没有讲过的新课的名称)？

```
use 教学成绩管理数据库      --一段一段选中执行
select xs.学号,姓名,kc.名称,分数
  from 学生信息表 as xs
    left join 教学成绩表 as cj on cj.学号 = xs.学号
    left join 课程信息表 as kc on cj.课程编号 = kc.编号

select xs.学号, 姓名, kc.名称, 分数
  from 教学成绩表 as cj
        join 学生信息表 as xs on cj.学号 = xs.学号
    right join 课程信息表 as kc on cj.课程编号 = kc.编号
```

第 1 段查询结果如图 6.8(a)所示，共 205 行记录，有成绩知道课程名称的 179 行，有成绩不知道课程名称的 20 行，没有成绩的同学 6 行；第 2 段查询结果如图 6.8(b)所示，共 180

行记录，有成绩的课程名称 179 行，没有成绩的课程名称 1 行。

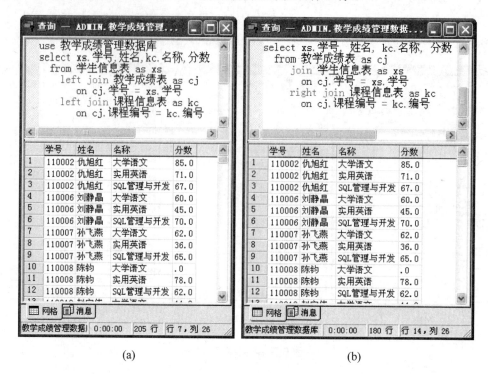

(a)

(b)

图 6.8　左、右连接查询结果

【知识点】

(1) 在自然连接中，只有在两个表中匹配的行才能在结果集中出现；而在外连接中可以只限制一个表，而对另外一个表不加限制(即另外一个表中的所有行都出现在结果集中)。

(2) 外连接分为左外连接、右外连接和全外连接。

(3) 左外连接是对连接条件中左边的表不加限制，左外连接语法格式如下：

```
from 表1 left [outer] join 表2 on 条件表达式
```

(4) 右外连接是对右边的表不加限制，右外连接语法格式：

```
from 表1 right [outer] join 表2 on 条件表达式
```

【导例 6.10】从"学生信息表"和"教师信息表"中查询同姓的教师和学生的姓名。

```
use 教学成绩管理数据库    --一段一段选中执行
select left(xs.姓名,1) as 姓氏,xs.姓名 as 学生姓名,js.姓名 as 教师姓名
  from 教师信息表 as js
     full join 学生信息表 as xs on left(js.姓名,1) = left(xs.姓名,1)

select left(xs.姓名,1) as 姓氏,xs.姓名 as 学生姓名,js.姓名 as 教师姓名
  from 教师信息表 as js
     join 学生信息表 as xs on left(js.姓名,1) = left(xs.姓名,1)
```

查询结果如图 6.9(a)所示，共 82 行记录。查询结果如图 6.9(b)所示，共 8 行记录。

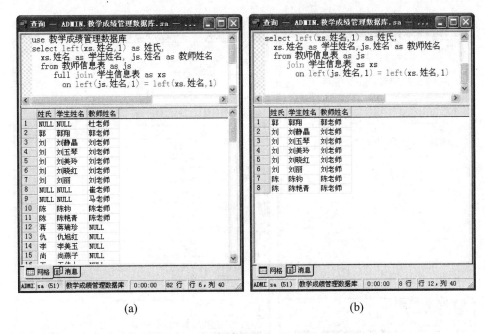

图 6.9　全连接与内连接查询结果比较

【知识点】

全外连接对两个表都不加限制，所有两个表中的行都会包括在结果集中。全外连接语法格式：

```
from 表1 full [outer] join 表2 on 条件表达式
```

3. 自连接(Self join)与交叉连接(Cross join)

【导例 6.11】 从"学生信息表"中查询同名学生的姓名和学号。假设"课程信息表"中编号小于等于'900010'的课程是基础课，请查询电子商务班学生(班级编号是 200301)每个学生的姓名、所修的基础课的课程名称的对应表。

```
use 教学成绩管理数据库    --一段一段选中执行
select xs1.姓名,xs1.学号 ,xs2.学号
from 学生信息表 as xs1 join 学生信息表 as xs2
    on xs1.姓名 = xs2.姓名
where xs1.学号<>xs2.学号

select 姓名, 名称
from 学生信息表 cross join 课程信息表
where 班级编号 = '200301' and 编号 < '900011'
order by 姓名, 名称
```

第 1 段代码查询结果如图 6.10(a)所示，共 2 行记录，其实是 2 个同名同学；第 2 段代码的查询结果如图 6.10(b)所示，共 42 行记录，电子商务班有 21 名同学，基础课有 2 门。

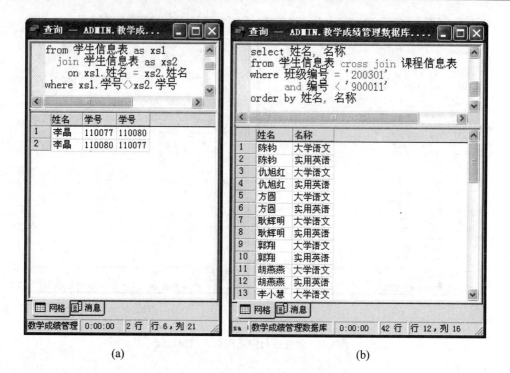

(a)　　　　　　　　　　　　　　　(b)

图 6.10　自连接与交叉连接查询结果

【知识点】

(1) 连接操作不仅可以在不同的表上进行，也可以在同一张表内进行自身连接，即将同一个表的不同行连接起来。自连接可以看作一张表的两个副本之间的连接。在自连接中，必须为表指定两个别名，使之在逻辑上成为两张表。

(2) 交叉连接也叫非限制连接，它是将两个表不加任何约束地组合起来。在数学上，就是两个表的笛卡儿积。交叉连接后得到的结果集的行数是两个被连接表的行数的乘积。语法格式如下。交叉连接也是非常有用的一种连接。

```
from 表 1 cross join 表 2　 或　 from 表 1 , 表 2
```

6.2.2　使用分组

1. 简单分组

【导例 6.12】从"学生信息表"中分别统计出男生和女生的最大年龄、最小年龄、平均年龄、年龄总和及人数。

```
use 教学成绩管理数据库
select 性别,
  max(datediff(year, 出生日期, getdate())) 最大年龄,
  min(datediff(year, 出生日期, getdate())) 最小年龄,
  avg(datediff(year, 出生日期, getdate())) 平均年龄,
  sum(datediff(year, 出生日期, getdate())) 年龄总和,
  count(*) as 人数
from 学生信息表
```

```
group by 性别
```

从以上结果可以看出，所有的统计函数都是对查询出的每一行数据进行分组后再进行统计计算。所以在结果集合中，对性别列的每一种数据都有一行统计结果值与之对应。

【知识点】

(1) 分组是按某一列数据的值或某个列组合的值将查询出的行分成若干组，每组在指定列或列组合上具有相同的值。分组可通过使用 group by 子句来实现。语法格式：

```
group by 分组表达式 [,…n ] [having 搜索表达式]
```

(2) group by 子句中不支持对列设置别名，也不支持任何使用了统计函数的集合列。

(3) 对 select 子句后面每一列数据除了出现在统计函数中的列以外，都必须在 group by 子句中应用。例如，以下查询是错误的。select 后面的列"学号"无效，因为该列既不包含在聚合函数中，也不包含在 group by 子句中。

```
use 教学成绩管理数据库
select 学号, 性别,
max(datediff(year,出生日期,getdate())) 最大年龄,
min(datediff(year,出生日期,getdate())) 最小年龄,
avg(datediff(year,出生日期,getdate())) 平均年龄,
sum(datediff(year,出生日期,getdate())) 年龄总和,
count(*) as 人数
from 学生信息表
group by 性别
```

也可以根据多列进行分组，如【导例 6.13】。

【导例 6.13】从"学生信息表"中分别分班统计出男生和女生的最大年龄、最小年龄、平均年龄、年龄总和及人数，结果按班级编号、性别排列。

```
use 教学成绩管理数据库
select 班级编号, 性别,
  max(datediff(year,出生日期,getdate())) 最大年龄,
  min(datediff(year,出生日期,getdate())) 最小年龄,
  avg(datediff(year,出生日期,getdate())) 平均年龄,
  sum(datediff(year,出生日期,getdate())) 年龄总和,
  count(*) as 人数
from 学生信息表
group by 班级编号,性别
order by 班级编号,性别
```

2. 使用 having 筛选结果

【导例 6.14】查询 200301 班均分高于 70 分的学生的班级、学号、姓名、均分，结果按均分降序排列。

```
use 教学成绩管理数据库
select 班级编号, a.学号, b.姓名, avg(分数) 均分
from 教学成绩表 as a
  join 学生信息表 as b on a.学号 = b.学号
  join 课程信息表 as c on a.课程编号 = c.编号
group by 班级编号, a.学号, b.姓名
```

```
having avg(分数)>70 and 班级编号='200301 '
order by avg(分数) desc
```

【知识点】

(1) 若要输出满足一定条件的分组，则需要使用 having 关键字。即当完成数据结果的查询和统计后，可以使用 having 关键字来对查询和统计的结果进行进一步的筛选。

(2) where 与 having 的主要区别是各自的作用对象不同。where 是从基表或视图中检索满足条件的记录。having 是从所有的组中，检索满足条件的组。

6.2.3　合并结果集

【导例 6.15】查询所有学生和教师的姓名和性别。

```
use 教学成绩管理数据库
select 姓名,性别
from 学生信息表
union
select 姓名,性别
from 教师信息表
```

【知识点】

合并查询是将两个或两个以上的查询结果合并，形成一个具有综合信息的查询结果。使用 union 语句可以把两个或两个以上的查询结果集合并为一个结果集。语法格式：

```
查询语句
union  [all]
查询语句
```

注意：

(1) 联合查询是将两个或多个表(结果集)顺序连接，最后结果集中的列名来自第一个 select 语句。

(2) union 中的每一个查询语句必须具有相同的列数、相同位置的列的数据类型要相同。若列宽度不同，以最宽字段作的宽度为输出字段的宽度。

(3) 最后一个 select 查询可以带 order by 子句，对整个 union 操作结果集起作用，且只能用第一个 select 查询中的字段作排序列。

(4) 系统自动删除结果集中重复的记录，除非使用 all 关键字。

6.2.4　汇总计算

【导例 6.16】在"教学成绩管理数据库"中查询"课程编号"为 900013 的学生学号、姓名、课程名称和分数，并计算出最高分、最低分和均分。

```
use 教学成绩管理数据库
select 学生信息表.学号,姓名,名称,分数
from 学生信息表,教学成绩表,课程信息表
where 学生信息表.学号 = 教学成绩表.学号
and 课程信息表.编号 = 教学成绩表.课程编号
and 教学成绩表. 课程编号 = '900013'
compute max(分数), min(分数), avg(分数)
```

【知识点】

(1) 汇总计算是生成合计作为附加的汇总列出现在结果集的最后。语法格式：

```
compute 行聚合函数名(统计表达式)[,…n]  [by 分类表达式 [,…n]]
```

(2) compute 子句使用的行聚合函数见表 6-3。

表6-3　行聚合函数

函数	描述
avg	数字表达式中所有值的平均值
count	选定的行数
max	表达式中的最大值
min	表达式中的最小值
stdev	表达式中所有值的统计标准偏差
stdevp	表达式中所有值的填充统计标准偏差
sum	数字表达式中所有值的和
var	表达式中所有值的统计方差
varp	表达式中所有值的填充统计方差

(3) compute 或 compute by 子句中的表达式，必须出现在选择列表中，并且必须将其指定为与选择列表中的某个表达式完全一样，不能使用在选择列表中指定的列的别名。

(4) 在 compute 或 compute by 子句中，不能指定为 ntext、text 和 image 数据类型。

(5) 在 select into 语句中不能使用 compute。因此，任何由 compute 生成的计算结果不出现在用 select into 语句创建的新表内。

(6) 如果使用 compute by，则必须也使用 order by 子句。表达式必须与在 qrder by 后列出的子句相同或是其子集，并且必须按相同的序列。例如，如果 order by 子句是：order by a，b，c 则 compute 子句可以是下面的任意一个(或全部)：

```
compute by a, b, c
compute by a, b
compute by a
```

6.2.5　子查询

子查询是指在 select 语句的 where 或 having 子句中嵌套另一条 select 语句。外层的 select 语句称为外查询语句，内层的 select 语句称为内查询语句，内查询语句也称子查询语句，子查询语句必须使用括号括起来。子查询分两种：嵌套子查询和相关子查询。

1. 嵌套子查询

【导例 6.17】查询学习杜老师所授课程的学生的学号、姓名、该课程名称及分数。查询 200303 班没有学习 900011 课程的学生的学号和姓名。

```
use  教学成绩管理数据库    --一段一段选中执行
select 学生信息表.学号, 姓名, 名称, 分数
```

```
from 学生信息表, 教学成绩表, 课程信息表
where 学生信息表.学号 = 教学成绩表.学号
  and 课程信息表.编号 = 教学成绩表.课程编号
  and 教师编号 = (select 编号 from 教师信息表 where 姓名='杜老师')

select 学号,姓名
from 学生信息表
where 班级编号='200303' and 学号 not in
(select 学号 from 教学成绩表 where 课程编号='900011')
```

【知识点】

(1) 嵌套子查询是指内查询语句的执行不依赖于外查询语句。嵌套子查询的执行过程为：首先执行子查询语句，子查询得到的结果集不被显示出来，而是传给外部查询，作为外部查询语句的条件使用，然后执行外部查询并显示查询结果。嵌套子查询可以多层嵌套。

(2) 嵌套子查询一般也分为两种：返回单个值和返回值列表。

(3) 返回单个值是指内查询语句返回的结果集是单个值。返回的单个值被外部查询的比较操作(如，= 、!=、<、<=、>、>=)使用，该值可以是子查询中使用集合函数得到的值。【导例 6.17】第 1 段就是返回单个值的嵌套子查询。

(4) 返回值列表是指内查询语句返回的结果集是多个值。返回的这个值列表被外部查询的 in、not in、any 或 all 比较操作使用。【导例 6.17】第 2 段就是返回值列表的嵌套子查询。

(5) in 表示属于，即外部查询中用于判断的表达式的值与子查询返回的值列表中的一个值相等；not in 表示不属于。

(6) any、some 和 all 用于一个值与一组值的比较，以 ">" 为例，any、some 表示大于一组值中的任意一个，all 表示大于一组值中的每一个。比如，>any(1,2,3)表示大于 1；而 >all(1,2,3)表示大于 3。

2. 相关子查询

【导例 6.18】 查询没有任何教学成绩的学生的学号和姓名。

```
use 教学成绩管理数据库
select 学号,姓名
from 学生信息表
where not exists
(select * from 教学成绩表 where 教学成绩表.学号=学生信息表.学号)
```

【知识点】

(1) 相关子查询是指在子查询的查询条件中引用了外层查询表中的字段值。相关子查询的结果集取决于外部查询当前的数据行，这一点与嵌套子查询不同。

(2) 相关子查询和嵌套子查询在执行方式上也有不同。嵌套子查询的执行顺序是先内后外，即先执行子查询，然后将子查询的结果作为外层查询的查询条件的值。

(3) 相关子查询中，首先选取外层查询表中的第一行记录，内层的子查询则利用此行中相关的字段值进行查询，然后外层查询根据子查询返回的结果判断此行是否满足查询条件。如果满足条件，则把该行放入外层查询结果集合中。重复这一过程的执行，直到处理完外层查询表中的每一行数据。通过对相关子查询执行过程的分析可知，相关子查询的执

行次数是由外层查询的行数决定的。

6.2.6　数据查询综述

　　数据查询是数据库系统中最基本也是最重要的操作，select 语句是数据库操作中使用频率最高的语句，是 SQL 语言的灵魂。查询分为简单查询和高级查询。简单查询包括用 select 子句选取字段和记录、条件查询、汇总查询、查询结果排序和查询结果保存；高级查询包括连接查询、使用分组、合并结果集、汇总计算和子查询；数据查询 select 语句的主要语法格式如下，诸位需牢记于心，具体的语法格式如若记不清可在使用时查询在线帮助文档。

```
select 字段列表
    [into 目标数据表]
from 源数据表或视图[,…n]
    [where 条件表达式]
[group by 分组表达式 [having 搜索表达式]]
[order by 排序表达式 [,…n ] [asc]|[desc]]
[compute 行聚合函数名(统计表达式)[ ,…n] [by 分类表达式 [,…n ]]]
```

　　其中：

　　(1) 字段列表用于指出要查询的字段，也就是查询结果中的字段名；

　　(2) into 子句用于创建一个新表，并将查询结果保存到这个新表中；

　　(3) from 子句用于指出所要进行查询的数据来源，即表或视图的名称；

　　(4) where 子句用于指出查询数据时要满足的检索条件；

　　(5) group by 子句用于对查询结果分组；

　　(6) order by 子句用于对查询结果排序。

　　select 语句的功能如下：从 from 列出的数据源表中，找出满足 where 检索条件的记录，按 select 子句的字段列表输出查询结果表，在查询结果表中可进行分组与排序。

　　在 select 语句中 select 子句与 from 子句是不可少的，其余子句是可选的。

6.3　视　　图

　　视图是根据用户观点所定义的数据结构，是关系数据库系统提供给用户以多种角度观察数据库中数据的重要机制。本节先介绍使用企业管理器管理视图的方法，然后介绍使用 T-SQL 语句如何创建、查询、修改、使用和删除视图，最后提炼视图的概念。

6.3.1　使用企业管理器管理视图

　　【演练 6.3】使用企业管理器在"教学成绩管理数据库"的"学生信息表""系部信息表"、"专业信息表"和"班级信息表"的基础上创建"计算机系学生"视图；修改基础表"学生信息表"或其他基础表中的数据，用企业管理器查看"计算机系学生"视图的数据是否也修改，并体会视图的内涵。

　　(1) 打开企业管理器并展开【数据库】，在"教学成绩管理数据库"上单击鼠标右键，在弹出的快捷菜单上单击【新建】|【视图】命令。

(2) 在所出现的如图 6.11 所示窗口的关系图窗格中空白位置单击鼠标右键，在快捷菜单中单击【添加表】命令。

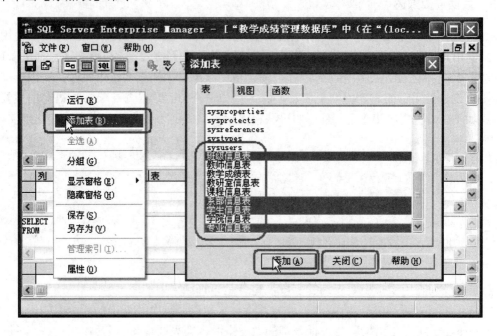

图 6.11　选择表、视图或函数

(3) 在如图 6.11 所示的【添加表】对话框中选择【表】选项卡，然后单击"学生信息表"，按住 Ctrl 键单击"系部信息表"、"专业信息表"和"班级信息表"选择这些表，单击【添加】、【关闭】按钮，弹出如图 6.12 所示的窗口。

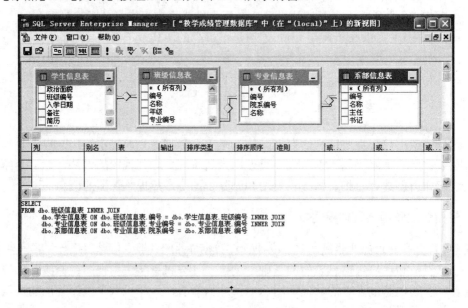

图 6.12　连接表间关系

(4) 在如图 6.12 所示窗口的关系图窗格中，调整各表格的位置依次为："学生信息表"、

"班级信息表"、"专业信息表"和"系部信息表"，连接"学生信息表"的"班级编号"到"班级信息表"的"编号"、"班级信息表"的"专业编号"到"专业信息表"的"编号"、"专业信息表"的"院系编号"到"系部信息表"的"编号"。

（5）在如图 6.13 所示窗口的关系图窗格中，依图示 1～4 处选取字段、5 处指定别名、6 处去掉字段和 7 处填写规则，8 处执行查询、9 处关闭窗口，弹出【另存为】对话框，输入视图名"计算机系学生"，单击【确定】按钮完成视图创建；也可在第二个窗格中选择创建视图所需的字段，在选择字段时可以指定别名、排序方式和规则等。这一步所选择的字段、规则等情况与其相对应的 SELECT 语句将会自动显示在第三个窗格中；还可直接在第三个窗格中输入 SELECT 语句。

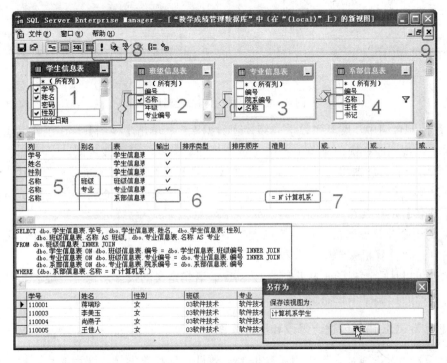

图 6.13　选择字段和规则

（6）在控制台树中，展开"教学成绩管理数据库"、单击【视图】，在工作区右击"计算机系学生视图"，在快捷菜单上单击【打开视图】|【返回所有行】命令，弹出如图 6.14(a)所示的窗口。这样看来：视图是表，方方正正的一张二维表！

（7）在控制台树中，展开"教学成绩管理数据库"、单击【视图】，在工作区右击"计算机系学生视图"，在快捷菜单上单击【属性】命令，弹出如图 6.14(b)所示的窗口。这说明：视图不是表，视图中只保存着一条如下的语句并把它命名为"计算机系学生"！

```
SELECT dbo.学生信息表.学号, dbo.学生信息表.姓名, dbo.学生信息表.性别,
       dbo.班级信息表.名称 AS 班级, dbo.专业信息表.名称 AS 专业
FROM dbo.班级信息表 INNER JOIN
     dbo.学生信息表 ON dbo.班级信息表.编号 = dbo.学生信息表.班级编号 INNER JOIN
     dbo.专业信息表 ON dbo.班级信息表.专业编号 = dbo.专业信息表.编号 INNER JOIN
     dbo.系部信息表 ON dbo.专业信息表.院系编号 = dbo.系部信息表.编号
WHERE (dbo.系部信息表.名称 = N'计算机系')
```

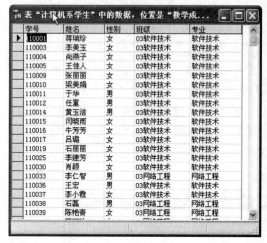
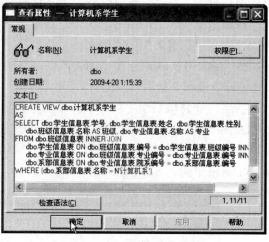

|(a)|(b)|

图 6.14　查询视图和视图属性

(8) 在控制台树中，展开"教学成绩管理数据库"、单击【视图】，在工作区右击"计算机系学生"视图，在快捷菜单上单击【设计视图】命令，可修改视图。

(9) 使用企业管理器将"学生信息表"中【学号】为"110001"同学"蒋瑞珍"的【姓名】修改为"蒋瑞玲"，再使用企业管理器打开"计算机系学生"查看【学号】为"110001"同学的【姓名】是什么？

(10) 使用企业管理器将"学生信息表"中【学号】为"110001"记录删除，再使用企业管理器打开"计算机系学生"查看【学号】为"110001"同学是否存在？

至此，可以认为：视图是从基础表按 select 语句定义的投影影像——虚表！基础表数据变了，相应的投影结果也就变了。

6.3.2　使用 T-SQL 语句创建、修改和删除视图

【导例 6.19】"教学成绩表"中为了数据的一致性只保存着学号、课程编号、教师编号，没有保存学生姓名、课程名称、教师姓名，而面对用户必须提供学号对应的学生姓名、课程编号对应的课程名称、教师编号对应的教师姓名。以"教学成绩表"、"学生信息表"、"课程信息表"和"教师信息表"为基础表，创建"教学成绩视图"并查询学号为 110001 同学的成绩，修改"教学成绩视图"并查询杜老师的教学成绩，删除"教学成绩视图"。

```
use 教学成绩管理数据库      ---一段一段选中执行
go
create view 教学成绩视图
as
select 教学成绩表.学号, 姓名, 课程信息表.名称 课程名称, 分数
  from 教学成绩表, 学生信息表, 课程信息表
  where 教学成绩表.学号 = 学生信息表.学号 and
        教学成绩表.课程编号 = 课程信息表.编号
go
select 课程名称, 分数 from 教学成绩视图 where 学号='110001'
```

```
        go

        alter view 教学成绩视图
        as
        select 教学成绩表.学号, 学生信息表.姓名,
              课程信息表.名称 课程名称, 分数,
              教师信息表.姓名 教师姓名
           from 教学成绩表, 学生信息表, 课程信息表, 教师信息表
          where 教学成绩表.学号 = 学生信息表.学号 and
              教学成绩表.课程编号 = 课程信息表.编号 and
              教学成绩表.教师编号 = 教师信息表.编号
        go

        select 学号, 姓名, 课程名称, 分数 from 教学成绩视图
        where 教师姓名 = '杜老师'
        go

        drop view 教学成绩视图
```

【知识点】

(1) 创建视图语法格式如下, 其中: 视图中包含的列, 可以有多个列名, 最多可引用 1024 个列。若使用与源表或源视图中相同的列名时, 则不必给出列名。

```
        create view 视图名[(列名 1 [,…n])]
        as
        select 语句
```

(2) 修改视图语法格式:

```
        alter view 视图名[(列名 1 [,…n])]
        as
        select 语句
```

(3) 删除视图语法格式:

```
        drop view 视图名[,…n]
```

(4) 用来创建或修改视图的 select 语句有以下限制: ①不能在临时表或表变量上创建视图; ②不能使用 compute、compute by、order by 和 into 子句。

列名最多可引用 1024 个列。若使用与源表或源视图中相同的列名时, 则不必给出列名。

6.3.3　通过视图更新数据

【导例 6.20】创建"电子商务班学生信息表"视图, 并在视图"电子商务班学生信息表"上插入学号为 110099、姓名为杨刚、联系电话为 0351-6339999 的男生; 修改学号为 110099 的学生姓名和性别; 查询电子商务班的男生; 删除学号为 110099 的学生; 最后删除"电子商务班学生信息表"视图。

```
        use 教学成绩管理数据库        ---一段一段选中执行
        go
        create view 电子商务班学生信息表 as
        select 学号, 姓名, 性别, 班级编号
```

```
from 学生信息表
where 班级编号='200301'

go
select * from 电子商务班学生信息表
insert 电子商务班学生信息表(学号，姓名，性别，联系电话，班级编号)
values('110099','杨刚','男','0351-6339999','200301')
select * from 电子商务班学生信息表

update 电子商务班学生信息表
  set 姓名='殷柔'，性别='女'
  where 学号='110099'
select * from 电子商务班学生信息表

select * from 电子商务班学生信息表 where 性别='男'

delete 电子商务班学生信息表
  where 学号='110099'
select * from 电子商务班学生信息表

drop view 电子商务班学生信息表
```

【知识点】

(1) 使用 insert 语句可以通过视图向基本表中插入数据。

注意：① 若一个视图依赖于多个基本表，则插入该视图的字段一次只能插入一个基本表的数据。

使用 update 语句可以通过视图修改基本表的数据。

② 若一个视图依赖于多个基本表，则修改该视图的字段一次只能变动一个基本表的数据。

使用 delete 语句可以通过视图删除基本表的数据。

③ 对于依赖于多个基本表的视图，不能使用 delete 语句。

(2) 通过视图可以像基本表一样查询、插入、修改和删除数据。

(3) 对视图的更新操作也可通过企业管理器或查询分析器的界面进行，操作方法与对表数据的插入、修改和删除的界面操作方法基本相同。

6.3.4　视图综述

1. 视图的概念

视图是由一个或多个数据表(基本表)或视图导出的虚拟表或查询表，是关系数据库系统提供给用户以多种角度观察数据库中数据的重要机制。例如，学生信息表中保存全校所有学生的基本数据，对于电子商务班的班主任，只让她访问电子商务班的学生信息的部分栏目(学号，姓名，性别，联系电话)；教学成绩表中为了数据的一致性只保存着学号、课程编号、教师编号，没有保存学生姓名、课程名称、教师姓名，而面对用户必须提供学号对应的学生姓名、课程编号对应的课程名称、教师编号对应的教师姓名，视图能够提供用户角度的多种数据结构。这种根据用户观点所定义的数据结构就是视图。

视图是虚表。所谓虚表，就是说视图不是表。因为视图只存储了它的定义(select 语句)，而没有储存视图对应的数据，这些数据仍存放在原来的数据表(基表)中，视图的数据与基表中数据同步，即对视图的数据进行操作时，系统根据视图的定义去操作与视图相关联的基本表。所谓虚表，就是说视图又是表。因为视图一旦定义好，就可以像基本表一样进行数据操作：查询、修改、删除和更新数据。

2. 视图的优点

(1) 简化了 SQL 程序设计。在应用系统设计时，从使用者角度来看所需要的数据往往分散在从设计者角度设计的多个数据表(便于存储共享)中，定义视图可将它们集中在一起，从而屏蔽数据库的复杂性、简化了数据查询处理；再者视图创建后，对视图进行查询就可以像查询基本表那样便捷。

(2) 简化了用户权限的管理。在创建视图时视图还可通过指定限制条件和指定列限制用户对基本表的访问。只需授予用户使用视图的权限，而不必指定用户只能使用表的特定列，增加了安全性。

3. 使用视图注意事项

(1) 只有在当前数据库中才能创建视图。

(2) 视图的命名必须遵循标识符命名规则，不能与表同名，且对每个用户视图名必须是唯一的，即对不同用户，即使是定义相同的视图，也必须使用不同的名字。

(3) 不能把规则、默认值或触发器与视图相关联。

(4) 使用视图查询时，若其关联的基本表中添加了新字段，则必须重新创建视图才能查询到新字段。

(5) 如果与视图相关联的表或视图被删除，则该视图将不能再使用。

6.4　数据导入与导出

数据导入导出是数据库系统与外部进行数据交换的操作，即将其他数据库的数据转移到 SQL Server 中，或者将 SQL Server 中的数据转移到其他数据库中。本节先介绍导入导出的方法，再理解数据导入导出的意义。

6.4.1　SQL Server 数据库表数据导出

【演练 6.4】如何使用企业管理器中的 DTS 导入导出向导将"教学成绩管理数据库"中的用户表导出数据到 Excel 文件？

(1) 打开企业管理器，右击选定的服务器，从弹出的快捷菜单中单击【所有任务】|【导出数据】命令，则出现欢迎使用【数据转换服务导入/导出向导】对话框，如图 6.15 所示。

(2) 单击【下一步】按钮，弹出【选择数据源】对话框，如图 6.16 所示。在【数据源】列表框中选定源数据库类型【用于 SQL Server 的 Microsoft OLE DB 提供程序】；在【数据库】列表框中选定要导出数据的数据库名称"教学成绩管理数据库"。

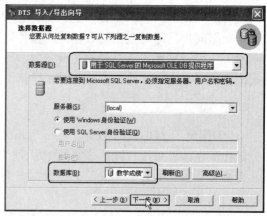

图 6.15　数据转换服务导入/导出向导　　　　　　图 6.16　选择数据源

　　(3) 单击【下一步】按钮，弹出【选择目的】对话框，如图 6.17 所示。在【目的】列表框中选定目的数据库的类型【Microsoft Excel 97-2000】；在【文件名】栏中输入目标文本文件的路径和文件名"D:\教学成绩管理数据库.xls"。

　　(4) 单击【下一步】按钮，弹出【指定表复制或查询】对话框，如图 6.18 所示。在该对话框中选择【从源数据库复制表和视图】单选按钮。

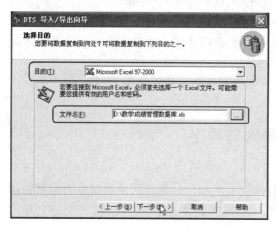

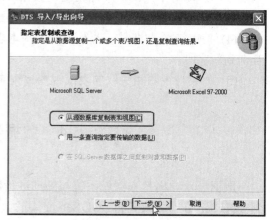

图 6.17　选择目的图　　　　　　　　　图 6.18　指定表复制或查询

　　(5) 单击【下一步】按钮，弹出【选择源表和视图】对话框，如图 6.19 所示，单击【全选】按钮选中数据库中的 9 个数据表，单击"教师信息表"行与"转换"列交叉位置的【...】按钮，弹出如图 6.20 所示的【列映射和转换】对话框，单击"照片"行与"目的"列交叉位置的下拉列表框选【<忽略>】值，单击【确定】按钮。

　　(6) 在如图 6.21 所示的【选择源表和视图】对话框中，单击"学生信息表"行与"转换"列交叉位置的【...】按钮，弹出如图 6.22 所示的【列映射和转换】对话框，单击"照片"行与"目的"列交叉位置的下拉列表框选【<忽略>】值，单击【确定】按钮。

　　(7) 在如图 6.21 所示的【选择源表和视图】对话框中单击【下一步】按钮，弹出【保存、调度和复制包】对话框，如图 6.23 所示。在该对话框中设定是否创建 DTS 包，何时执行复制操作，以及将包以何种方式存放。选择【立即运行】复选框。

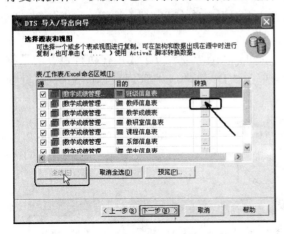

图 6.19　选择源表和视图(1)

图 6.20　列映射和转换(1)

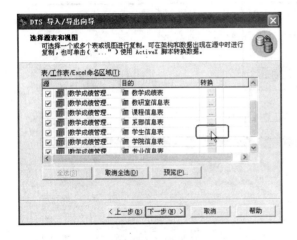

图 6.21　选择源表和视图(2)

图 6.22　列映射和转换(2)

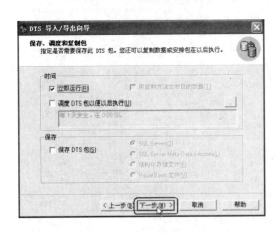

图 6.23　保存、调度和复制包

图 6.24　确认导出数据

(8) 单击【下一步】按钮，出现【正在完成 DTS 导入/导出向导】对话框，如图 6.24 所示，其中显示了在该向导中进行的设置。确认无误后，单击【完成】按钮，弹出如图 6.25 所示的【正在执行包】对话框。

(9) 数据导出完成后，弹出任务完成的确认框，在图 6.25 所示【正在执行包】对话框中，单击【完成】按钮完成数据导出任务。单击"D:\教学成绩管理数据库.xls"打开如图 6.26 所示的导出结果(照片信息未能导出)。

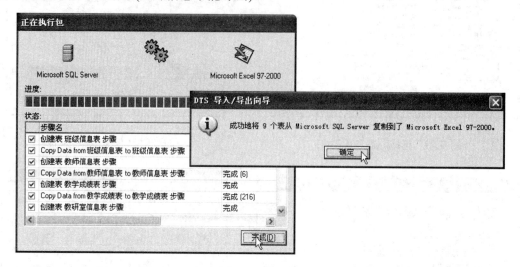

图 6.25　正在执行包

图 6.26　导出数据

6.4.2　导入数据到 SQL Server 表中

【演练 6.5】如何使用企业管理器 DTS 导入导出向导将如图 6.27 所示的"D:\计算机系毕业设计选题表 .xls" Excel 文件(第 1 行须是栏目头)导入到"教学成绩管理数据库"中?

(1) 打开企业管理器,展开服务器,右击"教学成绩管理数据库",从快捷菜单中单击【所有任务】|【导入数据】命令,如图 6.28 所示,弹出如图 6.15 所示的【数据转换服务导入/导出向导】对话框。

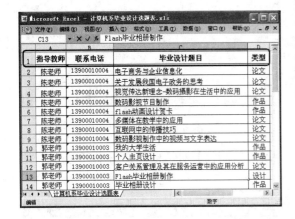

图 6.27　计算机系毕业设计选题表 .xls

图 6.28　启动 DTS

(2) 单击【下一步】按钮,出现【选择数据源】对话框,如图 6.29 所示。在【数据源】列表框中选择数据源类型【Microsoft Excel 97-2000】,在【文件名】栏中输入源文件的路径和文件名"D:\ 计算机系毕业设计选题表.xls"。

(3) 单击【下一步】按钮,出现【选择目的】对话框,如图 6.30 所示。在该对话框中,选择目的数据库类型【用于 SQL Server 的 Microsoft OLE DB 提供程序】,选择服务器名称【local】和数据库名称"教学成绩管理数据库"。

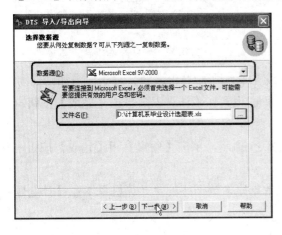

图 6.29　选择数据源

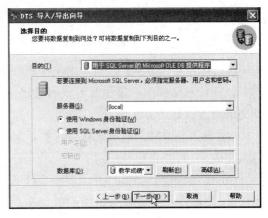

图 6.30　选择目的

(4) 单击【下一步】按钮,弹出【指定表复制或查询】对话框,如图 6.31 所示。选择【从源数据库复制表和视图】单选按钮。

（5）单击【下一步】按钮，出现【选择源表和视图】对话框，如图 6.32 所示。

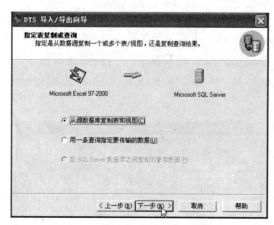

图 6.31　指定表复制或查询

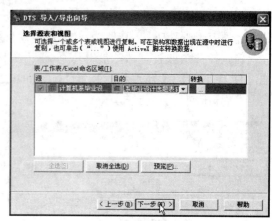

图 6.32　选择源表和视图

（6）单击【下一步】按钮，出现【保存、调度和复制包】对话框，如图 6.33 所示。选择【立即运行】复选框。

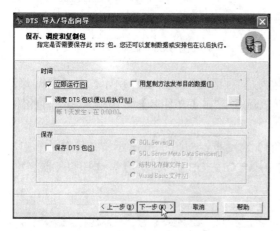

图 6.33　保存、调度和复制包

图 6.34　确认导入数据

（7）单击【下一步】按钮，出现【正在完成 DTS 导入/导出向导】对话框，如图 6.34 所示。在该对话框中，显示通过该向导已经进行的设置，确认无误后单击【完成】按钮，则完成设置，开始导入。

（8）导入完成后，弹出确认对话框，如图 6.35 所示，单击【确定】和【完成】按钮，导入完成。

（9）使用企业管理器打开"教学成绩管理数据库"数据库的"计算机系毕业设计选题表$"，显示导入的数据，如图 6.36 所示。

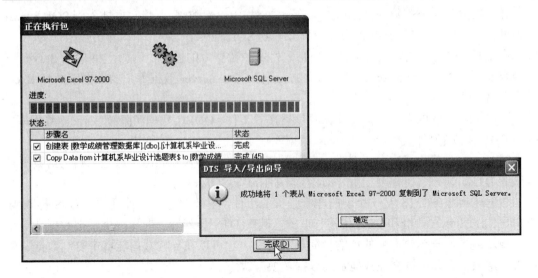

图 6.35　进行数据导入

SQL Server Enterprise Manager - [表"计算机系毕业设计选题表$"...

文件(F)　窗口(W)　帮助(H)

指导教师	联系电话	毕业设计题目	类型
陈老师	13900010004	电子商务与企业信息化	论文
陈老师	13900010004	关于发展我国电子政务的思考	论文
陈老师	13900010004	视觉传达新理念-数码摄影在生活中的应用	论文
陈老师	13900010004	数码影视节目制作	作品
陈老师	13900010004	flash动画设计贺卡	作品
陈老师	13900010004	多媒体在教学中的应用	论文
陈老师	13900010004	互联网中的传播技巧	论文
陈老师	13900010004	数码影视制作中的视频与文字表达	论文
郭老师	13900010003	我的大学生活	作品
郭老师	13900010003	个人主页设计	作品
郭老师	13900010003	客户关系管理及其在服务运营中的应用分析	论文
郭老师	13900010003	Flash毕业相册制作	设计
郭老师	13900010003	毕业相册设计	作品
郭老师	13900010003	vb/sqlserver	设计
郭老师	13900010003	计算机图形系统的应用	论文
郭老师	13900010003	网络成瘾分析	论文
郭老师	13900010003	构建中小型网络	论文
郭老师	13900010003	路由于与交换应用	论文
杜老师	13900010002	网络安全问题分析	论文
杜老师	13900010002	教师工作量统计及查询	设计

图 6.36　数据导入结果

6.4.3　数据导入与导出的意义

在实际应用中，用户使用的可能是不同的数据库平台，这就需要将其他数据库平台的数据转移到 SQL Server 中，或者将 SQL Server 中的数据转移到其他数据库平台中，如 Oracle、Microsoft Access 等数据库。如果各个数据库平台之间的数据不能互相交流，则会给不同数据库平台的用户带来很大的负担，需做很多重复工作。因此，SQL Server 提供了数据导入导出功能，用以实现不同数据库平台间的数据交换。

　　导入数据是从外部数据源(如文本、Excel 文件)中检索数据,并将数据插入到 SQL Server 表的过程。例如,将 Excel 文件中的数据导入到 SQL Server 数据库中。导出数据是将 SQL Server 数据库中的数据转换为某种用户指定格式的数据库的过程,例如,将 SQL Server 表的内容复制到 Microsoft Access 数据库中,或将 SQL Server 数据库中的数据转换为 Excel 电子表格格式。

　　SQL Server 可以导入导出的数据源包括文本文件、ODBC 数据源(例如 Oracle 数据库)、OLE DB 数据源(例如其他 SQL Server 数据库)、ASCII 文本文件和 Excel 电子表格等。

　　SQL Server 提供了多种工具用于各种数据源的数据导入和导出,这些工具包括数据转换服务 DTS、复制、批量复制程序(大容量复制)、T-SQL 语句等。

　　数据转换服务(DTS)是一个功能非常强大的组件,它本身包含 3 个工具:DTS 导入/导出向导、DTS 包设计器和 DTS 传输管理器。其中 DTS 导入导出向导提供了把数据从一个数据源转换到另一个数据目的地的最简单的方法,它可以在异构数据环境中复制数据、表或查询结果集,并可以交互式地定义数据转换方式。

6.5　本　章　实　训

实训目的

　　通过本章上机实训,掌握各种查询方法,包括单表单条件查询、单表多条件查询、多表多条件查询,并能对查询结果进行排序、分组;掌握视图的建立、修改、使用和删除。

实训内容

　　在第 5 章实训中创建的数据库[我班同学库]、数据表[同学表]、[宿舍表]和录入的真实数据基础上:

　　(1) 用 select 命令从真实数据中进行数据查询。

　　包括:条件查询、聚合查询、查询排序、子查询。

　　(2) 建立下面视图,体会视图中的年龄和同一宿舍的宿舍电话号码。

　　同学表视图(学号　char(6),姓名,性别,出生日期,年龄,身高,民族,身份证号,宿舍编号,宿舍电话号码)。

　　(3) 将[同学表视图]导出到 Excel 表。

实训过程

　　在实训之前参照 5.5 节的方法先从 U 盘或移动硬盘上附加数据库[我班同学库],在每次上机实训之后,参照 5.5 节的方法分离数据库[我班同学库]并复制到 U 盘或移动硬盘上,以备在以后实训中使用。以后各章的分离与附加数据库[我班同学库]不再赘述。

　　(1) 用 select 命令从真实数据中进行数据查询。

　　① 参照【导例 6.1】至【导例 6.2】从同学表中查询同学的姓名、性别和年龄。

　　② 参照【导例 6.3】至【导例 6.4】在同学表中进行查询:18 岁至 20 岁的姓李的女生。

　　③ 参照【导例 6.5】查询同学的最大身高、最小身高、平均身高及总人数。

④ 参照【导例 6.6】至【导例 6.7】查询按身高从大到小的顺序显示学生的姓名、性别、年龄，然后将结果保存成数据表。

⑤ 参照【导例 6.8】对同学表和宿舍表进行连接查询。

⑥ 参照【导例 6.17】从同学表和宿舍表中查寻某一电话号码对应宿舍的同学姓名、出生日期。

(2) 建立同学表视图(学号 char(6)，姓名，性别，出生日期，年龄，身高，民族，身份证号，宿舍编号，宿舍电话号码)。

① 参照 6.3.1 节中用企业管理器创建视图的方法建立同学表视图。

② 通过[同学表视图]对[同学表]中的数据进行插入、修改。

③ 参照【导例 6.19】删除同学表视图。

④ 用 T-SQL 的 create view 命令重新建立同学表视图。

⑤ 从同学表视图中统计出男生和女生的最大年龄、最小年龄、平均年龄及人数。

(3) 参照 6.4.1 节中用企业管理器将[同学表视图]导出到 Excel 表。

实训总结

通过本章的上机实训，学员应该能够掌握简单查询、高级查询以及视图的建立和使用。简单查询包括用 select 子句选取字段和记录、条件查询、汇总查询、查询结果排序和查询结果保存；高级查询包括连接查询、使用分组、合并结果集、汇总计算和子查询；视图的管理使用包括创建视图、修改视图、查询视图、利用视图更新数据和删除视图；数据的导出与导入。

6.6　本章小结

本章主要介绍了数据查询，包括简单查询、高级查询、视图和数据库导入/导出。本章内容为本课程教学的重点内容，也是必须熟练掌握的内容。表 6-4 列出了本章 T-SQL 主要语句一览表。

表 6-4　本章 T-SQL 主要语句一览表

	语句	语法格式
查询语句	Select	select 字段列表 　[into 目标数据表] from 源数据表或视图，… 　[where 条件表达式] 　[group by 分组表达式 [having 搜索表达式]] 　[order by 排序表达式 [asc][desc]] 　[compute 行聚合函数名 1(表达式 1)[,…n][by 表达式[,…n]]]
子句	Select 子句	select [all | distinct] [top n [percent]] 　列 1 [,…n]

续表

	语句		语法格式
子句	Select 子句		1.*　　所有列 2.[{表名 ∣ 视图名 ∣ 表别名}.]列名　　指定列 3.列表达式 [as] 别名 ∣ 计算字段名=表达式　　列别名 4.[all ∣ distinc]　　所有结果或去掉重复的结果 5.[top n [percent]]　　前 n 条(n%)的结果
子句	from 子句		1.from 表 1 [[as] 表别名 1] ∣ 视图 1 [[as] 视图别名 1] [，…n] 2.from 表 1 [inner] jion 表 2 on 条件表达式 3.from 表 1 left [outer] join 表 2 on 条件表达式 4.from 表 1 right [outer] join 表 2 on 条件表达式 5.from 表 1 full [outer] join 表 2 on 条件表达式 6.from 表 1 cross join 表 2　或　from 表 1 ，表 2
子句	where 子句		where 条件表达式： 1.表达式 比较运算符 表达式 2.表达式 and∣or 表达式　　或：not 表达式 3.表达式 [not] between 表达式 1 and 表达式 2 4.表达式 [not] in (表达式 1, [,…表达式 n]) 5.表达式 [not] like 格式串　　通配符：% _ [ ] [^]
子句	order by 子句		order by 表达式 1 [asc∣ desc] [,…n]]
子句	into 子句		into 目标数据表
子句	group by 子句		[group by 分组表达式 [,…n] [having 搜索表达式]]
子句	compute 子句		compute 行聚合函数名 1(统计表达式 1)[,…n] 　[by 分类表达式 [,…n]]
子句	union 运算符		查询语句 1 union　[all] 查询语句 2
视图	定义	创建	create view 视图名[(列名 1 [,…n])] as 查询语句
视图	定义	修改	alter view 视图名[(列名 1 [,…n])] as 查询语句
视图	定义	删除	drop view 视图名[,…n]
视图	数据操作	插入	insert [into] 表名\视图名 [(列名 1,…)] values (表达式 1,…)
视图	数据操作	修改	update 表名\视图名 set 列名= 表达式 [where 条件]
视图	数据操作	删除	delete 表名\视图名[where 条件]
视图	数据操作	查询	select 字段列表 from 数据表\视图，…

6.7　本章习题

1. 选择题

(1) SQL 语言中，条件年龄 between 15 and 35 表示年龄在 15 至 35 之间，且(　　)。

    A. 包括 15 岁和 35 岁　　　　　　　　B. 不包括 15 岁和 35 岁

    C. 包括 15 岁但不包括 35 岁　　　　　D. 包括 35 岁但不包括 15 岁

(2) 模式查找 like '_a%'，下面(　　)是可能的。

    A. aili　　　　　　B. bai　　　　　　C. bba　　　　　　D.cca

(3) 表示职称为副教授同时性别为男的表达式为(　　)。

    A. 职称='副教授' or 性别='男'　　　　B. 职称='副教授' and 性别='男'

    C. between '副教授' and '男'　　　　　D. in ('副教授','男')

(4) SQL 语言中，不是逻辑运算符号的是 (　　)。

    A. and　　　　　　B. not　　　　　　C. or　　　　　　D. xor

(5) 下列聚合函数中正确的是(　　)。

    A.sum (*)　　　　B. max (*)　　　　C. count (*)　　　　D. avg (*)

2. 填空题

(1) 在 T-SQL 中使用_____语句来实现数据查询。

(2) 在 select 查询语句中，select 子句用于指定查询结果中的字段列表；_____子句用于创建一个新表，并将查询结果保存到这个新表中；_____子句用于指出所要进行查询的数据来源，即表或视图的名称；_____子句用于指出查询数据时要满足的检索条件；_____子句用于对查询结果分组；_____子句用于计算汇总结果；_____子句用于对查询结果排序。

(3) 在 SQL Server 中计算最大、最小、平均、求和与计数的聚合函数是_____、_____、_____、_____和 count。

(4) _____查询是指在数据表中查询满足某个条件的记录。

(5) _____查询是指根据一些并不确切的线索来搜索信息。

(6) _____是由一个或多个数据表(基本表)或视图导出的_____表。

3. 简答题

(1) 什么是嵌套子查询？

(2) 什么是相关子查询？

4. 设计题

在"教学成绩管理数据库"中编写 T-SQL 语句实现下列功能。

(1) 在"学生信息表"中查询年龄为 20 岁或 22 岁的学生。

(2) 在"学生信息表"中查询年龄为 20 岁或 22 岁、性别为'男'的学生。

(3) 在"学生信息表"中查询年龄大于 18 岁或小于 22 岁的学生。

(4) 在"学生信息表"中查询刘姓学生的姓名、性别和联系电话。

(5) 在"学生信息表"中查询籍贯不在山西的学生的姓名、性别和籍贯。

(6) 在"学生信息表"中查询不姓刘也不姓张的学生的姓名、性别和联系电话。

(7) 在"学生信息表"中查询同姓的学生的姓名。

(8) 在"教学成绩表"中查询每个班各门课程的平均成绩,结果按均分降序排列,均分相同按班级编号排列。

(9) 查询每个学生的班级、学号、姓名、均分,结果按均分降序排列,均分相同者按班级排列。

(10) 查询学习了 900011 课程且其分数在该课程均分以上的学生学号、姓名和分数。

(11) 查询 200303 班学生的学号、姓名、所学课程名称及分数。

(12) 查询学习杜老师所授课程的学生的学号,姓名,课程名称,分数。

(13) 建立"班级课程成绩统计表"视图,其中包括班级编号、课程名称、均分、最高分、最低分。

(14) 在"教学成绩表视图"基础上建立分数在 90 分以上的"优秀学生成绩视图"。

第 7 章　设计数据的完整性

技能目标： 数据库中的数据是从外界输入的，而数据的输入由于种种原因，会输入无效或错误的信息。那么保证数据正确性、一致性和可靠性，就成了数据库系统关注的重要问题。本章教学内容是本课程的重点(熟练掌握)。通过本章的学习，读者应该掌握以下操作技能。

➤ 能熟练按照语法格式编写包含非空、主键、唯一、default、check 和外键等 6 种约束和 identity 标识列的创建表 T-SQL 语句(【导例 7.12】经典例题)，并体会相应约束的内涵。

➤ 能熟练使用企业管理器定义、修改数据表的非空、主键、唯一、default、check 和外键等 6 种约束和 identity 标识列。

➤ 能用 T-SQL 语句、企业管理器创建、绑定、应用、解除绑定、删除默认和规则，创建、应用、删除索引(了解)。

➤ 理解数据完整性和数据库索引的概念。

7.1　数据完整性的概念

数据完整性用于保证数据库中数据的正确性、一致性和可靠性。设计数据库一个非常重要的步骤就是决定实施保证数据完整性的最好方法。强制数据完整性可确保数据库中的数据质量。

例如，如果在学生信息表中输入了学号值为 110001 的学生，那么该数据库不能允许其他学生使用同一学号值，同时也应保证在其他表中出现该数据时，保持一致性，即如果学号为 110001 的学生在同一数据库中的任何其他表中出现时，学号也必须是 110001。

设计表有两个重要步骤：标识列的有效值和确定如何强制列中的数据完整性，完整性概念图示如图 7.1 所示。数据完整性有如下 4 种类型。

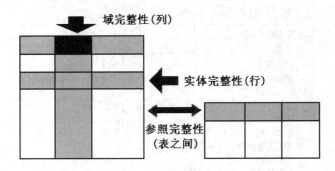

图 7.1　完整性概念图示

(1) 实体完整性(Entity Integrity)。
(2) 域完整性(Domain Integrity)。

(3) 参照完整性(Referential Integrity)。

(4) 用户定义完整性(User-defined Integrity)。

7.1.1　实体完整性

实体完整性用于保证数据库中数据表的每一个特定实体的记录都是唯一的。通过索引、unique 约束、primary key 约束或 identity 属性实现。

例如，教师信息表(编号，登录名，姓名，密码，性别，教研室编号，出生日期，工作日期，职称，职务，学历，学位，工资，照片)中，编号为主键，通过编号来标识特定的教师，编号既不能为空，也不能重复。教研室信息表(编号，名称，主任)中编号为主键，通过编号来标识特定的教研室，名称为唯一键，一个教研室不允许起多个名字。

7.1.2　域完整性

域完整性是指保证指定列的数据具有正确的数据类型、格式和有效的数据范围。通过为表的列定义数据类型以及通过 foreign key 约束、check 约束、default 定义、not null 定义和规则实现限制数据范围，保证只有在有效范围内的值才能存储到列中。

例如，学生信息表中的学号设为 char(6)类型，由 6 位字符组成，少于或超过 6 位、非有效字符均是无效学号，这是限制类型的方法。学生信息表中的性别只能取(男，女)，通过 check 约束实现限制可能值的范围。

7.1.3　参照完整性

当增加、修改或删除数据库表中记录时，可以借助参照完整性来保证相关联表之间数据的一致性。参照完整性基于外键与主键之间或外键与唯一键之间的关系。参照完整性确保同一键值在所有表中一致。这样的一致性要求不能引用主键列不存在的值，如果主键值更改了，那么在整个数据库中，对该键值的所有引用要进行一致的更改。

例如，教学成绩表中的学号定义为外键，参照学生信息表中的主键学号，限制该字段的值只能是学生信息表中存在的学号，教学成绩表只对学生信息表中的学生有效。学生表中修改了某个学生的学号，就必须在教学成绩表中进行相应的修改，否则其相关的记录就会成为无效记录，关系如图 7.2 所示。

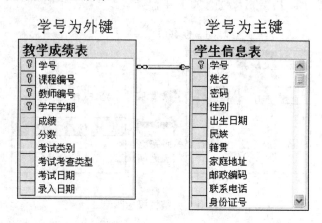

图 7.2　教学成绩表和学生信息表的参照关系

7.1.4　用户定义完整性

这是由用户定义的完整性。用户定义完整性可以定义不属于其他任何完整性分类的特定业务规则。所有的完整性类型(create table 中的所有列级和表级约束、存储过程和触发器)都支持用户定义完整性。

7.1.5　数据完整性的实现方式

有两种方式可以实现数据完整性，即声明数据完整性和过程数据完整性。声明数据完整性就是通过在对象定义中来实现的，是由系统本身通过自动强制来实现的。声明完整性的方式包括使用各种约束、默认和规则。过程完整性是通过在脚本语言中定义来实现的。当执行这些脚本时，就可以强制完整性的实现。过程数据完整性的方式包括使用触发器和存储过程。本章介绍的是声明数据完整性。

7.2　使用约束实施数据完整性

约束是通过限制列中数据、行中数据以及表之间数据取值从而保证数据完整性的非常有效和简便的方法。约束是保证数据完整性的 ANSI 标准方法。

7.2.1　使用 T-SQL 语句定义约束

1. [非]空约束([not] null)

【导例 7.1】在"学生信息表"中，每个学生(实体)在开学报到的第一天其学号、姓名、性别 3 个特征属性已经确定(已知)。创建"学生信息表"，同时定义"学号"、"姓名"和"性别"3 个字段 not null 约束并验证。

```
--1.创建数据库，先删除[教学成绩管理数据库]，一段一段选中执行
use master
create database 教学成绩管理数据库
go
use 教学成绩管理数据库
go


--2.创建表
create table 学生信息表
( 学号 char(6)  not null,      --设置不允许为空
  姓名 nchar(4) not null,
  性别 nchar(1) not null,
  家庭住址 nvarchar(20) null,   --设置允许为空
  家庭电话 varchar(13)          -- 默认，允许为空
)
go

--3.验证，一条一条选中执行
insert 学生信息表 values('000001', '高八斗', '男', null, null)
```

```
insert 学生信息表 values(null, '富五车', '男', null, null)
select * from 学生信息表
```

【知识点】

(1) 定义字段 null|not null 语法格式如下，null 和 not null 分别代表允许为空和不允许为空，不写为允许为空。

```
create table 数据表名
(列名 数据类型 [constrain 约束名] null | not null
[, …] )
```

(2) 在数据库中 null 是特殊值，意味着该数据是未知值。null 既不等价于数值型数据 0，也不等价于字符型数据空串，只表明该数值是未知的。

(3) 如果表中某列原先设计为允许空，现要修改为不允许为空，则只有当现有列不存在空值及该列不存在索引时，才可以进行。

2. 主键(primary key)

【导例 7.2】 在"学生信息表"中，区别学生(实体)的字段不能是姓名、性别(有可能存在同姓名同性别的情况)，只能是学号(在同一个学校不存在同学号的情况)。创建"学生信息表"并设置"学号"列为主键并验证。

```
use 教学成绩管理数据库        --一段一段选中执行
go

--1.删除表
drop table 学生信息表

--2.创建表
create table 学生信息表(
  学号 char(6) primary key,    --定义主键
-- 学号 char(6) null primary key,  --在上行行首加上--, 去掉本行行首--试试
  姓名 nchar(4) not null,
  性别 nchar(1),
  家庭住址 nvarchar(20)
)
go

--3.验证, 一条一条选中执行
insert 学生信息表 values ('000001', '高八斗', '男', '太原')
insert 学生信息表 values ('000001', '景墨玉', '女', '北京')
select * from 学生信息表
```

【知识点】

(1) primary key 约束用来定义表中主键，标识表中唯一一行(实体)。一个表只能有一个 primary key 约束。

(2) 定义单列主键语法格式：

```
create table 数据表名
(列名 数据类型 [constraint 约束名] primary key
```

```
                    [clustered | nonclustered]
    [, …])
```

clustered 和 nonclustered 分别代表聚集索引和非聚集索引。

image、text 数据类型的字段不能设置为主键。

注意： 如果在允许为空的列上定义主键约束则出现错误提示。

【导例 7.3】 在大学"教学成绩表"中，同一个学生(学号)和同一个教师(教师编号)在同一个学期的同一门课程(课程编号)只能有一个成绩(分数)。创建"教学成绩表"并设置组合主键"学号，教师编号，课程编号，学期"并验证。

```
use 教学成绩管理数据库        --一段一段选中执行
go

--1.创建表
create table 教学成绩表(
  学号 char(6) ,
  教师编号 char(4),
  课程编号 char(6) ,
  学期 nchar (12) ,
  分数 int ,
  constraint pk_成绩 primary key (学号,教师编号,课程编号,学期)  --定义组合主键
)
go

--2.验证，一条一条选中执行
insert 教学成绩表 values('000001','2001','900011','04-05第1学期',59) --不
及格
insert 教学成绩表 values('000001','2001','900011','04-05第1学期',90) --优秀
select * from 教学成绩表
```

【知识点】

(1) 定义多列组合主键语法格式：

```
create table 数据表名
( 列名 数据类型 [constrain 约束名] primary key
    [clustered | nonclustered] (列名1[,…n])
[,…])
```

(2) 主键可以是一列或列组合。例如，在教学成绩表中可以设计(学号，教师编号，课程编号，考试期别，考试类别)为组合主键，用来唯一标识某个学生某期某门课程的成绩。

【导例 7.4】 在已有的"教学成绩表"情况下，通过修改表设置组合主键"学号，教师编号，课程编号，学期"来限制同一"学号，教师编号，课程编号，学期"组合只能有一个分数，并验证。

```
use 教学成绩管理数据库        ---一段一段选中执行
go

--1.删除表
drop table 教学成绩表
```

```
--2.创建表
create table 教学成绩表(
    学号 char(6) not null,
    教师编号 char(4) not null,
    课程编号 char(6) not null,
    学期 nchar (12) not null,
--  学期 nchar (12) ,
    分数 int
)
go

--3.插入数据
insert 教学成绩表 values('000001','2001','900011','04-05 第 1 学期',59) --不及格

insert 教学成绩表 values('000001','2001','900011','04-05 第 1 学期',90) --优秀
select * from 教学成绩表

--4.修改表，执行出错，删除一行数据再执行，成功后再执行第 3 步的插入语句试试
alter table 教学成绩表
add constraint pk_成绩 primary key (学号,教师编号,课程编号,学期) --定义组合主键

delete from 教学成绩表 where 分数=90
```

【知识点】

(1) 在已有数据表中定义主键语法格式：

```
alter table 数据表名
(add [constrain 约束名] primary key
    [clustered | nonclustered] (列名 1[,…n])
[,…])
```

(2) 如果已有 primary key 约束，则可对其进行修改或删除。但要修改 primary key，必须先删除现有的 primary key 约束，然后再用新定义重新创建。

(3) 当向表中的现有列添加 primary key 约束时，如果 primary key 约束添加到具有空值或重复值的列上，SQL Server 不执行该操作并返回错误信息。

(4) 当 primary key 约束由另一表的 foreign key 约束引用时，不能删除被引用的 primary key 约束，要删除它，必须先删除引用的 foreign key 约束。

3. 唯一性约束(unique)

【导例 7.5】 假设学校规定一个专业只允许一个院系设置。创建"专业信息表"并设置"名称"列为唯一约束并验证。

```
use 教学成绩管理数据库          ---一段一段选中执行
go

--1.创建表
create table 专业信息表
( 编号        char(6)  not null primary key,
  院系编号  char(4)  not null,
```

```
      名称        nvarchar(40) not null unique  /*设置唯一约束*/
   )
go

--2.验证
insert 专业信息表 values('400001', '0101', '软件技术')
insert 专业信息表 values('400002', '0102', '软件技术')
select * from 专业信息表
```

【知识点】

(1) 可使用 unique 约束确保在非主键列中不输入重复值。在允许空值的列上保证唯一性时，应使用 unique 约束而不是 primary key 约束，不过由于唯一性在该列中也只允许有一个 null 值。

(2) 定义单列唯一约束语法格式：

```
create table 数据表名
(列名 数据类型 [constraint 约束名] unique
           [clustered|nonclustered]
[,…])
```

(3) 一个表中可以定义多个 unique 约束，但只能定义一个 primary key 约束。

(4) foreign key 约束也可引用 unique 约束。

【导例 7.6】假设学校规定一个专业允许不同院系设置。创建"专业信息表"并设置"院系编号，名称"列组合为唯一约束并验证。

```
use 教学成绩管理数据库            --一段一段选中执行
go

--1.删除表
drop table 专业信息表
go

--2.创建表
create table 专业信息表
( 编号        char( 6) not null primary key,
  院系编号   char( 4) not null,
  名称        char(40) not null,
  constraint uq_名称 unique(院系编号,名称)   /*设置唯一约束*/
)
go

--3.验证
insert 专业信息表 values('400001', '0101', '软件技术')
insert 专业信息表 values('400002', '0102', '软件技术')
insert 专业信息表 values('400003', '0102', '软件技术')
select * from 专业信息表
```

【知识点】

定义多列组合唯一约束语法格式：

```
create table 数据表名
```

```
(列名 数据类型 [constraint 约束名] unique

        [clustered|nonclustered] (列名 1[,…n])
[,…])
```

4.　检查约束(check)

【导例 7.7】在"学生信息表"中，"性别"只能取"男、女"之一，"宿舍电话"只能是 6 开头 6 位号码(按最长 8 位设计)。创建"学生信息表"定义这些 check 约束并验证。

```
use 教学成绩管理数据库         --一段一段选中执行
go

--1.删除表
drop table 学生信息表
go

--2.创建表
create table 学生信息表
( 学号 char(6)  primary key ,
  姓名 nchar(4) not null ,
  性别 nchar(1) check (性别 in ('男','女')) ,        --定义 check 约束
  宿舍电话 varchar(8) constraint ck_宿舍电话
      check(宿舍电话 like '6[0-9][0-9][0-9][0-9][0-9]')
   --设置约束名为〖ck_宿舍电话〗,〖宿舍电话〗列只能由 6 开头后跟 5 位 0~9 之间的数
字共 6 位
  )
go

--3.验证, 一条一条执行
insert 学生信息表 values('000001', '高八斗', '男', '653344')
insert 学生信息表 values('000002', '凌云霄', '男', '653344')
insert 学生信息表 values('000003', '汪清水', '女', '533777')
select * from 学生信息表
```

【知识点】

(1) check 约束限制用户输入某一列的数据取值，即该列只能输入一定范围的数据。

(2) 定义 check 约束语法格式：

```
create table 数据表名
(列名 数据类型 [constraint 约束名] check(逻辑表达式)[,…])
```

(3) 表和列可以包含多个 check 约束。

【导例 7.8】在"学生信息表"中，原来"宿舍电话"约束是 6 开头的 6 位数字，要求新的"宿舍电话"约束是 6 开头的 7 位数字且原有的电话号码依然有效，只对新添加的宿舍电话按新的约束进行检验。

```
use 教学成绩管理数据库         --一段一段选中执行
go

--1.删除表中约束定义
```

```
alter table 学生信息表
  drop constraint ck_宿舍电话


--2.修改表增加约束定义
alter table 学生信息表
  with nocheck                /*对已有数据不强制这个约束*/
  add constraint ck_宿舍电话
  check(宿舍电话 like '6[0-9][0-9][0-9][0-9][0-9][0-9]')
  --添加约束名〖ck_宿舍电话〗内容：
  --    〖宿舍电话列〗只能由 6 开头后跟 6 位 0~9 之间的数字，共 7 位
go


--3.验证，一条一条执行
insert 学生信息表 values('000004', '富五车', '男', '6533444')
insert 学生信息表 values('000002', '凌云霄', '男', '6533444')
insert 学生信息表 values('000003', '汪清水', '女', '5333777')
select * from 学生信息表
```

【知识点】

(1) check 约束可以作为表定义的一部分在创建表时创建，也可以修改现有表添加。

(2) 删除表中约束的语法格式：

```
alter table 数据表名
  drop constraint 约束名
```

(3) 在现有表中添加 check 约束语法格式：

```
alter table 数据表名
  add [constraint 约束名] check(逻辑表达式)
```

(4) 在现有表中添加 check 约束时，使用 with nocheck 选项，该约束仅作用于以后添加的新数据。check 约束默认设置是同时作用于已有数据和新数据。

(5) check 约束是对列中的值进行取值范围限制的首选标准方法，可以对一列或多列定义多个约束。

5. 默认约束(default)

【导例 7.9】创建"学生信息表"，设置默认约束，并插入数据验证。

```
use 教学成绩管理数据库          --一段一段选中执行
go


--1.删除表
drop table 学生信息表
go


--2.创建表
create table 学生信息表
( 学号 char(6) primary key ,
  姓名 nchar(4) not null ,
  性别 nchar(1) check(性别 in ('男','女')) ,
  民族 nchar(8) default '汉族' ,  /*设置默认值*/
```

```
    籍贯 nchar(20)
)
go

--3.验证，执行后注意查看后两位同学的民族
insert 学生信息表 (学号, 姓名, 性别, 民族, 籍贯)
    values('000001', '高八斗', '男', '满族', '山西省')
insert 学生信息表 (学号, 姓名, 性别, 籍贯)
    values('000002', '凌云霄', '男', '山东省')
insert 学生信息表 (学号, 姓名, 性别, 籍贯)
    values('000003', '汪清水', '女', '上海市')
select * from 学生信息表
```

【知识点】

(1) 默认约束是指在用户添加新记录未提供某些列的数据时，数据库系统自动为该列添加其定义的默认值。语法格式：

```
create table 数据表名
(列名 数据类型  [constraint 约束名] default 默认值 [,…])
```

(2) 默认值必须与所约束列的数据类型相一致，例如，int 列的默认值必须是整数，而不是字符串。

(3) 表的每一列都可包含一个 default 约束，且只能定义一个默认值。timestamp 数据类型和 identity 列不能定义 default 约束。

(4) 可以修改或删除现有的 default 定义，但修改也只能先删除已有的 default 约束，然后通过新定义或修改表添加默认约束重新创建。删除 default 约束和添加 default 约束的语法格式类似 check 约束。

6. 外键约束(foreign key)

【导例 7.10】在"教学成绩管理数据库"中，创建"班级信息表"和"学生信息表"("班级信息表"是父表、"学生信息表"是子表，因为一个班有多个学生)，定义"学生信息表"的"班级编号"参照"班级信息表"主键"编号"且级联更新，并验证、体会级联更新。

```
use 教学成绩管理数据库
go

--1.创建父表：班级信息表并输入演示数据
create table 班级信息表(
  编号 char(8) primary key,          --必须定义主键
  名称 nvarchar(15) not null,
  入学日期 datetime not null,
  专业编号 char(6)
)
go
insert 班级信息表(编号, 名称, 入学日期) values('20090101', '2009市场营销1班', '2009.09.05')
  insert 班级信息表(编号, 名称, 入学日期) values('20090303', '2009软件技术3班', '2009.09.05')
  select * from 班级信息表
```

```
go

--2.创建子表：学生信息表
drop table 学生信息表
go
create table 学生信息表(
   学号 char(6) primary key ,
   姓名 nchar(4) not null ,
   性别 nchar(1) check(性别 in ('男','女')) ,
   班级编号 char(8) references 班级信息表(编号) on update cascade  --设置外键
)
go

--3.验证，一条一条执行，富五车 阻止，报错
insert 学生信息表 values('000001', '高八斗', '男', '20090303')
insert 学生信息表 values('000002', '凌云霄', '男', '20090303')
insert 学生信息表 values('000003', '汪清水', '女', '20090303')
insert 学生信息表 values('000004', '富五车', '男', '20090302')
select * from 学生信息表
select 学号, 姓名, 性别, 名称 as 班级名称, 入学日期
   from 学生信息表, 班级信息表
   where 学生信息表.班级编号 = 班级信息表.编号

--4.修改父表数据，一条一条执行
update 班级信息表 set 编号 = '20090301' where 编号 = '20090303'
select * from 班级信息表
select * from 学生信息表
select 学号, 姓名, 性别, 名称 as 班级名称, 入学日期
   from 学生信息表, 班级信息表
   where 学生信息表.班级编号 = 班级信息表.编号
```

【知识点】

(1) 外键约束用于强制实现参照完整性。外键约束可以规定表中的某列参照同一个表或另外一个表中已有的 primary key 约束或 unique 约束的列。

(2) 一个表可以有多个 foreign key 约束。

(3) 定义外键约束语法格式：

```
create table 数据表名
(列名 数据类型 [constraint 约束名] [foreign key]
        references 参照表[ (参照列) ]
          [ on delete cascade | on update cascade ]
[,…])
```

(4) on update cascade 表示级联更新，即参照表(父表)中更新被引用主键数据时，也将在引用表(子表)中更新引用外键数据。

(5) on delete cascade 表示级联删除，即参照表(父表)中删除被引用行时，也将从引用表(子表)中删除引用行。

【导例 7.11】 在"教学成绩管理数据库"中，创建"班级信息表"和"学生信息表"("班级信息表"是父表、"学生信息表"是子表，因为一个班有多个学生)，定义"学生信息表"的"班级编号"参照"班级信息表"主键"编号"且级联删除，并验证、体会级联删除。

```
use 教学成绩管理数据库
go

--1.创建父表：班级信息表并输入演示数据
drop table 学生信息表
drop table 班级信息表
go
create table 班级信息表(
  编号 char(8) primary key,          --必须定义主键
  名称 nvarchar(15) not null,
  入学日期 datetime not null,
  专业编号 char(6)
)
go
insert 班级信息表(编号，名称，入学日期) values('20090101', '2009 市场营销 1 班',
'2009.09.05')
  insert 班级信息表(编号，名称，入学日期) values('20090303', '2009 软件技术 3 班',
'2009.09.05')
select * from 班级信息表
go

--2.创建子表：学生信息表，设置外键，级联删除
create table 学生信息表(
  学号 char(6) primary key ,
  姓名 nchar(4) not null ,
  性别 nchar(1) check(性别 in ('男','女')) ,
  班级编号 char(8) references 班级信息表(编号) on delete cascade
)
go

--3.验证，一条一条执行，富五车 阻止，报错
insert 学生信息表 values('000001', '牛冲天', '男', '20090101')
insert 学生信息表 values('000002', '马行空', '男', '20090101')
insert 学生信息表 values('000003', '龙入海', '男', '20090101')
insert 学生信息表 values('000004', '高八斗', '男', '20090303')
insert 学生信息表 values('000005', '凌云霄', '男', '20090303')
insert 学生信息表 values('000006', '汪清水', '女', '20090303')
insert 学生信息表 values('000007', '富五车', '男', '20090302')
select * from 学生信息表
select 学号，姓名，性别，名称 as 班级名称，入学日期
  from 学生信息表，班级信息表
  where 学生信息表.班级编号 = 班级信息表.编号

--4.删除父表数据，一条一条执行
delete 班级信息表 where 编号 = '20090101'
select * from 班级信息表
select * from 学生信息表
select 学号，姓名，性别，名称 as 班级名称，入学日期
  from 学生信息表，班级信息表
  where 学生信息表.班级编号 = 班级信息表.编号
```

【导例 7.12】在"教学成绩管理数据库"中，使用 not null、primary key、unique、default、check 和 references 外键 6 种约束创建"班级信息表"和"学生信息表"。(经典例题、记住！)

```
use 教学成绩管理数据库
go
drop table 学生信息表
drop table 班级信息表
go
create table 班级信息表(
    编号 char(8) primary key,          --必须定义主键
    名称 nvarchar(15) not null,
    入学日期 datetime not null,
    专业编号 char(6)
)
go
create table [学生信息表] (
    学号 char(6) primary key ,
    姓名 nchar (4) not null ,
    性别 nchar(1) check (性别 in ('女', '男')),
    出生日期 datetime ,
    民族 nvarchar(8) default ('汉族'),
    籍贯 nvarchar(20) default ('山西省'),
    家庭地址 nvarchar(20) ,
    邮政编码 char(6) ,
    联系电话 varchar(30) ,
    身份证号 char(18) not null unique,
    政治面貌 nvarchar(5) check(政治面貌 in ('中共党员','共青团员','群众','其他
')),
    班级编号 char(8) references 班级信息表(编号) on update cascade ,
    备注 varchar(200) ,
    简历 ntext ,
    照片 image
    )
```

【知识点】

(1) 定义约束可以在创建表的时候就定义约束，也可以在已有表中通过修改表增加约束。

(2) 定义约束时，既可以把约束放在列定义上(称为列级约束)，也可以把约束不包括在列定义上(称为表级约束，通常对多个列一起进行约束)。

(3) 使用系统存储过程 sp_helpconstraint 可以查询数据库中指定表的全部约束。

7.2.2　使用企业管理器定义约束

【演练 7.1】　使用企业管理器在创建表或修改表时，设置 not null、primary key、unique、default、check 和 references 外键 6 种约束。

(1) 定义[not]null 约束。启动企业管理器，在新建表或表设计窗口中，选定字段，在【允许空】项目上打对钩(单击鼠标左键)则表示允许为空，去掉对钩则表示不允许为空。图 7.3 所示为设计学生信息表窗口，设置 null 约束。

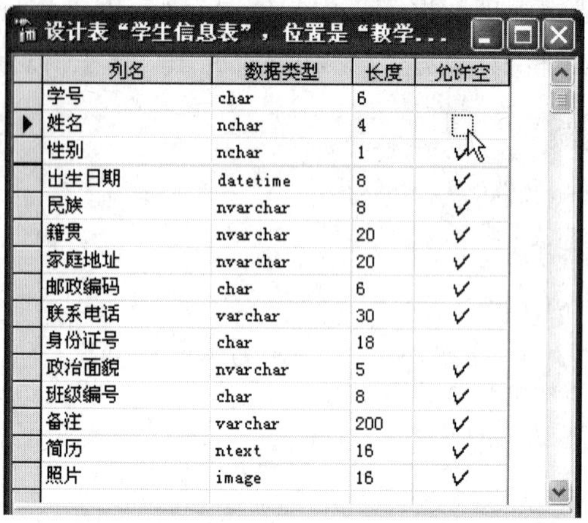

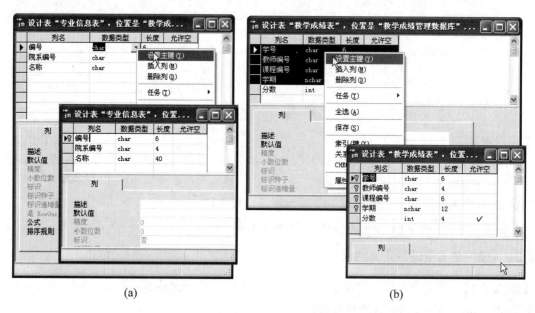

图 7.3　在设计学生信息表窗口设置 null 约束

(2) 定义主键。启动企业管理器，首先在新建表或在表设计窗口中单击鼠标选定指定列，在列名的左部出现三角符号，如果设置的主键为多个，则按住 Ctrl 键再单击相应的列，如果列是连续的也可以按住 Shift 键，单击工具栏上的设置主键 🔑 按钮，或者单击右键，单击【设置主键】命令，这时选定的列的左边则显示出一个钥匙符号，表示主键。取消主键与设置主键的方法相同，再次单击【设置主键】命令即可。图 7.4(a)所示为在设计专业信息表窗口中设置"编号"列为主键，图 7.4(b)所示为在设计教学成绩表窗口中设置学号、教师编号、课程编号、学期列为组合主键。

图 7.4　在设计专业信息表、教学成绩表窗口中设置主键约束

(3) 定义 unique 约束。启动企业管理器，打开新建表或表设计窗口，单击鼠标右键，单击【索引/键】命令，弹出【属性】对话框选择【索引/键】选项卡，如图 7.5 所示，单击【新建】按钮，选定索引(索引名可自设)，选定列，选择【创建 UNIQUE】复选框，选中

【约束】单选按钮，然后单击【关闭】按钮，则完成了指定列的唯一约束设置。图 7.5 所示为在表设计窗口中设置"学生信息表"中的"身份证号"列为 unique 约束。

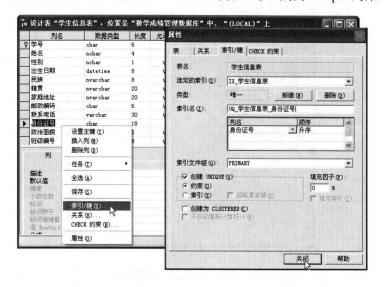

图 7.5　在表设计窗口设置"学生信息表"中"身份证号"unique 约束

（4）定义 check 约束。启动企业管理器，打开新建表或设计表窗口，单击鼠标右键，单击【CHECK 约束】命令，弹出【属性】对话框【CHECK 约束】选项卡，单击【新建】按钮，在【选定的约束】框中显示由系统分配的新约束名。名称以"CK_"开始，后跟表名，可以修改此约束名，在【约束表达式】框中，输入约束表达式。例如，若要将学生信息表的性别列的数据限制为"男"或"女"，输入表达式（[性别] in ('女', '男')），如图 7.6 所示。如果对现有数据检查，则选中下面的【创建中检查现存数据】复选框，单击【关闭】按钮，则完成了检查约束设置。

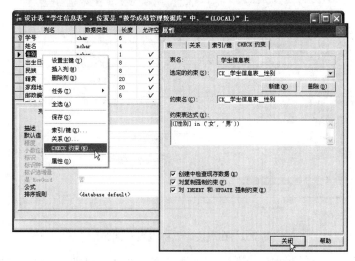

图 7.6　在表设计窗口设置 check 约束

（5）定义 default 约束。启动企业管理器，打开新建表或设计表窗口，选中要设置默认值的列，在窗口的下部分【默认值】对应的行上输入默认值，图 7.7 所示为设置"学生信息表"的"民族"列的默认值为"汉族"。

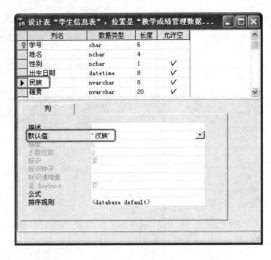

图 7.7　在表设计窗口设置默认值

(6) 定义 foreign key 约束。启动企业管理器，打开新建表或设计表窗口，单击鼠标右键，单击【关系】命令，在弹出的【属性】对话框中，选择【关系】选项卡，单击【新建】按钮，从【主键表】下拉列表中选择将作为关系主键方的表。在下面的网格候选键中选定要关联的列，在【外键表】下面的相应网格内选定外键列。表设计器会给出一个 FK_打头的关系名。此名称可以更改。如果要设置级联更新或级联删除，将下面的对应复选框选上，单击【关闭】按钮则创建关系完毕。图 7.8 所示为设置"学生信息表"的"班级编号"列为"班级信息表"中"编号"列相关联的外键。

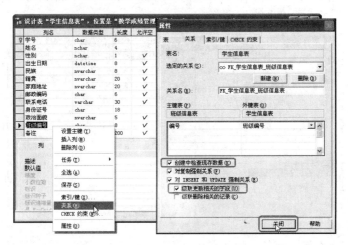

图 7.8　在表设计器中设置外键约束

(7) 关系图。除了方法(6)外，也可以在建立关系图时设置外键约束。方法是在企业管理器中，打开指定的数据库，选择【关系图】，单击右键并单击【新建数据库关系图】命令，如图 7.9 所示，在接下来的对话框中添加相应的表，进入关系图创建窗口，如果没有创建主键列，则先创建主键列，从作为外键的表拖动鼠标到作为主键的表，释放鼠标后显示【创建关系】对话框，在这个对话框中选择外键列和主键列，编辑关系名称，设置好后，保存关系图。图 7.10 所示为本书案例"教学成绩管理数据库"(见第 11 章)中各表之间的参照关系图。

图 7.9　新建关系图

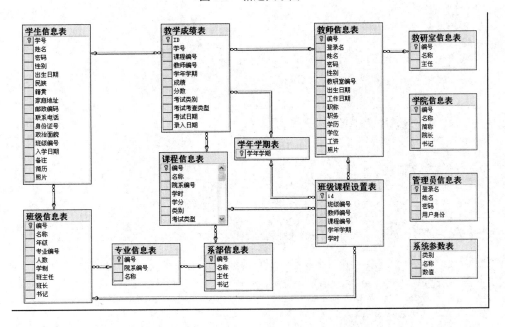

图 7.10　"教学成绩管理数据库"中各表之间的主外键参照关系图

7.3　默认管理技术

默认是一种数据库对象，作用与前面所讲的 default 约束相同。default 约束定义和表存储在一起，当删除表时，将自动删除 default 约束。default 约束是限制列数据的首选并且是标准的方法。然而，当在多个列中，特别是不同表中的列中多次使用默认值时，适合采用默认技术。

7.3.1 T-SQL 语句管理默认

1. 绑定到数据表字段上的应用

【导例 7.13】在"教学成绩管理数据库"中创建默认对象"df_学历"，绑定到"教师信息表"的"学历"列，验证其作用，然后为"教师信息表"的"学历"列解除绑定、删除默认对象"df_学历"。认识和体会默认绑定到数据表字段上的应用。

```
use 教学成绩管理数据库
go
--1.创建默认对象，默认值为大学，默认名称为 df_学历
create default df_学历 as '大学'
go


--2.创建：教师信息表
create table 教师信息表(
  编号 char(6) primary key,
  姓名 nchar(4) not null,
  性别 nchar(1) ,
  出生日期 datetime,
  学历 nvarchar(5),
  职称 nvarchar(5)
)
go

--3.将 df_学历绑定到教师信息表的学历字段上
exec sp_bindefault 'df_学历', '教师信息表.学历'

--4.验证，看看杜老师的学历
insert 教师信息表(编号，姓名，学历)
        values ('000001', '杨老师', '硕士研究生')
insert 教师信息表(编号，姓名) values ('000002', '杜老师')
select 编号，姓名，学历 from 教师信息表

--5.解除教师信息表中学历字段绑定的默认
exec sp_unbindefault '教师信息表.学历'

--6.删除默认 df_学历
drop default  df_学历
```

【知识点】

(1) 默认是一种数据库对象，可以被绑定到一个或多个列上，还可以绑定到用户自定义类型上。当某个默认创建后，可以反复使用。当向表中插入数据时，如果绑定有默认的列或者数据类型没有明确提供值，那么就将默认指定的数据插入。

(2) 创建默认的 T-SQL 语句语法格式如下：

```
create default 默认名称 as 常数表达式
```

- 默认名称必须符合标识符的规则；
- 常数表达式是指只包含常量值的表达式(不能包含任何列或其他数据库对象的名称)，可以使用任何常量、内置函数或数学表达式；

```
字符和日期常量用单引号(')引起来；
货币、整数和浮点常量不需要使用引号；
二进制数据必须以 0x 开头；货币数据必须以美元符号($)开头。
```

- 定义的默认值必须与所绑定列的数据类型一致，不能违背列的相关规则。

(3) 使用存储过程 sp_bindefault 将默认值绑定到列或用户定义的数据类型，绑定默认的 T-SQL 语句语法格式如下，默认名称是由 create default 语句创建的默认名称；对象名是指以 "表名.列名" 的格式指定的列名称，或是要绑定的用户定义数据类型的名称。

```
sp_bindefault '默认名称', '对象名'
```

(4) 解除绑定默认 T-SQL 语句语法格式如下，对象名是要解除绑定默认值的列或者用户自定义数据类型的名称。

```
sp_unbindefault '对象名'
```

(5) 如果默认值没有绑定到列或用户自定义的数据类型，可以很容易地使用 drop default 将其删除。删除默认 T-SQL 语句语法格式：

```
drop default 默认值名 [ ,…n ]
```

(6) 要使用默认，首先要创建默认，然后将其绑定到指定列或数据类型上。当取消默认时，可以解除绑定，如果默认不再有用时可以将其删除。

2. 绑定到用户定义的数据类型上的应用

【导例 7.14】在 "教学成绩管理数据库" 中创建用户自定义数据类型 "中文性别"、默认对象 "df_性别"(值：女)并将 "df_性别" 绑定到 "中文性别"，创建数据表 "幼儿教师信息表"(其中："性别" 类型 "中文性别")，添加数据进行验证，然后将 "中文性别" 解除默认绑定、删除默认和数据表以及自定义数据类型。认识和体会默认绑定到自定义数据类型的应用。

```
use 教学成绩管理数据库
go
--1.创建用户自定义数据类型中文性别
sp_addtype 中文性别, 'nchar(1)', 'not null'
go

--2.创建默认 df_性别
create default df_性别 as '女'
go

--3.绑定默认 df_性别到中文性别自定义数据类型
```

```
sp_bindefault 'df_性别', 中文性别
go

--4.创建：幼儿教师信息表
create table 幼儿教师信息表(
  编号 char(6) primary key,
  姓名 nchar(4) not null,
  性别 中文性别 ,
  出生日期 datetime,
  学历 nvarchar(5),
  职称 nvarchar(5)
)
go

--5.验证，看看李老师的性别
insert 幼儿教师信息表(编号, 姓名, 性别)
        values ('000001', '杨老师', '男')
insert 幼儿教师信息表(编号, 姓名) values ('000002', '李老师')
select 编号, 姓名, 性别 from 幼儿教师信息表

--6.为用户定义数据类型"中文性别"解除默认值绑定。
exec sp_unbindefault '中文性别'
go

--7.删除默认 df_性别
drop default  df_性别
go

--8.删除幼儿教师信息表
drop table 幼儿教师信息表

--9.删除用户自定义数据类型中文性别
exec sp_droptype '中文性别'
```

【知识点】

(1) 用户定义数据类型基于 SQL Server 系统数据类型定义的数据类型，当数据库中多个数据表的字段中要存储同样类型的数据(指系统数据类型、长度和为空约束相同)时，可使用用户定义数据类型。

(2) 创建用户定义数据类型的 T-SQL 语句语法格式如下：

```
sp_addtype 用户定义数据类型名, 系统数据类型, 'null'|'not null'
```

- 用户定义数据类型名必须符合标识符的规则；
- 系统数据类型是指 SQL Server 系统数据类型，包含数据类型长度；
- 'null'允许为空，'not null'不允许为空。

(3) 如果用户定义数据类型没有被引用或没有绑定默认，可用下列存储过程将其删除。删除用户定义数据类型 T-SQL 语句语法格式：

```
sp_droptype 用户定义数据类型名
```

7.3.2　企业管理器管理默认

【演练 7.2】使用企业管理器管理：创建、绑定、解除绑定、删除默认。

（1）创建默认。启动企业管理器，选中要操作的数据库，右击【默认】并单击【新建默认】命令，弹出【默认属性—(LOCAL)】对话框，在【名称)】位置输入默认名称，在【值】位置输入默认值，单击【确定】按钮，在默认对象对应的右栏显示出新建的默认对象。如图 7.11 所示，创建默认"df_学历"值为"大学"。

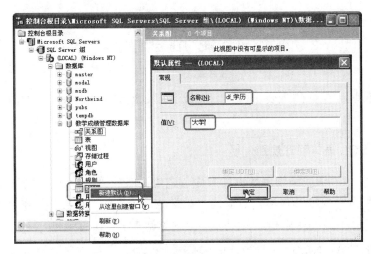

图 7.11　创建默认属性对话框

（2）绑定默认。在企业管理器中选中所创建的默认对象，单击右键并单击【属性】命令，弹出【默认属性-df_学历】对话框，该对话框上有两个按钮可用，一个是【绑定 UDT】按钮，表示绑定到用户自定义类型，另一个是【绑定列】按钮，表示绑定到列。例如，单击【绑定列】按钮，则出现如图 7.12 所示的对话框，选择表，选择要绑定的列添加到右边，单击【确定】按钮。

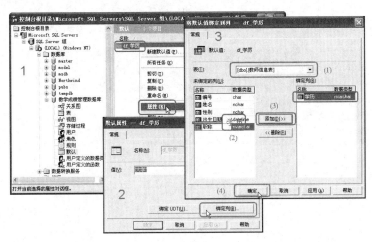

图 7.12　将默认值绑定到列

　　(3) 解除绑定默认。解除绑定的方法同绑定的操作相似，右击默认对象并单击【属性】命令，弹出【默认属性】对话框，如果单击【绑定 UDT】按钮，此时在出现的对话框中显示用户自定义类型，取消绑定。如果单击【绑定列】按钮，在出现的对话框中选择表，将右栏中已经绑定的列删除即可。

　　(4) 删除默认。在企业管理器中删除默认非常简单，选择【默认】对象，单击右键并单击【删除】命令，弹出【除去对象】对话框，单击【全部除去】按钮则删除了默认。如果该默认绑定有对象，则出现出错提示框，拒绝删除。可先解除绑定再删除。

7.4 使 用 规 则

　　规则是保证域完整性的主要手段，它类似于 check 约束。与 check 约束相比，其执行功能相同。

7.4.1 使用 T-SQL 语句管理规则

【导例 7.15】在"教学成绩管理数据库"中创建规则对象"r_分数"，绑定到"教学成绩表"的"分数"列，验证其作用，然后为"教学成绩表"的"分数"列解除规则绑定、删除规则对象"r_分数"。认识和体会规则绑定到数据表字段上的应用。

```
use 教学成绩管理数据库
go
--1.创建规则：r_分数，限制输入数据为 0~100 之间的值
create rule r_分数 as
@分数>=0. and @分数<= 100.
go

--2. 绑定
exec sp_bindrule 'r_分数', '教学成绩表.分数'

--3. 验证，一条一条执行
select * from 教学成绩表
insert into 教学成绩表(学号，教师编号，课程编号，学期，分数)
    values('000002', '2001', '900011', '04-05第1学期', 110)
insert into 教学成绩表(学号，教师编号，课程编号，学期，分数)
    values('000003', '2001', '900011', '04-05第1学期', 99)
insert into 教学成绩表(学号，教师编号，课程编号，学期，分数)
    values('000004', '2001', '900011', '04-05第1学期', -1)
select * from 教学成绩表

--4.为教学成绩表的分数列解除规则绑定
exec sp_unbindrule '教学成绩表.分数'

--5. 删除
drop rule r_分数
```

【知识点】

(1) 规则是一种数据库对象，可以绑定到一列或多个列上，还可以绑定到用户自定义数据类型上，规则定义之后可以反复使用。

(2) 列或用户自定义数据类型只能有一个绑定的规则。但是，列可以同时具有规则和多个 check 约束。

(3) 规则和默认值一样都是作为独立的对象，使用它要首先定义，然后绑定到列或用户自定义类型，不需要时可以解除绑定以及删除。规则和默认值的使用方法相似。

(4) 创建规则 T-SQL 语句语法格式如下：

```
create rule 规则名 as 条件表达式
```

- 条件表达式是定义规则的条件，可以是 where 子句中任何有效的表达式，并且可以包含诸如算术运算符、关系运算符和谓词(如 in、like、between)之类的元素；
- 在创建规则时，用一个局部变量表示值(任意命名、不用指定类型，如@分数)，这个值是通过 update 或 insert 语句输入的值。

(5) 规则创建后，需要将其绑定到列上或用户自定义的数据类型上，当向绑定了规则的列或绑定了规则的用户自定义数据类型的所有列插入或更新数据时，新的数据必须符合规则。绑定规则 T-SQL 语句语法格式如下，对象名是以"表名.列名"格式指定的要绑定规则的表中列，或者是用户定义数据类型的名称。

```
sp_bindrule '规则名', '对象名'
```

(6) 使用 sp_unbindrule 在当前数据库中为列或用户自定义数据类型解除规则绑定，解除绑定规则 T-SQL 语句语法格式如下，对象名是要解除规则绑定的列名称(格式为"表名.列名")或者用户自定义数据类型的名称。

```
sp_unbindrule '对象名'
```

(7) 使用 drop rule 从当前数据库中删除一个或多个用户定义的规则，删除规则 T-SQL 语句语法格式如下，如果在删除规则时，规则有绑定到列或用户自定义类型，将显示错误信息并取消。这时应先解除绑定规则，然后再删除。

```
drop rule 规则名 [ ,…n ]
```

【导例 7.16】在"教学成绩管理数据库"中创建用户自定义数据类型"中文性别"、规则对象"r_性别"(@性别 in ('男', '女'))并将"r_性别"绑定到"中文性别"，创建数据表"幼儿教师信息表"(其中："性别"类型"中文性别")，添加数据进行验证，然后将"中文性别"解除规则绑定、删除规则、数据表、自定义数据类型。认识和体会规则绑定到自定义数据类型的应用。

```
use 教学成绩管理数据库
go
--1.创建用户自定义数据类型：中文性别
sp_addtype 中文性别, 'nchar(1)', 'not null'
go
```

```
--2.创建规则 r_性别
create rule r_性别 as  @性别 in ('男', '女' )
go


--3.绑定规则 r_性别到中文性别自定义数据类型
exec sp_bindrule 'r_性别', '中文性别'
go


--4.创建: 幼儿教师信息表
drop table 幼儿教师信息表
go
create table 幼儿教师信息表(
  编号 char(6) primary key,
  姓名 nchar(4) not null,
  性别 中文性别 ,
  出生日期 datetime,
  学历 nvarchar(5),
  职称 nvarchar(5)
)
go


--5.验证, 一条一条执行, 看看李老师的是否添加
insert 幼儿教师信息表(编号, 姓名, 性别)
   values ('000001', '郭老师', '女')
insert 幼儿教师信息表(编号, 姓名, 性别)
   values ('000002', '杨老师', '男')
insert 幼儿教师信息表(编号, 姓名, 性别)
   values ('000002', '李老师', '母')
select 编号, 姓名, 性别 from 幼儿教师信息表

--6.为用户定义数据类型中文性别解除规则绑定。
exec sp_unbindrule '中文性别'
go


--7.删除规则 r_性别
drop rule r_性别
go


--8.删除幼儿教师信息表
drop table 幼儿教师信息表

--9.删除用户自定义数据类型中文性别
exec sp_droptype '中文性别'
```

7.4.2　使用企业管理器管理规则

【演练 7.3】使用企业管理器管理: 创建、绑定、解除绑定、删除规则。

　　(1) 创建规则。打开企业管理器，打开指定的数据库，选择对象【规则】，单击右键单击【新建规则】命令，弹出【规则属性-(LOCAL)】对话框，如图 7.13 所示，在【名称】

框中输入规则名，在【文本框】中输入条件表达式，单击【确定】按钮。

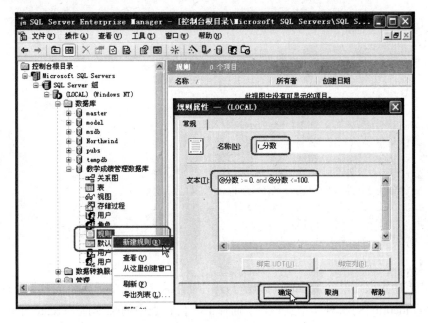

图 7.13　创建规则

(2) 绑定规则。在所创建的规则对象上单击鼠标右键，单击【属性】命令，弹出【规则属性】对话框，单击【绑定 UDT】按钮或【绑定列】按钮，分别完成绑定到用户自定义类型或绑定到列，方法同默认对象。

(3) 解除绑定规则。解除绑定的方法同绑定的方法一样，在【规则属性】对话框中实现，也可参见解除绑定默认。

(4) 删除规则。选择规则对象，单击右键，单击【删除】命令。如果规则当前绑定到列或用户自定义的数据类型，若要删除规则，首先需解除绑定，否则将不能完成删除操作。除去规则后，可以在以前受规则约束的列中输入新数据而不受规则的约束。现有数据不受任何影响。

7.5　使用 identity 列和 identity 函数

identity 列即自动编号列。identity 函数返回自动增量值。

7.5.1　创建 identity 列

1. T-SQL 语句创建 identity 列

【导例 7.17】在"教学成绩管理数据库"，创建"学生表"，其中"学号"字段为整型、自动编号、从 100001 开始、增量为 1 的标识列，添加数据。认识、体会标识列的应用。

```
use 教学成绩管理数据库
```

```
go
create table 学生表
( 学号 int identity(100001, 1) primary key not null, --创建标识列
  姓名 nchar(4) not null ,
  性别 nchar(1) check(性别 in ('男','女')) not null
)
go

insert 学生表(姓名, 性别) values('牛冲天', '男')
insert 学生表(姓名, 性别) values('马行空', '男')
insert 学生表(姓名, 性别) values('龙入海', '男')
insert 学生表(姓名, 性别) values('高八斗', '男')
insert 学生表(姓名, 性别) values('凌云霄', '男')
insert 学生表(姓名, 性别) values('汪清水', '女')
insert 学生表(姓名, 性别) values('富五车', '男')
select * from 学生表
```

【知识点】

(1) 若表中定义了一个 identity(标识符)列，则当用户向表中插入新的数据行时，系统自动为该行的 identity 列赋自动增量值，从而保证其值在表中的唯一性。create tabel 语句定义 identity(标识符)列的语法格式：

```
create table 数据表名
(列名 数据类型 identity [( 种子, 增量) ] [, …])
```

(2) 标识列的有效数据类型可以是任何整数数据类型分类的数据类型(bit 数据类型除外)，也可以是 decimal 数据类型，但不允许出现小数。

(3) 每个表中只能有一个 identity 列，其列值不能由用户更新，不允许空值，也不允许绑定默认或建立 default 约束。

(4) identity 列常与 primary key 约束一起使用，从而保证表中各行具有唯一标识。

2. 企业管理器创建 identity 列

【演练 7.4】使用企业管理器为数据表字段定义 identity(标识)属性。

打开企业管理器，打开指定的数据库、表，新建表或设计表打开表设计器，选定要定义标识的列，在表设计器的下面设置【标识】值为"是"，相应地，则可以设置【标识种子】和【标识递增量】。如图 7.14 所示，设置"学生表"的列"学号"为 identity，类型为 int。标识种子为标识列的起始值，标识递增量为每次增加的数，二者的默认值均为 1。例如，设置标识种子值为 100001，标识递增量为 1，则该列的值依次为 100001，100002，…

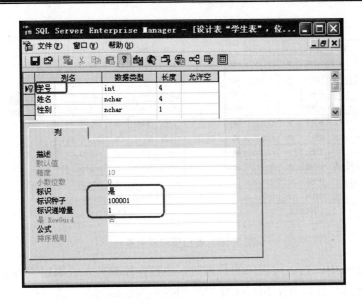

图 7.14　设置 identity 列

7.5.2　使用 identity 函数

【导例 7.18】使用 identity 函数创建"学生排行表"(附加第 6 章"教学成绩管理数据库")。

```
use 教学成绩管理数据库
select identity(int,1,1) as 排行, 学号, 姓名, 性别,
    生日=datename(yyyy, 出生日期)+'年'+datename(mm, 出生日期)+'月'
    + datename(dd, 出生日期) + '日'
  into 学生排行表
  from 学生信息表
  order by 出生日期
go
select * from 学生排行表
```

【知识点】

(1) identity 函数的语法格式:

```
identity ( 数据类型 [ , 种子 , 递增量 ] ) as 列名
```

(2) 只用在带有 into table 子句的 select 语句中,才可以使用 identity 函数到计算字段中。

(3) 尽管类似,但是 identity 函数不是与 create table 和 alter table 一起使用的 identity 属性。

7.6　索　　引

数据查询是用户对数据库进行的最频繁的操作。一般来说,系统访问数据库中的数据使用表扫描或索引查找,如图 7.15 所示。表扫描就是指系统使用指针逐行扫描该表的记录,直至扫描完表中的全部记录。当使用索引查找时,系统根据索引的指针,找到符合查询条件的记录。最后,将查找到的符合查询语句条件的记录全部显示出来。

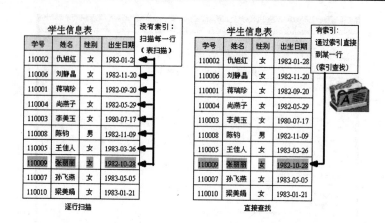

图 7.15　表扫描和索引查找

在 SQL Server 中，当访问表中的数据时，由数据库管理系统确定该表中是否有索引存在。如果没有索引，那么 SQL Server 使用表扫描的方法访问表中的数据。当需要扫描的表中数据很多时，查询数据就需要很长的时间。

7.6.1　索引的概念

索引就是加快检索表中数据的方法。在数据库中，索引就是表中数据和相应存储位置的列表。索引可以大大减少数据库管理系统查找数据的时间。

SQL Server 中一个表的存储是由数据页和索引页两个部分组成的。数据页用来存放除了文本和图像数据以外的所有与表的某一行相关的数据，索引页包含组成特定索引的列中的数据。索引是一个单独的、物理的数据库结构，它是某个表中一列或若干列的值的集合和相应的指向表中物理标识这些值的数据页的逻辑指针清单，如图 7.16 所示。通常，索引页面相对于数据页面来说小得多。当进行数据检索时，系统先搜索索引页面，从索引项中找到所需数据的指针，再直接通过指针从数据页面中读取数据。

	学号	姓名	性别	出生日期		索引码	指针
1	110002	仇旭红	女	1982-01-28		110001	3
2	110006	刘静晶	女	1982-11-20		110002	1
3	110001	蒋瑞珍	女	1982-09-20		110003	5
4	110004	尚燕子	女	1982-05-29		110004	4
5	110003	李美玉	女	1980-07-17		110005	7
6	110008	陈钧	男	1982-11-09		110006	2
7	110005	王佳人	女	1983-03-26		110007	9
8	110009	张丽丽	女	1982-10-28		110008	6
9	110007	孙飞燕	女	1983-05-05		110009	8
10	110010	梁美娟	女	1983-01-21		110010	10

　　　　　学生信息表　　　　　　　　　　　学号索引表

　　　　　　　数据页　　　　　　　　　　　　索引页

图 7.16　索引项由搜索码和指针构成

根据索引的顺序与数据表的物理顺序是否相同，可以把索引分成两种类型。一种是数据表的物理顺序与索引顺序相同的聚集索引，另一种是数据表的物理顺序与索引顺序不相同的非聚集索引。

7.6.2　索引的创建与管理

1. 使用 T-SQL 语句创建与管理索引

【导例 7.19】在"教学成绩管理系统"中，为提高从"学生信息表"按"姓名"查询的速度，创建以"姓名"列的索引。

```
use 教学成绩管理数据库
create index ix_姓名 on 学生信息表(姓名)
sp_helpindex 学生信息表
--索引不使用时，删除
drop index 学生信息表.ix_姓名
```

【知识点】

(1) 创建索引 T-SQL 语句语法格式、各参数说明如下：

```
create [unique] [clustered | nonclustered]
index 索引名 on {表名|视图名 } 列名 [ asc | desc ] [,…n])
```

- unique：创建一个唯一索引，即索引的键值不能重复。在列包含重复值时不能建唯一索引。如要使用此选项，则应确定索引所包含的列均不允许 null 值，否则在使用时会经常出错。
- clustered：指明创建的索引为聚集索引。如果此选项缺省，则创建的索引为非聚集索引。
- nonclustered：指明创建的索引为非聚集索引。在每一个表上，可以创建不多于 249 个非聚集索引。
- 索引名：指定所创建的索引的名称。索引名称在一个表中应是唯一的，但在同一数据库或不同数据库中可以重复。
- 表名：指定创建索引的表的名称。必要时还应指明数据库名称和所有者名称。
- 视图名：指定创建索引的视图的名称。视图必须是使用 schemabinding 选项定义过的。
- asc|desc：指定特定的索引列的排序方式。默认值是升序 asc。
- 列名：指定被索引的列。如果使用两个或两个以上的列组成一个索引，则称为复合索引。一个索引中最多可以指定 16 个列，但列的数据类型的长度和不能超过 900 个字节。

(2) 每一个表只能有一个聚集索引，因为表中数据的物理顺序只能有一个。

(3) 创建聚集索引后表中行的物理顺序和索引中行的物理顺序是相同的。在创建任何非聚集索引之前创建聚集索引，这是因为聚集索引改变了表中行的物理顺序，数据行按照一定的顺序排列，并且自动维护这个顺序。

(4) 在 SQL Server 2000 数据库中，为表定义一个主键，将会自动地在主键所在列上创建一个唯一索引，称之为主键索引。主键索引是唯一索引的特殊类型。

(5) 从当前数据库中删除索引 T-SQL 语句语法格式、各参数说明如下：

```
drop index '表名.索引名' | '视图名.索引名' [ ,…n ]
```

- 表名|视图名是索引列所在的表或索引视图。
- 索引名是要除去的索引名称。

注意： 除去聚集索引将导致重建所有非聚集索引。

2. 使用企业管理器管理索引

【演练 7.5】使用企业管理器为数据表或视图管理索引。

(1) 在企业管理器中右击要管理索引的表或视图，单击【所有任务】|【管理索引】命令，弹出【管理索引-ADMIN】对话框，在【现有索引】窗格中显示了已有的索引及其相关信息，单击【新建】按钮，弹出【新建索引-ADMIN】对话框，如图 7.17 所示。

图 7.17　使用【所有任务】中【管理索引】命令

(2) 输入要创建的索引名称，然后在【列】下选择要创建索引的列。对所选的每一列可指出是按升序还是降序组织列值。为索引指定其他需要的设置，然后单击【确定】按钮。

(3) 在企业管理器中，还可以使用与图 7.5 类似方法管理索引。

(4) 在如图 7.17(2)所示的对话框中，在【现有索引】窗格中选择要删除的索引，单击【删除】按钮，完成删除索引操作。

7.6.3　创建索引的优、缺点

创建索引可以极大地提高系统的性能，主要优点表现如下。

(1) 可以大大加快数据的检索速度，这也是创建索引的最主要原因。

(2) 通过创建唯一性索引，可以确保表中每一行数据的唯一性。

(3) 可以加速表和表之间的连接，特别有利于实现数据的参照完整性。

(4) 在使用分组和排序子句进行数据检索时，可以显著减少查询中分组和排序的时间。

不过，索引为提高系统性能所带来的好处却是有代价的。为表中的每一列都创建索引是非常不明智的。这是因为使用索引也有许多不利的方面，主要缺点如下。

(1) 创建索引和维护索引要耗费时间，这种时间随着数据量的增加而增加。

(2) 带索引的表在数据库中会占据更多的空间。除了数据表占数据空间之外，每一个索引还要占一定的物理空间。

(3) 当对表中的数据进行增加、删除和修改的时候，索引也要动态的维护，这样就需要花费更多的维护时间，降低了数据的维护速度。

7.7　本 章 实 训

实训目的

通过上机练习实现各种数据完整性的基本操作，并通过将数据修改为非有效数据体会数据完整性的功能。

实训内容

在第 5、6 章实训基础上，数据库名：[我班同学库]

(1) 更改表名：[同学表]改为[旧同学表]、[宿舍表]改为[旧宿舍表]，用来保存第 5 章录入的真实数据，删除视图：[同学表视图]。

(2) 建立新表：带约束条件的[同学表]、[宿舍表]，建表要求如下。

同学表(学号　char(6)，姓名，性别，出生日期，身高，民族，身份证号，宿舍编号)

宿舍表(ID，宿舍编号，宿舍电话号码)

① 非空约束：姓名、出生日期、宿舍电话号码

② 主键约束：同学表.学号，宿舍表.宿舍编号

③ 外键约束：同学表.宿舍编号，参照主表宿舍表的宿舍编号列

④ 默认约束：民族字段默认为汉族

⑤ 唯一约束：身份证号

⑥ 检查约束：性别只能为男或女、身高范围在 0.5～2.5m 之间

⑦ 宿舍表增加字段 ID 号，采用识别列，种子为 1001，增量为 1

⑧ 创建默认对象：默认值为男，将其绑定到性别列

⑨ 创建规则对象：值为 18 位的字符，每个字符范围只能是 0～9 之间的数，将其绑定到[身份证号]列

(3) 还原数据重建视图：从[旧同学表]、[旧宿舍表]中导入数据(真实数据)，重建视图[同学表视图]。

(4) 修改数据体会完整性的作用。

实训过程

方法一：利用企业管理器实现。

(1) 打开企业管理器，右击数据库，单击【新建数据库】命令，完成"我班同学库"的创建。

(2) 右击[我班同学库]，单击【新建表】命令，输入如图 7.18 所示的同学表结构。

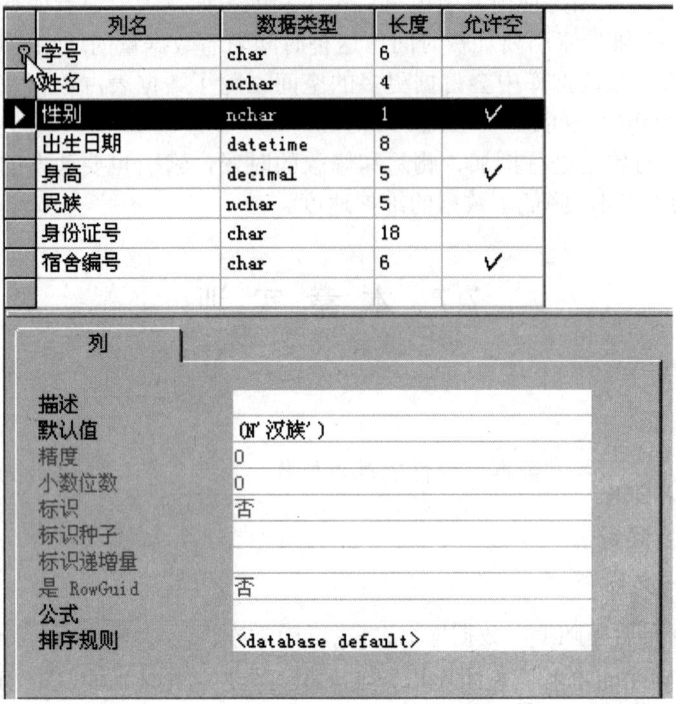

列名	数据类型	长度	允许空
学号	char	6	
姓名	nchar	4	
性别	nchar	1	✓
出生日期	datetime	8	
身高	decimal	5	✓
民族	nchar	5	
身份证号	char	18	
宿舍编号	char	6	✓

列

描述	
默认值	(N'汉族')
精度	0
小数位数	0
标识	否
标识种子	
标识递增量	
是 RowGuid	否
公式	
排序规则	\<database default\>

图 7.18　同学表

(3) 设置允许为空的字段。

(4) 在学号字段上设立主键。

(5) 设置民族字段的默认值为'汉族'。

(6) 右击身份证号字段，单击【索引/键】命令设置唯一(unique)约束。

(7) 右击性别字段，单击【check 约束】命令，设置约束表达式([性别] in ('男', '女'))。

(8) 右击字段身高，单击【check 约束】命令，设置约束表达式([身高] between 0.5 and 2.5)。

(9) 创建宿舍表如图 7.19 所示。

(10) 增加字段 ID，设置为标识列，种子值为 1001，递增量为 1。

(11) 设置宿舍编号字段为主键。

(12) 右击宿舍编号字段，单击【关系】命令设置外键，如图 7.19 所示。

(13) 右击数据库对象【默认】，单击【新建默认】命令，在名称位置输入默认名称，在值位置输入默认值'男'，单击【确定】按钮。选择所创建的默认对象并右击，单击【属性】命令，将默认值绑定到学生表的性别字段。

(14) 右击数据库对象【规则】，单击【新建规则】命令，在名称位置输入规则名称，在文本位置输入下列表达式，单击【确定】按钮。选择所创建的规则并右击，单击【属性】，将规则绑定到学生表的身份证号字段。

```
@sfz like
```

```
'[0-9][0-9][0-9][0-9][0-9][0-9][0-9][0-9][0-9][0-9][0-9][0-9][0-9]
[0-9][0-9][0-9][0-9]'
```

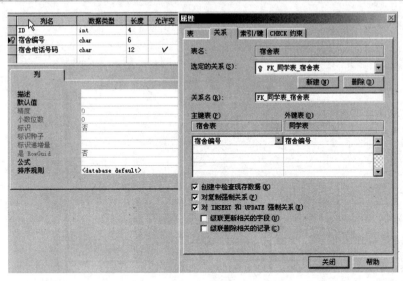

图 7.19 宿舍表

方法二：利用 T-SQL 语句(在查询分析器中执行下列脚本)实现。

1. 更改表名保存数据

```
use [我班同学库]
go
drop view [同学表视图]
go
sp_rename [同学表],[旧同学表]
go
sp_rename [宿舍表],[旧宿舍表]
go
```

2. 创建带约束条件表

```
--创建宿舍表
create table [宿舍表] (
 [ID] int identity (1001, 1)        ,/*设置标识列*/
 [宿舍编号] char (6) primary key ,
 [宿舍电话号码] char (12) not null
)
go
--创建同学表
create table [同学表] (
 [学号] char(6) primary key ,                    /*主键*/
 [姓名] nchar(4) not null ,
 [性别] nchar(1) check([性别] in ('男', '女')),    /*检查约束*/
 [出生日期] [datetime] not null ,
 [身高] decimal(5, 2) check([身高] between 0.5 and 2.5),
 [民族] nchar(5) default N'汉族' ,                /*默认*/
 [身份证号] char(18) not null unique,            /*唯一约束*/
```

```
    [宿舍编号] char(6) references [宿舍表]([宿舍编号]) ON UPDATE CASCADE
    )
    go
    --创建默认对象[df_性别]
    create default [df_性别] as '男'
    --绑定默认对象到同学表的性别字段
    go
    exec sp_bindefault [dbo].[df_性别], '[同学表].[性别]'
    go
    --创建规则，规则名[sfz]
    create rule [sfz] as @sfz like
    '[0-9][0-9][0-9][0-9][0-9][0-9][0-9][0-9][0-9][0-9][0-9][0-9][0-9][0-9]
[0-9][0-9][0-9][X0-9]'
    go
    --绑定规则[sfz]到[同学表]的[身份证号]字段
    exec sp_bindrule [dbo].[sfz], '[同学表].[身份证号]'
    go
```

3. 还原数据(在查询分析器中执行下列脚本)

```
insert [宿舍表] select * from [旧宿舍表]
go
insert [同学表] select * from [旧同学表]
go
create view 同学表视图 as
select 学号,姓名,性别,出生日期,民族,身份证号,身高,
        同学表.宿舍编号,宿舍表.宿舍电话号码
from 同学表 join 宿舍表 on  宿舍表.宿舍编号=同学表.宿舍编号
go
drop table [旧同学表]
drop table [旧宿舍表]
go
```

【知识点】

两个表数据结构完全一样，将数据从旧表中复制到新表：

```
insert 新数据表 select * from 旧数据表
```

4. 修改数据体会完整性的作用

在查询分析器中执行下列相应脚本或在企业管理器中打开相应的表修改指定的列，查看其执行或修改结果，体会数据完整性的作用。

(1) 非空约束：执行 insert 同学表(姓名) values (null)。

(2) 主键约束：修改[同学表].[学号]使两同学的学号相同。

(3) 外键约束：修改[同学表].[宿舍编号]为[宿舍表]中不存在的宿舍编号；修改[宿舍表][宿舍编号]值为新编号，查看[同学表].[宿舍编号]是否级联更新。

(4) 默认约束：执行。

```
insert 同学表(学号,姓名,出生日期,身份证号,身高,宿舍编号)
values ('999999', '齐天大圣', '2000-01-01', '123456789012345678', 1.78,
'???')
```

其中在执行上述语句之前将宿舍编号'???'改为宿舍表中存在的号码，观察[性别]、[民

族]字段的取值。

　　(5) 唯一约束：修改[同学表].[身份证号]使两同学的身份证号相同。

　　(6) 检查约束：修改[同学表].[性别]为女、[身高]为 2.8。

　　(7) 识别列：执行 insert 宿舍表(宿舍编号，宿舍电话号码) values ('999','6337777')，观察 ID 识别列的取值。

　　(8) 规则对象：修改[同学表]中某位同学[身份证号]的第 1 位为 A。

实验总结

　　通过本章的上机实验，学员应该能够掌握数据完整性的意义，理解为什么设计数据完整性以及如何实现数据完整性的各种方法。

7.8　本　章　小　结

　　本章介绍了数据完整性技术，内容包括数据完整性的概念、约束管理、默认管理、规则管理、使用标识列以及索引管理。数据完整性技术既是衡量数据库功能高低的指标，也是提高数据库中数据质量的重要手段，在应用程序开发中，具体选择哪一种方法，一定要根据系统的具体要求来选择。表 7-1 对这些技术做一个总结，特别要求熟练掌握使用企业管理器创建、修改和删除数据表数据完整性约束的技能，熟练掌握使用 T-SQL 语句创建数据表(create table)使用约束实现数据完整性的技能，即表中带*标志的技术，其中语法格式是指在 create table 数据表(列名　数据类型[,…n])中数据类型后面增加的主要内容。

表 7-1　完整性技术

类型	技术	语法格式	功能描述
域完整性	空|非空	null | not null	允许/不允许 null
	默认值	default　默认值	输入数据时如果某个列没有明确提供值，则将该默认值插入到列中
	默认技术	(1) create default 默认名称 as 常数表达式 (2) sp_bindefault '默认名称', '对象名' (3) sp_unbindefault '对象名' (4) drop default　默认值名 [,…n]	
	检查	check(逻辑表达式)	指定某列可接受值的范围或模式
	规则技术	(1) create rule 规则名 as 条件表达式 (2) sp_bindrule '规则名', '对象名' (3) sp_unbindrule '对象名' (4) drop rule 规则名 [,…n]	

续表

类型	技术	语法格式	功能描述
实体完整性	主键	(1) primary key (2) primary key (列名 1[,…n])	唯一标识符，不允许空值
	唯一键	(1) unique (2) unique(列名 1[,…n])	防止出现冗余值，允许空值
	标识列	(1) identity[(种子，增量)] (2) identity(数据类型[,种子，递增量])as 列名	确保值的唯一性，不允许空值，不允许用户更新
参照完整性	外键	[foreign key] references 参照主键表[(参照列)]	保证列与参照列的一致性

7.9 本 章 习 题

1. 填空题

(1) _____完整性是指保证指定列的数据具有正确的数据类型、格式和有效的数据范围。

(2) _____完整性用于保证数据库中数据表的每一个特定实体的记录都是唯一的。

(3) 有两种方式可以实现数据完整性，即_____完整性和_____完整性。

(4) 数据完整性有_____完整性、_____完整性_____完整性和用户自定义完整性 4 种类型。

(5) 复合主键是指要定义为主键的列有_____以上或多个。

(6) 在定义约束时可以在创建表的同时定义，也可以在表建好以后，通过_____表来实现。

(7) 当向表中现有的列上添加主键约束时，必须确保该列数据无_____值和无_____值。

(8) 在现有列上添加 check 约束，对现有数据不检查，则需要写 with_____。

(9) 将规则绑定到列或自定义类型的系统存储过程是_____。

(10) 索引的类型主要有_____索引和_____索引。

2. 判断题

(1) 在一个表中如果了定义了主键就不能再在任何列上定义唯一约束(unique)。

(2) 保证相关表之间数据的一致性，必须在关联表中定义主键和外键。

(3) 规则必须使用一次就定义一次。

(4) 如果规则当前绑定到某列或用户定义的数据类型，不解除绑定，就能直接删除规则。

(5) 在表中创建一个标识列。当用户向表中插入新的数据行时，系统自动为该行的 identity 列赋值。

(6) 在默认情况下，所创建的索引是非聚集索引。

(7) 创建索引时使用 clustered 关键字创建非聚集索引。

(8) 除去聚集索引将导致重建所有非聚集索引。

(9) 创建唯一性索引的列时可以有一些重复的值。

3. 简答题

(1) 数据完整性的用途有哪些？完整性有哪些类型？

(2) 什么是规则？它与 check 约束的区别在哪里？

(3) 为表中数据提供默认值有几种方法？

(4) 定义好的规则和默认使用什么方法对列或用户自定义数据类型起作用？

4. 设计题

在"教学成绩管理数据库"，使用 T-SQL 语句完成下列功能，并插入数据进行验证。

(1) 创建"教学成绩表"，并建立一个 identity 列，种子为 200501，递增量为 2，并设置该列为主键，不允许为空。

(2) 修改"课程信息表"，设置课程名称为 unique 约束。

(3) 修改"课程信息表"，设置"类别"列，类型为 nchar(14)，check 约束值只能为 ('公共基础课', '选修课', '专业基础课', '专业课')，且不允许为空。

(4) 修改"学生信息表"，添加检查约束，限定联系电话的格式为区号'0351'加 7 位电话号码，形如(0351)-4720883。

(5) 修改"学生信息表"，为列"籍贯"添加 default 约束，默认值为'山西省'。

(6) 修改"教学成绩表"，设置列"学号"为外键，参照"学生信息表"的"学号"列，"课程编号"外键参照"课程信息表"的"编号"列。

(7) 创建一个默认，并将其绑定到"教学成绩表"的"成绩"列上，默认值为'及格'

(8) 建一个规则，并将其绑定到"学生信息表"的"政治面貌"列上，规定取值为('其他','群众','共青团员', '中共党员')之一。

(9) 上面创建的默认和规则绑定解除，然后删除。

(10) 创建用户自定义数据类型"等级成绩"，类型为 char（10），将它应用到"教学成绩表"中的成绩字段，创建默认对象，默认值为中，将其绑定到类型"等级成绩"，创建规则，规定取值为('优','良','中', '及格', '不及格')之一。

第8章　自定义函数、存储过程和触发器

技能目标：本章教学内容是 SQL Server 程序设计的灵魂，掌握和使用好它们对数据库的开发与应用非常重要。通过本章学习，读者应该掌握以下操作技能。

仿照例题编写创建、使用简单的自定义函数、存储过程、触发器程序。

8.1　自定义函数

【**问题提出**】在数据库实际应用中，存在带变量的数据查询需求如某班学生信息表、某老师带过的学生、某班某门课不及格学生。在"教学成绩管理据库"中，可以在"学生信息表视图"基础上定义"03 软件技术班学生信息表"、"03 网路工程班学生信息表"等视图，能否定义"某班学生信息表"(带班级名称变量，查询时再告诉班级名称)呢？

在 SQL Server 中，除了系统内置的函数外，用户在数据库中还可以自己定义函数，来补充和扩展系统支持的内置函数。SQL Server 用户自定义函数有标量函数、内嵌表值函数、多语句表值函数 3 种，本书只介绍常用的前两种，且语法格式只给出常用的，完整语法格式可看 SQL Server 帮助。

8.1.1　标量函数

【**演练 8.1**】使用企业管理器管理：创建、查看、删除自定义函数。在"教学成绩管理数据库"中创建用户定义函数"dbo.is 中文字符串"(判断给定的字符串自变量是否是纯中文)。

(1) 启动企业管理器，展开【SQL Server 组】|【(LOCAL)】|【数据库】|"教学成绩管理据库"|【用户定义的函数】，在详细信息窗口中右击鼠标，单击【新建用户定义的函数】命令，弹出【用户定义函数属性 — 用户定义的新函数】对话框，并给出一个通用模板。

(2) 在【文本】输入框中，把[OWNER].[FUNCTION NAME]改为[dbo].[is 中文字符串](要创建函数的所有者.函数名)，把(PARAMETER LIST)改为(@字符串 nchar(50))，把(return_type_spec)改为 nchar(1)，在[FUNCTION BODY]处输入以下自定义函数正文脚本，单击【检查语法】按钮检查语法是否正确，单击【确定】按钮完成创建，如图 8.1 所示。

```
declare @I tinyint, @J tinyint
set @I=len(@字符串)
set @J=1
while (@J<=@I)
  begin
    if (unicode(substring(@字符串,@J,1))<51) return '否'
    set @J=@J+1
  end
return '是'
```

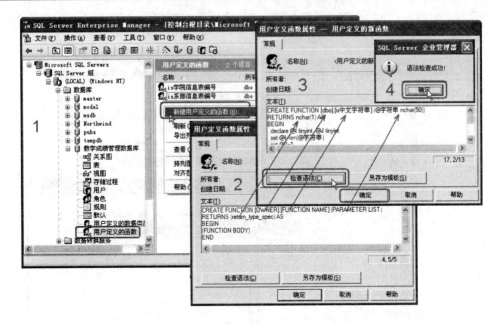

图 8.1　企业管理器创建用户定义的函数

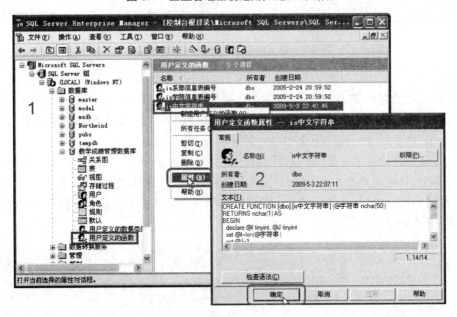

图 8.2　企业管理器查看用户定义的函数属性

（3）展开【SQL Server 组】|【(LOCAL)】|【数据库】|"教学成绩管理据库"|【用户定义的函数】，在详细信息窗口中显示已有的自定义函数，然后在详细信息窗口中右击"is 中文字符串"，单击【属性】命令，弹出【用户定义函数属性 — is 中文字符串】对话框，如图 8.2 所示，查看其属性，单击【确定】按钮返回。

（4）展开【SQL Server 组】|【(LOCAL)】|【数据库】|"教学成绩管理据库"|【用户定义的函数】，在详细信息窗口中右击"is 中文字符串"单击【删除】命令，弹出【除去对

象】对话框，如图 8.3 所示，选中对象"is 中文字符串"，单击【全部除去)】按钮删除 "dbo.is 中文字符串" 函数。

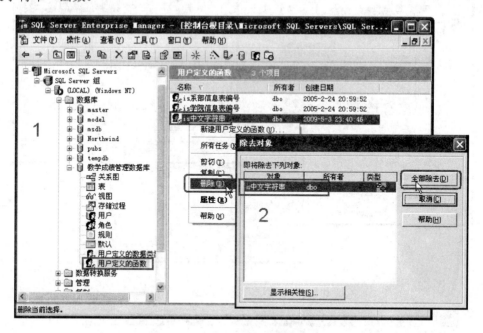

图 8.3　企业管理器删除用户定义的函数

【知识点】

(1) 自定义函数是由一个或多个 T-SQL 语句组成的子程序，可用于封装代码以便重复使用。自定义函数的输入参数可以为零个或最多 1024 个，输入参数能够是除了时间戳 (timestamp)、游标(cursor)和表(table)以外的其他变量。

(2) 标量函数是给定 n 个(0<=n<1024)自变量按 returns 子句定义的类型返回单个数据值 (return 子句)的自定义函数，使用标量函数如同使用系统内置函数一样。

【导例 8.1】创建一个自定义函数"is 中文字符串"，判断自变量是否是纯中文字符串，返回字符串：'是'或'否'。

```
use 教学成绩管理数据库  --一段一段执行
go
--1. 创建标量函数,并在【对象浏览器】中刷新[教学成绩管理数据库].[函数]
create function is 中文字符串(@字符串 nchar(50))
returns nchar(1) as
begin
  declare @I tinyint, @J tinyint
  set @I=len(@字符串)
  set @J=1
  while (@J<=@I)
    begin
      if (unicode(substring(@字符串,@J,1))<51) return '否'
      set @J=@J+1
    end
  return '是'
```

```
end

--2.使用标量函数
select dbo.is中文字符串('计算机系')
select dbo.is中文字符串('网络1班')
select dbo.is中文字符串('I''m from China')
```

【知识点】

(1) 创建标量函数的主要语法格式：

```
create function 所有者.自定义函数名([参数[…n]])
returns 返回参数的类型 as
begin
    函数体
    return 函数返回的值
end
```

(2) 函数体中可使用的语句类型包括：

```
(1) declare 语句，该语句可用于定义函数局部的数据变量和游标。
(2) set 语句，给局部变量赋值。
(3) 游标操作，允许在函数中声明、打开、关闭和释放局部游标，但不允许使用 fetch 语句将数
据返回到客户端，仅允许使用 fetch 语句通过 into 子句给局部变量赋值。
(4) 控制流程语句。
(5) select 语句，该语句包含带有表达式的选择列表，其中的表达式将值赋于函数的局部变量。
(6) insert、update 和 delete 语句，这些语句修改函数的局部 table 变量。
(7) execute 语句，该语句调用扩展存储过程。
```

【导例8.2】修改"is中文字符串"函数：自变量的长度由50改为255。

```
use 教学成绩管理数据库   --一段一段执行
go
--1. 修改标量函数
alter function is中文字符串(@字符串 nchar(255))
returns nchar(1) as
begin
  declare @I tinyint, @J tinyint
  set @I=len(@字符串)
  set @J=1
  while (@J<=@I)
    begin
      if (unicode(substring(@字符串,@J,1))<256) return '否'
      set @J=@J+1
    end
  return '是'
end

--2.验证下列两段话是否是纯中文
select dbo.is 中文字符串('你是那样地美，美得像一首抒情诗。你全身充溢着少女的纯情和
青春的风采。留给我印象最深的是你那双湖水般清澈的眸子，以及长长的、一闪一闪的睫毛。像是探询，
像是关切，像是问候。')
select dbo.is 中文字符串('你像一片轻柔的云在我眼前飘来飘去，你清丽秀雅的脸上荡漾着春天
般美丽的笑容。在你那双又大又亮的眼睛里，我总能捕捉到你的宁静，你的热烈，你的聪颖，你的敏感。')
```

【知识点】

　　修改标量函数的 T-SQL 语句的语法格式类似于创建标量函数的 T-SQL 语句的语法格式，仅是将 create 变成 alter。

【导例 8.3】 在"教学成绩管理数据库"中使用已定义标量函数"is 中文字符串"在创建"学院临时信息表"时定义字段"名称"、"简称"必须是汉字的约束。

```
use 教学成绩管理数据库  --一段一段执行
go
--1.使用标量函数创建表字段的约束
create table 学院临时信息表
(    编号 char(2) primary key ,
 名称 nchar(20) unique check(dbo.is中文字符串(名称) = '是'),
 简称 nchar(10) unique check(dbo.is中文字符串(简称) = '是'),
 院长 nchar(4) null ,
 书记 nchar(4) null
)

--2.打开"学院临时信息表"输入一条记录，"名称"、"简称"字段输入不全是汉字之值来验证

--3.删除"is 中文字符串"
drop function  dbo.is中文字符串

--4.删除"学院临时信息表"
drop table  学院临时信息表
```

【知识点】

　　(1) 用删除自定义函数 drop function 语句语法格式：

```
drop function [所有者].自定义函数名 [,…]
```

　　(2) 正在引用的自定义函数不能删除。

8.1.2　内嵌表值函数

【演练 8.2】【导例 8.4】 使用查询分析器管理：创建、查看、使用、删除自定义函数。在"教学成绩管理据库"中创建用户定义函数"dbo.某班学生信息表"(从"学生信息表视图"中查询给定班级名称的学生的所有信息)。

　　(1) 打开查询分析器，登录到要使用的服务器，单击工具栏中的"新建"按钮 ，在编辑区输入下列脚本，然后单击工具栏中的"分析"按钮 进行语法分析，单击工具栏中的"运行"按钮 运行代码，如图 8.4 所示。其中 create function 语句将创建"dbo.某班学生信息表"自定义函数、select 语句实现从"dbo.某班学生信息表"的查询。

```
use 教学成绩管理数据库     ---一条一条选中执行
go

create function [某班学生信息表](@class varchar(15))
returns table
as
return (select * from 学生信息表视图 where 班级=@class)
```

```
select * from dbo.某班学生信息表('03软件技术')
select * from dbo.某班学生信息表('03电子商务')
select * from dbo.某班学生信息表('03网络工程')
```

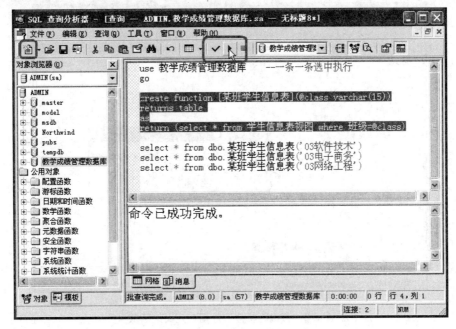

图 8.4　查询分析器创建和使用用户定义的函数

(2) 在【对象浏览器】对话框中，展开"教学成绩管理据库"|【函数】，右击"dbo.
某班学生信息表"，单击【编辑】命令，在编辑区中生成修改"dbo.某班学生信息表"自
定义函数的代码，在此窗口中查看和编辑自定义函数的代码，编辑后执行脚本完成"dbo.
某班学生信息表"的修改，如图 8.5 所示。

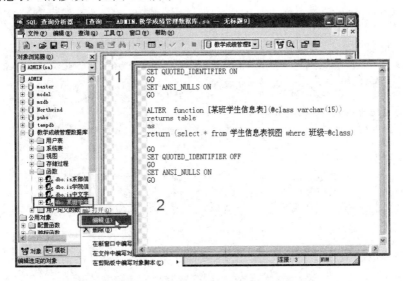

图 8.5　查询分析器修改编辑用户定义的函数

(3) 展开"教学成绩管理据库"|【函数】，右击"dbo.某班学生信息表"，单击【删除】命令，弹出提示对话框，单击【确定】按钮完成自定义函数"dbo. 某班学生信息表"的删除，如图 8.6 所示。

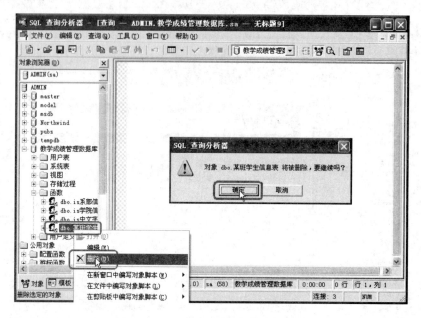

图 8.6　查询分析器删除用户定义的函数

【知识点】

(1) 内嵌表值函数返回一个 select 语句查询结果的表。

(2) 内嵌表值函数可用于实现参数化视图(查询)的功能。

【导例 8.5】创建一个自定义函数：[某班某课不及格表]输入参数班级名称和课程名称，并查询。

```
use 教学成绩管理数据库       --一条一条选中执行
go
-- 创建部分
create function [某班某课不及格表](@class varchar(15),@course varchar(15))
returns table as
return (select 学号,姓名,课程名称,分数,学年学期,考试类别
        from 教学成绩表视图
        where 班级=@class and 课程名称=@course and 分数<60)
go
-- 查询部分
select * from 某班某课不及格表('03财会电算化','会计电算化')
select * from 某班某课不及格表('03电子商务','英语')
select * from 某班某课不及格表('03电子商务','大学语文')
```

【知识点】

(1) 创建内嵌表值函数 T-SQL 语句的主要语法格式：

```
create function [所有者].自定义函数名([参数[…n]])
returns table as
```

```
return (select 查询语句)
```

(2) 标量函数在表达式中调用，内嵌表值函数在 select 语句的 from 子句中调用。在调用函数的时候需要指明函数的拥有者和函数的名称。

8.2　存　储　过　程

【问题提出】用户定义函数采用零个或最多可以有 1024 个输入参数并返回单个标量值或单个表(记录集)。但对于返回多个(或零个)标量值或多个(或零个)表(记录集)问题，SQL Server 如何解决呢？这可以采用 SQL Server 应用广泛、灵活的存储过程技术实现。编写存储过程是 SQL Server 程序设计的灵魂。应用好存储过程，将使数据库的管理和应用更加方便和灵活。

在 SQL Server 中存储过程分为两类：系统提供的存储过程和用户自定义的存储过程。系统存储过程主要存储在 master 数据库中并以 sp_为前缀，在任何数据库中都可以调用，在调用时不必在存储过程前加上数据库名。当新建一个数据库时，一些系统存储过程会在新建的数据库中自动创建。用户自定义的存储过程是由用户创建的，是用来完成某项任务的。本节介绍的主要内容是用户自定义的存储过程。

8.2.1　使用 T-SQL 语句管理用户自定义存储过程

1. 创建、调用用户自定义存储过程

【导例 8.6】在"教学成绩管理数据库"中，设计查询[某班某门课程成绩]：按学号排序成绩表、人数、最高分、最低分和平均分(返回 1 个数据表和 4 个标量值)。

```
use 教学成绩管理数据库
go

--1.创建存储过程
create procedure 某班某门课程成绩
@班名 varchar(20),@课程名 nchar(16), @人数 int output,
@最高分 decimal(6,2) output,
@最低分 decimal(6,2) output,
@平均分 decimal(6,2) output
as
begin
 select 学号,姓名,课程名称,分数
  from 教学成绩表视图
  where 课程名称 = @课程名 and 班级=@班名
  order by 学号
 select @人数 = count(*), @最高分 = max(分数),
        @最低分 = min(分数), @平均分 = avg(分数)
  from 教学成绩表视图
  where 课程名称 = @课程名 and 班级=@班名
end
go
```

```
--2.调用存储过程
declare @RC int
declare @人数 int
declare @最高分 decimal(6,2)
declare @最低分 decimal(6,2)
declare @平均分 decimal(6,2)
exec @RC = [dbo].[某班某门课程成绩] '03电子商务', '大学语文',
    @人数 output , @最高分 output , @最低分 output , @平均分 output
print '人数=' + str(@人数,3,0) + ' 最高分=' + str(@最高分,6,2) +
    ' 最低分=' + str(@最低分,6,2) + ' 平均分=' + str(@平均分,6,2)
exec @RC = [dbo].[某班某门课程成绩] '03软件技术', '英语',
    @人数 output, @最高分 output , @最低分 output , @平均分 output
print '人数=' + str(@人数,3,0) + ' 最高分=' + str(@最高分,6,2) +
    ' 最低分=' + str(@最低分,6,2) + ' 平均分=' + str(@平均分,6,2)
```

【知识点】

(1) 存储过程是存储在 SQL 服务器数据库中的一组预编译过的 T-SQL 语句, 当第一次调用以后, 就驻留在内存中, 以后调用时不必再进行编译, 因此它的运行速度比独立运行同样的程序要快。

(2) 存储过程可以容纳对数据库进行各种操作的编程语句, 也可以调用其他的存储过程。

(3) 用 create procedure 语句创建存储过程 T-SQL 语句主要语法格式如下, 其中使用 output 选项可将@参数的值返回给调用语句。

```
create procedure 存储过程名
[@参数 参数的数据类型] [output] [,…n]
as
任意数量的 T-SQL 语句
```

(4) 存储过程可以接受参数, 用户通过指定存储过程的名字并给出参数(如果该存储过程带有参数)来执行它。存储过程与函数不同, 存储过程既不能在被调用的位置上返回数据, 也不能被引用在语句当中。

(5) 一个存储过程是一个独立的数据库对象, 可被客户端应用程序多次调用, 以减少重复编写代码。

执行已创建的存储过程要使用 execute (或简写 exec) 命令, 语法格式:

```
[exec[ute]] 存储过程名 [参数1、…、参数n ]
```

2. 修改、删除用户自定义存储过程

【导例 8.7】修改【导例 8.6】[某班某门课程成绩]存储过程, 成绩表按分数从大到小排序; 删除[某班某门课程成绩]存储过程。

```
use 教学成绩管理数据库
go

--1.修改存储过程
alter procedure 某班某门课程成绩
@班名 varchar(20),@课程名 nchar(16), @人数 int output,
@最高分 decimal(6,2) output,
```

```
@最低分 decimal(6,2) output,
@平均分 decimal(6,2) output
as
begin
 select 学号,姓名,课程名称,分数
  from 教学成绩表视图
  where 课程名称 = @课程名 and 班级=@班名
  order by 分数 desc
 select @人数 = count(*), @最高分 = max(分数),
        @最低分 = min(分数), @平均分 = avg(分数)
  from 教学成绩表视图
  where 课程名称 = @课程名 and 班级=@班名
end
go


--2.调用存储过程
declare @RC int
declare @人数 int
declare @最高分 decimal(6,2)
declare @最低分 decimal(6,2)
declare @平均分 decimal(6,2)
exec @RC = [dbo].[某班某门课程成绩] '03 电子商务', '大学语文',
    @人数 output , @最高分 output , @最低分 output , @平均分 output
print '人数=' + str(@人数,3,0) + '  最高分=' + str(@最高分,6,2) +
    '  最低分=' + str(@最低分,6,2) + '  平均分=' + str(@平均分,6,2)
exec @RC = [dbo].[某班某门课程成绩] '03 软件技术', '英语',
    @人数 output, @最高分 output , @最低分 output , @平均分 output
print '人数=' + str(@人数,3,0) + '  最高分=' + str(@最高分,6,2) +
    '  最低分=' + str(@最低分,6,2) + '  平均分=' + str(@平均分,6,2)
go

--3.删除存储过程
drop procedure 某班某门课程成绩
```

【知识点】

(1) 用 T-SQL 语句修改存储过程的语法格式类似 create proc，即 create 换成 alter。

(2) 删除存储过程语法格式：

```
drop procedure [所有者]. 存储过程 [,…]
```

8.2.2 使用企业管理器管理用户自定义存储过程

【演练 8.3】【导例 8.8】使用企业管理器管理：创建、查看、删除自定义存储过程。在"教学成绩管理据库"中创建用户定义存储过程"某班同学表"(返回同学花名表、人数、男生人数和女生人数)。

(1) 启动企业管理器，展开【SQL Server 组】|【(LOCAL)】|【数据库】|"教学成绩管理据库"|【存储过程】，右击【存储过程】，单击【新建存储过程】命令，弹出【存储过程属性－新建存储过程】对话框，并给出一个通用模板。

(2) 在【文本】输入框中，把[OWNER].[PROCEDURE NAME]改为所有者[dbo]和要创

建的存储过程名 [某班同学表] @班名 varchar(20)，@人数 int output，@男生人数 int output，@女生人数 int output，在[AS]之后输入下列存储过程正文脚本，单击【检查语法】按钮检查语法是否正确，单击【确定】按钮完成创建，如图 8.7 所示。

```
begin
  select 学号,姓名,性别,联系电话
   from 学生信息表视图
   where 班级=@班名
  select @人数 = count(*) from 学生信息表视图
   where 班级=@班名
  select @男生人数 = count(*) from 学生信息表视图
   where 班级=@班名 and 性别='男'
  select @女生人数 = count(*) from 学生信息表视图
   where 班级=@班名 and 性别='女'
end
```

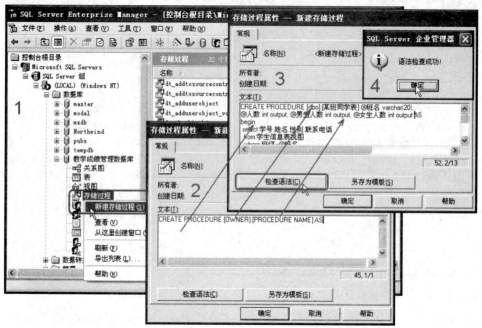

图 8.7　企业管理器创建用户定义的存储过程

(3) 展开【SQL Server 组】|【(LOCAL)】|【数据库】|"教学成绩管理据库"|【存储过程】，在详细信息窗口中显示已有的存储过程，其中类型列显示【系统】为系统存储过程，显示

【用户】为用户创建的存储过程，然后在详细信息窗口中右击"某班同学表"，单击【属性】命令，弹出【存储过程属性－某班同学表】对话框，如图 8.8 所示，查看其属性，单击【确定】按钮返回。

(4) 展开【SQL Server 组】|【(LOCAL)】|【数据库】|"教学成绩管理据库"|【存储过程】，在详细信息窗口中右击"某班同学表"，单击【删除】命令，弹出【除去对象】对话框，如图 8.9 所示，选中对象"某班同学表"，单击【全部除去】按钮删除"某班同学

表"存储过程。

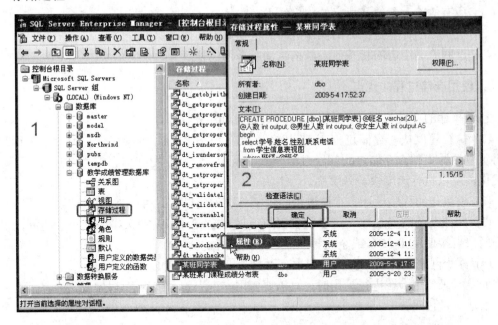

图 8.8　企业管理器查看用户定义的存储过程属性

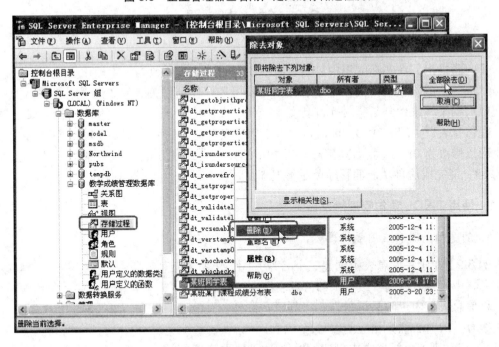

图 8.9　企业管理器删除用户定义的存储过程

(5) 存储过程的重新命名与删除相似。

【知识点】

在 SQL Server 2000 中创建存储过程有两种方法：用企业管理器和用 T-SQL 语句。使用企业管理器容易理解，较为简单。用 T-SQL 语句较为快捷。

当创建存储过程时，需要确定存储过程的 3 个组成部分。

(1) 所有的输入参数及执行的输出结果。

(2) 被执行的针对数据库的操作语句，包括调用其他存储过程的语句。

(3) 返回给调用者的状态值，以指明调用是否成功。

8.2.3 使用存储过程的优点

在数据库的开发和管理中，使用存储过程有如下优点。

(1) 执行速度快。存储过程在创建时就经过了语法检查和性能优化，因此在执行时不必再重复这些步骤。存储过程在经过第一次调用之后，就驻留在内存中，不必再经过编译和优化，所以执行速度快、效率高。

(2) 模块化的程序设计。存储过程经过了一次创建以后，可以被调用多次。

(3) 保证系统的安全性。可以设置用户通过存储过程对某些关键数据进行访问，但不允许用户直接使用 T-SQL 或企业管理器对数据进行访问。

(4) 减少网络通信量。存储过程中可以包含大量的 T-SQL 语句，但存储过程作为一个独立的单元来使用。在进行调用时，只需要使用一个 exec 语句就可以实现，而不需要在网络中发送大量代码。

8.3 触 发 器

【问题提出】在实际应用中，当表或视图中的某些重要数据发生变化(添加 insert、修改 update 或 删除 delete)时，需要自动执行某段程序保证相关联的数据也跟着进行相应的变化或根据某些条件判断是否允许其发生变化，以保持数据的一致性和完整性。如当修改"学院信息表"中编号 01 为 08 时，"系部信息表"中 4 位编号前 2 位为 01 的编号的前 2位也应该修改为 08，"教研室信息表"中 6 位编号前 2 位为 01 的编号的前 2 位也应该修改为 08。能完成这种功能的程序就是触发器。

8.3.1 使用 T-SQL 语句管理触发器

1. 创建触发器和应用触发器

【导例 8.9】在学院信息表中创建一个名为"T 修改学院信息表编号"的触发器。当修改学院信息表中编号时，则修改"系部信息表"中"编号"、"专业信息表"中"院系编号"、"课程信息表"中"院系编号"、"教研室信息表"中"编号"、"教师信息表"中"教研室编号"的前 2 位为相应的编号。

(1) 启动查询分析器中先创建触发器(暂不要求读懂代码，验证后再读代码)。

```
use 教学成绩管理数据库
go
create trigger T 修改学院信息表编号
on 学院信息表
after update
as
```

```
if update(编号)
begin
  set nocount off
  declare @编号 char(2), @编号_ char(2)
  select @编号=编号 from deleted
  select @编号_=编号 from inserted
  update 系部信息表 set 编号=@编号_+substring(编号,3,2)
      where @编号=left(编号,2)
  update 专业信息表 set 院系编号=@编号_+substring(院系编号,3,2)
      where @编号=left(院系编号,2)
  update 课程信息表 set 院系编号=@编号_+substring(院系编号,3,2)
      where @编号=left(院系编号,2)
  update 教研室信息表 set 编号=@编号_+substring(编号,3,4)
      where @编号=left(编号,2)
  update 教师信息表 set 教研室编号=@编号_+substring(编号,3,4)
      where @编号=left(教研室编号,2)
end
```

（2）启动企业管理器，打开"学院信息表"、"系部信息表"、"教研室信息表"、"专业信息表"中的"编号"或"院系编号"的值，然后修改"学院信息表"中"编号"01 为 08 时，再查看其他表中的"编号"或"院系编号"值的变化，验证触发器的作用。

【知识点】

1) 创建触发器的知识点

主要语法格式：

```
create trigger 触发器名
on 表名或视图名
{ [for | after] | instead of }
{ [insert] [,] [update] [,] [delete]}
as
[ if update(列名 1) [{and|or} update(列名 2)] [ …n ] ]
SQL 语句
```

创建触发器时需要指定如下内容。

（1）触发器名称：触发器名。

（2）何处触发：表名或视图名。

（3）何时激发：for|after 指定为 after 触发器，instead of 指定为 instead 触发器。

（4）何种数据修改语句触发：insert 指定为 insert 触发器；update 指定为 update 触发器；delete 指定为 delete 触发器。

（5）何列数据修改时触发：可选项 if update(列名 1) [{and|or} update(列名 2)] […n]用于指定如果测试到在[列名 1]且或[列名 2]上进行的 insert 或 update 操作时触发。不能用于 delete 语句触发器。

（6）如何触发：SQL 语句指定触发器触发时所作的操作。

触发器在创建和使用中有如下限制。

（1）create trigger 语句只能作为批处理的第一条语句。

（2）在表中如果既有约束又有触发器，则在执行中约束优先于触发器。而且如果在操作中触发器与约束发生冲突，触发器将不执行。

（3）触发器中不允许包含以下 SQL 语句：alter database、create database、drop database、 restore database、restore log 等。

(4) 不能在视图或临时表上建立触发器，但是在触发器定义中可以引用视图或临时表。当触发器引用视图或临时表，并产生两个特殊的表：deleted 表和 inserted 表。这两个表由系统进行创建和管理，用户不能直接修改其中的内容，其结构与触发表相同，可以用于触发器的条件测试。

2) 触发器的知识点

(1) 触发器是特殊类型的存储过程，它能在任何试图改变表或视图中由触发器保护的数据时执行。触发器主要通过操作事件(insert、update、delete)进行触发而被自动执行，不能直接调用执行，也不能被传送和接受参数。

(2) 触发器与表或视图是不能分开的，触发器定义在一个表或视图中，当在表或视图中执行插入(insert)、修改(update)、删除(delete)操作时触发器被触发并自动执行。当表或视图被删除时与它关联的触发器也一同被删除。

(3) 触发器根据引起触发的数据修改语句可分为 insert 触发器、update 触发器和 delete 触发器。

(4) 根据引起触发时刻可分为 after 触发器和 instead 触发器，其中 after 触发器是在执行触发操作(insert、update 或 delete)和处理完约束之后激发，而 instead 触发器是由触发器的程序代替 insert、update 或 delete 语句执行，在处理约束之前激发。所以，若执行 insert、update 或 delete 语句违犯约束条件时，将不执行 after 触发器；而在定义 instead of 触发器的表或视图上执行 insert、update 或 delete 语句时，会激发触发器而不执行这些数据操作语句本身。

(5) 一个表或视图可以定义多个 after 触发器，一个表或视图只可以定义一个 instead 触发器。

3) 应用触发器的知识点

(1) 触发器运行时 SQL Server 会在内存中自动创建和管理 deleted 表和 inserted 表，用于在触发器内部测试某些数据修改的效果及设置触发器操作的条件，用户不能直接对表中的数据进行更改。

(2) delete 触发器会将删除的数据保存在 deleted 表中，insert 触发器会将添加的数据保存在 inserted 表中，而 update 触发器将被替换的旧数据保存在 deleted 表中、替换的新数据保存 inserted 表中。

2. 修改、删除触发器

【导例 8.10】在"学院信息表"中创建一个名为"T 删除学院信息表记录"的触发器。当要删除"学院信息表"中的记录时，检查"系部信息表"中是否有该学院的系部，如果有则给出提示信息不允许删除该条记录。

```
use 教学成绩管理数据库
go
--1.创建触发器
create trigger T 删除学院信息表记录
on 学院信息表
for delete
as
begin
  set nocount off
  /* 使返回的结果中包含有关受 Transact-SQL 语句影响的行数的信息 */
  declare @编号 char(2)
```

```
    select @编号=编号 from deleted
    if exists(select * from 系部信息表 where @编号=left(编号,2))
       begin
          raiserror ( '系部编号正在使用, 不可删除!', 16, 1)
          /* 返回用户定义的错误信息*/
          rollback transaction
          /* 回滚到当前事务的起点, 撤销本事务所做的所有数据修改 */
       end
  end
end
go
--2.验证：在企业管理器中打开[学院信息表]删除一行已有的记录, 观察效果

--3.删除触发器
drop trigger T删除学院信息表记录
```

【知识点】

(1) 用 alert trigger 命令修改触发器语法格式类似 create trigger, 只需将 create 换成 alter。

(2) 用系统过程 sp_rename 修改触发器的名字语法格式：

```
sp_rename  旧的触发器名  新的触发器名
```

(3) 用户可以删除不再需要的触发器, 此时原来的触发表以及表中的数据不受影响。如果删除表, 则表中所有的触发器将被自动删除。使用 drop trigger 删除触发器语法格式：

```
drop trigger 触发器名
```

8.3.2　使用企业管理器管理触发器

【演练 8.4】 使用企业管理器管理：创建、查看、删除触发器。在"教学成绩管理数据库"、"学院信息表" SQL Server 创建触发器"T 删除学院信息表记录"。

(1) 启动企业管理器, 展开【SQL Server 组】|【(LOCAL)】|【数据库】|"教学成绩管理据库"|【表】, 在详细信息窗口中右击"学院信息表", 单击【所有任务】|【管理触发器】命令, 弹出【触发器属性】对话框, 并给出一个通用模板。

(2) 在【名称】下拉列表框中选择【<新建>】列表项, 在【文本】输入框中, 把[TRIGGER NAME]改为所有者要创建的触发器名"T 删除学院信息表记录", 在[AS]之后输入以下触发器正文脚本, 单击【检查语法】按钮检查语法是否正确, 单击【确定】按钮完成创建, 如图 8.10 所示。

```
begin
   set nocount off
   /* 使返回的结果中包含有关受 Transact-SQL 语句影响的行数的信息 */
   declare @编号 char(2)
   select @编号=编号 from deleted
   if exists(select * from 系部信息表 where @编号=left(编号,2))
      begin
         raiserror ( '系部编号正在使用, 不可删除!', 16, 1)
          /* 返回用户定义的错误信息*/
         rollback transaction
          /* 回滚到当前事务的起点, 撤销本事务所做的所有数据修改 */
```

```
        end
    end
```

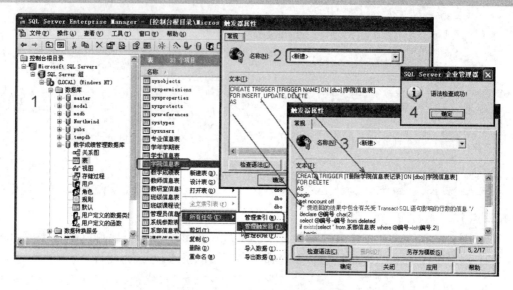

图 8.10　企业管理器创建触发器

（3）展开【SQL Server 组】|【(LOCAL)】|【数据库】|"教学成绩管理据库"|【表】，在详细信息窗口中右击"学院信息表"，单击【所有任务】|【管理触发器】命令，弹出【触发器属性】对话框，在【名称】下拉列表框中选"T 删除学院信息表记录[dbo]"触发器，如图 8.11 所示，查看其属性，单击【确定】按钮返回。

图 8.11　企业管理器查看触发器属性

（4）展开【SQL Server 组】|【(LOCAL)】|【数据库】|"教学成绩管理据库"|【表】，在详细信息窗口中右击"学院信息表"，单击【所有任务】|【管理触发器】命令，弹出【触

发器属性】对话框，在【名称】下拉列表框中选择 "T 删除学院信息表记录" 触发器，单击【删除】按钮弹出提示框，单击【是】按钮完成删除返回【触发器属性】对话框，单击【关闭】按钮退出，如图 8.12 所示。

图 8.12　企业管理器删除触发器

8.3.3　使用触发器的优点

在数据库的开发和管理中，使用触发器有如下优点。

(1) 引用完整性(外键)的级联更新、级联删除用来实现主键与引用键之间的级联，而触发器可实现数据库中的表间记录数据的级联更改和级联删除，如【导例 8.9】所示。

(2) 触发器可以强制比引用完整性(外键)、check 约束更为复杂的约束，如【导例 8.10】所示。

(3) 触发器也可以评估数据修改前后的表状态，并根据其差异采取对策。

8.4　本　章　实　训

实训目的

本章将上机练习用企业管理器和查询分析器创建用户自定义函数、存储过程和触发器，并掌握创建和应用它们的方法。

实训内容

通过企业管理器或查询分析器创建用户自定义函数、存储过程和触发器。

(1) 创建一个用户自定义函数：[查询宿舍函数]，通过输入学生姓名，查询学生的姓名、性别、宿舍编号、宿舍电话号码。并调用该函数查询。

(2) 创建一个带参数的存储过程：[查询宿舍过程]，输入宿舍编号，查询某宿舍同学的存储过程。并带参数，执行该存储过程。

(3) 在宿舍表上创建一个触发器：[修改宿舍编号]，当修改该表中的宿舍编号时，同时修改同学表中的宿舍编号。

实训过程

1. 用企业管理器创建用户自定义函数

分析：用企业管理器创建用户自定义函数、存储过程、触发器，系统自动会给出语法格式，用户只需修改名称和填入相关代码，并且系统会检查语法的正确性，使用较方便。

实训步骤：参照【演练 8.1】使用企业管理器创建自定义函数的步骤，创建如下代码的自定义函数。

```
create function 查询宿舍函数  (@name varchar(10))
returns table as
return (select 学号，姓名，性别，同学表.宿舍编号，宿舍电话号码
from 同学表，宿舍表
where  同学表.宿舍编号=宿舍表.宿舍编号 and 同学表.姓名 like @name) select  姓名，
宿舍编号，宿舍电话号码 from 查询宿舍函数('南郭唐山')
```

按 F5 键执行，从结果窗格中可以检索到'南郭唐山'的数据。

2. 用查询分析器创建存储过程

分析：用查询分析器创建用户自定义函数、存储过程、触发器，用户直接输入 T-SQL 语句，输入相关代码，使用灵活，修改调试方便，便于学习 T-SQL 语法。

实训步骤：

(1) 打开查询分析器，登录到要使用的服务器。

(2) 用命令 use 我班同学库，连接数据库。

(3) 用命令 create procdure 查询宿舍过程，创建存储过程。

(4) 输入完整的 T-SQL 语句如下。

```
create  proc 查询宿舍过程 @宿舍编号 char(3)
as
select 学号 ，姓名，性别 ,同学表. 宿舍编号 ，宿舍电话号码 from 同学表，宿舍表
where  同学表.宿舍编号=宿舍表.宿舍编号  and  同学表.宿舍编号=@宿舍编号
```

(5) 输入语句：exec 查询宿舍过程 '301' ，按 F5 键执行。

在结果窗格中可以检索到'301'宿舍的学生数据。

3. 用查询分析器创建触发器

实训步骤：

(1) 打开查询分析器，登录到要使用的服务器。

(2) 用命令 use 我班同学库，连接数据库。

(3) 用命令 create procdure 修改宿舍编号，创建触发器。

(4) 完整的 T-SQL 语句如下。

```
create trigger 修改宿舍编号 on 宿舍表
```

```
for update
as
if update(宿舍编号)
begin
update 同学表
set 宿舍编号=(select 宿舍编号 from inserted)
from 同学表,deleted
where 同学表.宿舍编号=deleted.宿舍编号
end
```

(5) 用企业管理器修改[宿舍表]中的宿舍编号，再查看同学表，相关的宿舍编号已被修改。

实验总结

通过本章的上机实验，学员应该能够掌握，企业管理器和查询分析器创建用户自定义函数、存储过程、触发器的方法和步骤，以及调用的方法。学员要注意比较内嵌表值函数和存储过程在使用上的区别。

8.5　本章小结

本章介绍了自定义函数、存储过程和触发器，它们是一组 SQL 语句集，自定义函数是用来补充和扩展系统内置函数的，用户可以如同使用系统提供的函数一样作为 T-SQL 查询的一部分。存储过程可以由用户直接调用执行，用户能够使用相同的存储过程来保证数据的一致性。触发器是一种特殊的存储过程，但触发器不能直接调用，只能通过某些操作触发。存储过程和触发器在数据库开发过程中，在对数据库的维护和管理等任务中，特别是在维护数据完整性等方面具有不可替代的作用。表 8-1 是本章 T-SQL 主要语句一览表，表 8-2 是常用系统存储过程一览表。

表 8-1　本章 T-SQL 主要语句一览表

	功能	语法格式
自定义函数	创建	1. 标量函数 create function [所有者].自定义函数名 1 ([参数[…n]) returns 返回参数的类型 as begin 　函数体 　return 函数返回的标量值 end 2. 内嵌表值函数 create function [所有者].自定义函数名 2([参数[…n]])

续表

	功能	语法格式
自定义函数	创建	returns table as return(select 查询语句)
	删除	drop function [所有者].自定义函数名
	执行	1. 标量函数：函数名自定义函数名 1 出现在表达式中； 2. 内嵌表值函数：select 列名[,…] from 自定义函数名 2
存储过程	创建	create procedure 存储过程名 [@参数 参数的数据类型] [output] [,…n] as 任意数量的 T-SQL 语句
	删除	drop procedure 存储过程名
	执行	[execute] 存储过程名 [参数 1、…、参数 n]
触发器	创建	create trigger 触发器名 on 表名或视图名 {[for|after]|instead of} {[insert][,][update][,][delete]} as [if update(列名 1)[{and|or} update(列名 2)][…n]] 任意数量的 T-SQL 语句
	删除	drop trigger 触发器名

表 8-2 常用系统存储过程一览表

类型	系统过程名	说明
对象	sp_help	报告当前数据库中对象的信息(sysobjects 表中对象：表、视图、自定义函数、过程、触发器、数据类型、主键、外键、check、unique、默认等)
	sp_rename	更改当前数据库中用户创建对象(如表、视图、列、存储过程、触发器、默认值、数据库、对象或规则或用户定义数据类型)的名称
数据库	sp_databases	显示服务器中所有可以使用的数据库的信息
	sp_helpdb	显示服务器中数据库的信息
	sp_helpfile	显示数据库中文件的信息
	sp_helpfilegroup	显示数据库中文件组的信息
	sp_renamedb	更改数据库的名称
	sp_defaultdb	更改用户的默认数据库
查询	sp_tables	返回当前数据库中可查询的对象(表、视图)信息

续表

类型	系统过程名	说明
默认	sp_bindefault	绑定默认
	sp_unbindefault	解除绑定默认
规则	sp_bindrule	绑定规则
	sp_unbindrule	解除绑定规则
索引	sp_helpindex	报告当前数据库中指定表或视图上索引的信息
	sp_pkeys	返回当前数据库中指定表的主键信息
	sp_fkeys	返回当前数据库中的外键信息
登录	sp_addlogin	创建登录账号
	sp_defaultlanguage	更改登录的默认语言
	sp_grantlogin	授权 Windows 登录账户登录 SQL Server
	sp_denylogin	拒绝 Windows 账户登录 SQL Server
	sp_password	添加或更改 SQL Server 登录用户的密码
	sp_revokelogin	删除 Windows 身份验证的登录账户
	sp_droplogin	删除 SQL server 身份验证的登录账户
服务器角色	sp_helpsrvrole	返回固定服务器角色列表
	sp_addsrvrolemember	向固定服务器角色中添加成员
	sp_helpsrvrolemember	查看固定服务器角色成员
	sp_dropsrvrolemember	从固定服务器角色中删除成员
固定数据库角色	sp_helpdbfixedrole	显示固定数据库角色的列表
	sp_dbfixedrolepermission	显示每个固定数据库角色的特定权限
数据库用户	sp_revokedbaccess	从当前数据库中删除安全账户
	sp_grantdbaccess	Microsoft SQL Server 登录或 Microsoft Windows NT 用户或组在当前数据库中添加一个安全账户,并使其能够被授予在数据库中执行活动的权限
数据库角色	sp_addrole	添加数据库角色
	sp_addrolemember	添加数据库角色成员
	sp_droprolemember	删除数据库角色成员
备份设备	sp_addumpdevice	添加备份设备
	sp_dropdevice	除去数据库设备或备份设备
操作员	sp_add_operator	创建操作员
	sp_update_operator	更新操作员
	sp_help_operator	查看定义操作员的信息
警报	sp_add_alert	定义警报
	sp_help_alert	报告有关为服务器定义的警报的信息
	sp_updata_alert	更新现有警报的设置

续表

类型	系统过程名	说明
警报	sp_add_notification	设置警报提示
	sp_delete_alert	删除警报
选项	sp_dboption	显示或更改数据库选项
	sp_serveroption	为远程服务器和链接服务器设置服务器选项

8.6 本 章 习 题

1. 单项选择题

(1) 调用一个名为 fn1 的内嵌表值函数，正确的方法是(　　)。

    A. select * from 表名   B. select fn1 from 表名

    C. select * from fn1   D. select fn1 from *

(2) 触发器创建在(　　)中。

    A. 表   B. 视图   C. 数据库   D. 查询

(3) create procedure 是用来创建(　　)语句。

    A. 程序   B. 存储过程   C. 触发器   D. 函数

(4) 以下触发器是当对[表 1]进行(　　)操作时触发。

```
    create trigger abc on 表 1
    for insert, update, delete
as ……
```

    A. 只修改   B. 只插入   C. 只删除   D. 插入、修改、删除

(5) 要删除一个名为 A1 的存储过程，应用命令：(　　)procedure　A1。

    A. delete   B. alter   C. drop   D. execute

(6) 触发器可引用视图或临时表，并产生两个特殊的表是(　　)。

    A. deleted、inserted   B. delete、insert

    C. view、table   D. view1，table1

(7) 执行带参数的过程，正确的方法为(　　)。

    A. 过程名(参数)   B. 过程名　参数

    C. 过程名＝参数   D. A，B，C 三种都可以

(8) 当要将一个过程执行的结果返回给一个整型变量时，不正确的方法为(　　)。

    A. 过程名(@整型变量)   B. 过程名　@整型变量

    C. 过程名＝@整型变量   D. @整型变量＝过程名

(9) 当删除(　　)时，与它关联的触发器也同时被删除。

    A. 视图   B. 临时表   C. 过程   D. 表

2. 填空题

(1) 用户自定义函数是由＿＿＿＿＿或多个 T-SQL 语句组成的子程序，可用于封装代

码以便重复使用，用来补充和扩展系统的_____函数。

(2) 标量函数 returns 子句返回中定义的类型的_____值。

(3) _____可用于实现参数化_____的功能。

(4) 要调用自定义函数，要在调用的时候指明函数的_____和函数的_____，标量函数的函数名出现在 select 子句中，内嵌表值函数的函数名出现在_____子句中。

(5) _____是已经存储在 SQL Server 服务器中的一组预编译过的 T-SQL 语句。

(6) 在 SQL Server 中存储过程分为两类：_____存储过程和_____存储过程。

(7) _____是特殊类型的存储过程，它能在任何试图改变_____中由触发器保护的数据时自动执行。

(8) 触发器定义在一个表中，当在表中执行插入、_____、_____操作时被触发自动执行。

3. 判断题

(1) 自定义函数在对任何表的查询中都可以使用。　　　　　　　　　　　（　　）

(2) 由于存储过程和函数都是有输入参数的，因此在 select 查询中也可以调用存储过程。　　　　　　　　　　　　　　　　　　　　　　　　　　　　　　　（　　）

(3) 由于触发器是特殊类型的存储过程，因此它可以在程序中被调用执行。　（　　）

(4) 内嵌表值函数是返回一个 select 语句查询结果的表，当这个表被删除时，该函数也同时被删除。　　　　　　　　　　　　　　　　　　　　　　　　　　　（　　）

(5) 存储过程的输出结果可以传递给一个变量。　　　　　　　　　　　　（　　）

(6) 用 select is 中文字符串('计算机系')语句，调用"is 中文字符串"函数的方法是正确的。　　　　　　　　　　　　　　　　　　　　　　　　　　　　　　　（　　）

(7) 删除触发器，此时原来的触发表以及表中的数据不受影响。　　　　　（　　）

(8) 视图具有与表相同的功能，在视图上也可以创建触发器。　　　　　　（　　）

(9) 触发器与约束发生冲突，触发器将不执行。　　　　　　　　　　　　（　　）

(10) 在存储过程中修改表，触发器将不执行。　　　　　　　　　　　　（　　）

4. 简答题

(1) 自定义函数与存储过程的区别是什么？

(2) 自定义标量函数和内嵌表值函数的区别是什么？

(3) 自定义内嵌表值函数与视图的使用有什么不同？

(4) 为什么存储过程第二次执行时通常比第一次执行时更快？

(5) 存储过程与触发器有什么不同？

(6) 修改一个存储过程和重建一个存储过程哪个更有效率？

(7) 叙述表与触发器的关系，什么时候触发器被触发？

5. 设计题

在"教学成绩管理数据库"中，使用 T-SQL 语句编写下列函数、存储过程。

(1) 编写一个自定义函数，根据出生日期计算年龄。

(2) 编写一个存储过程，输入学号，显示该学生的姓名、课程名、分数。

(3) 编写一个存储过程，修改"课程信息表"中的课程名称，带两个参数：课程编号和修改后的课程名称。

第 9 章　游标及事务

技能目标：通过本章的学习，读者应该掌握以下操作技能。

➢ 游标(Cursor)是允许用户从查询结果的记录集中，逐条逐行地进行记录访问的数据处理机制。要求读者理解游标机制、掌握游标的操作步骤，并仿照例题进行游标编程。

➢ 事务(Transaction)是由对数据库的若干操作组成的一个单元，这些操作要么都完成，要么都取消(如果在操作执行过程中不能完成其中任一操作)，从而保证数据修改的一致性，并且在系统出错时确保数据的可恢复性。要求读者理解事务概念、掌握事务控制方法，并仿照例题进行事务编程。

9.1　游　　标

由 select 语句查询的结果是一个记录集，即由若干条记录组成的一个完整的单元。在实际应用中常常需要对这种记录集逐行逐条进行访问。如：在统计某班某课程学生成绩分布的查询中，希望逐行访问记录，以便知道每个同学这门课的分数是多少，据此判断成绩是优、良、中、及格还是不及格，以得到成绩分布的结果。使用游标便可解决这类问题。

9.1.1　游标的概念

1. 游标的定义

游标是一种数据访问处理机制，它允许用户从 select 语句查询的结果集中，逐条逐行地访问记录，按照需要逐行查询、修改或删除这些记录。游标可以理解为数据表记录逐行访问(移动当前记录和在当前记录上进行访问)的位置指针。

2. 使用游标编程的操作步骤

(1) 声明游标：

```
declare 游标名 cursor for select 语句
```

(2) 打开游标：

```
open 游标名
```

(3) 处理数据：

① 移动到当前行并读取数据：

```
fetch 游标名 [into @变量名,…]
```

② 删除当前行数据：

```
delete from 表或视图名 where current of 游标名
```

③ 修改当前行数据：

```
update from 表或视图名
set 列名=表达式,…
where current of 游标名
```

(4) 关闭游标：

```
close 游标名
```

(5) 释放游标：

```
deallocate 游标名
```

3. 游标的类型

(1) Static(静态)：当一个用户正在逐条访问查询结果时，如果其他人正使用同一个数据表修改记录，那么该用户不会看到该修改。他所看到的数据记录是他运行 open 语句时的记录内容。

(2) Dynamic(动态)：在接收到查询的结果之后，记录会不断地被更新，以便能够实时看到别人对该记录所做的修改。这个游标是最灵活的，但是也需要较大的系统开销和资源。

(3) Forward Only(只进)：只能前进，从前向后一条一条移动记录指针来访问记录。

(4) Scroll(滚动)：允许向前、向后，一条或多条滚动记录指针来访问记录。

9.1.2　声明游标

T-SQL 扩展语法格式如下：

```
declare 游标名 cursor
[local | global]
[forward_only | scroll]
[static | keyset | dynamic | fast_forward]
[read_only | scroll_locks | optimistic]
for select 语句
[for update [of 列名 [,…n]]]
```

其中：

(1) 游标名：游标名称，游标命名必须符合标识符规则，不能超过 128 个字符。

(2) select 语句：用来定义游标结果集的标准 select 语句，且不允许使用 compute、compute by、for browse 和 into 子句。

(3) local：指定该游标的作用域对在其中创建它的批处理、存储过程或触发器是局部的。

(4) global：指定该游标的作用域对连接是全局的。在由连接执行的任何存储过程或批处理中，都可以引用该游标名称。该游标仅在连接断开时自动释放。

(5) forward_only：只能前进。仅支持 next 提取选项。

(6) scroll：滚动。支持所有提取选项：next、prior、first、last、absolute、relative。

(7) static：静态。游标 open 时在 tempdb 创建一个临时表(复本)保存结果集，供用户游标提取。不允许通过静态游标修改记录。

(8) dynamic：动态。行的值、顺序等在每次提取时都可能因其他用户的更改而变动。

不支持 absolute 提取选项。

·(9) keyset：键集。当游标打开时，在 tempdb 内创建名字为 keyset 的表，用来记录游标结果集中每条记录的关键字段(标识字段)值和顺序。对基表中的非关键字段所做的更改(由游标所有者或其他用户)在用户滚动游标时是可以看到的；其他用户不能通过游标插入数据。如果某行已删除，则对该行使用提取操作状态函数@@fetch_status 返回-2。如果通过指定 where current of 子句用游标完成更新，则新值可视。如果通过非游标语句更新键值相当于删除旧行后接着插入新行的操作，新值的行不能看到的，对含有旧值的行的提取操作@@fetch_status 返回-2。

(10) fast_forward：快速向前。是性能优化的 forward_only、read_only 游标。与 scroll、for_update、 forward_only 不能同时使用。

(11) read_only：只读。在 update 或 delete 语句的 where current of 子句中不能引用游标。

(12) scroll_locks：滚动锁定。当滚动记录指针提取当前记录时，系统将会锁定该行，确保通过游标进行定位更新或删除的成功。

(13) optimistic：乐观。行自从被读入游标以来，如果已修改该行，尝试进行的定位更新或定位删除将失败。

(14) for update：[of 列名,…]修改。定义游标内可更新的列。如果在 update 中未指定列的列表，除非同时指定了 read_only 选项，否则所有列均可更新。

9.1.3　打开游标

语法格式：

```
open [global] 游标名
```

其中：
(1) 当游标被打开时，行指针会指在第一行之前。
(2) 打开游标后，如果@@error = 0 表示游标打开操作成功。
(3) 打开游标后，可用@@cursor_rows 返回游标记录数：
-m：游标被异步填充，返回值(-m)是键集中当前的行数。
-1：游标为动态，符合条件记录的行数不断变化。
0：没有符合的记录、游标没打开、已关闭或被释放。
n：游标已完全填充，返回值(n)是在游标中的总行数。

【导例9.1】用游标函数查询记录数。

```
use 教学成绩管理数据库
declare c 学生游标 cursor keyset for select * from 学生信息表
open c 学生游标
if @@error=0 print '学生总数：'+convert(char(5),@@cursor_rows)
close c 学生游标
deallocate c 学生游标
```

运行结果如下：
学生总数：79

9.1.4　数据处理

1. 提取数据

游标被打开后，可以用 fetch 语句从 select 语句查询的结果集中移动位置指针并提取一行数据。其语法格式如下：

```
fetch [ [ next | prior | first | last | absolute n | relative n ] from ]
[ global ] 游标名 [ into @变量名 [ ,…n ] ]
```

first：移动到第一行并将其作为当前行。

next：移动到下一行并将其作为当前行。

prior：移动到上一行并将其作为当前行。

last：移动到最后一行并将其作为当前行。

absolute n：若 n>0，移动从第一行开始到正数的第 n 行,并将其作为当前行。若 n<0,移动从最后一行开始到倒数的第 n 行,并将其作为当前行。

relative n：若 n>0，移动从当前行开始到正数的第 n 行,并将其作为当前行。若 n<0,移动从当前行开始到倒数的第 n 行,并将其作为当前行。

注意：

(1) 可以把查询到的数据用 into 子句写入局部变量,但必须先声明该局部变量的类型和宽度，且必须与 select 语句中指定的列的顺序、类型和宽度相同。

(2) 打开游标后第一次执行 fetch next，则将获取查询结果集中的第一行数据。

(3) 打开游标后第一次执行 fetch prior，则得不到任何数据。

(4) 可用 @@fetch_status 返回执行 fetch 操作之后，当前游标指针的状态。状态值如下：

0 表示行已成功地读取。

-1 表示读取操作已超出了结果集。

-2 表示行在表中不存在。

【导例 9.2】 使用游标从"系部信息表"中逐行提取记录。

```
use 教学成绩管理数据库
select * from 系部信息表
declare c系部 cursor for
select * from 系部信息表
open c系部
fetch next from c系部
while @@fetch_status = 0
fetch next from c系部
close c系部
deallocate c系部
```

运行结果如图 9.1 所示。

2. 修改数据

在更新数据语句 update from 表或视图 set 列名=表达式中使用子句 where current of 游标名，可修改当前指定行字段的值。

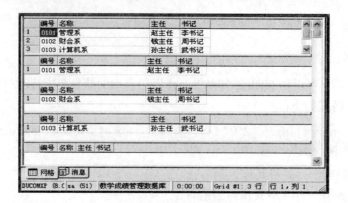

图 9.1　游标提取数据的顺序

【导例 9.3】使用游标更新"系部临时表"中第 2 行主任为：钱贵。

```
use 教学成绩管理数据库
select * into 系部临时表 from 系部信息表
select * from 系部临时表
declare c系部游标 cursor for select * from 系部临时表
open c系部游标
fetch c系部游标
fetch c系部游标
update 系部临时表 set 主任='钱贵' where current of c系部游标
close c系部游标
deallocate c系部游标
select * from 系部临时表
drop table 系部临时表
```

运行结果如图 9.2 所示。

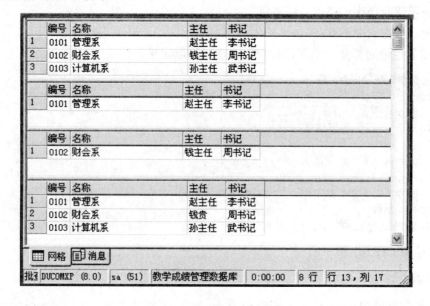

图 9.2　利用游标更新数据

3. 删除数据

在删除数据语句 delete from 表或视图中使用子句 where current of 游标名，可以删除游标名指定的当前行数据。

【导例 9.4】使用游标删除"系部临时表"中第 2 行的数据。

```
use 教学成绩管理数据库
select * into 系部临时表 from 系部信息表
select * from 系部临时表
declare c 系部游标 cursor for select * from 系部临时表
open c 系部游标
fetch c 系部游标
fetch c 系部游标
delete from 系部临时表 where current of c 系部游标
close c 系部游标
deallocate c 系部游标
select * from 系部临时表
drop table 系部临时表
```

运行结果如图 9.3 所示。

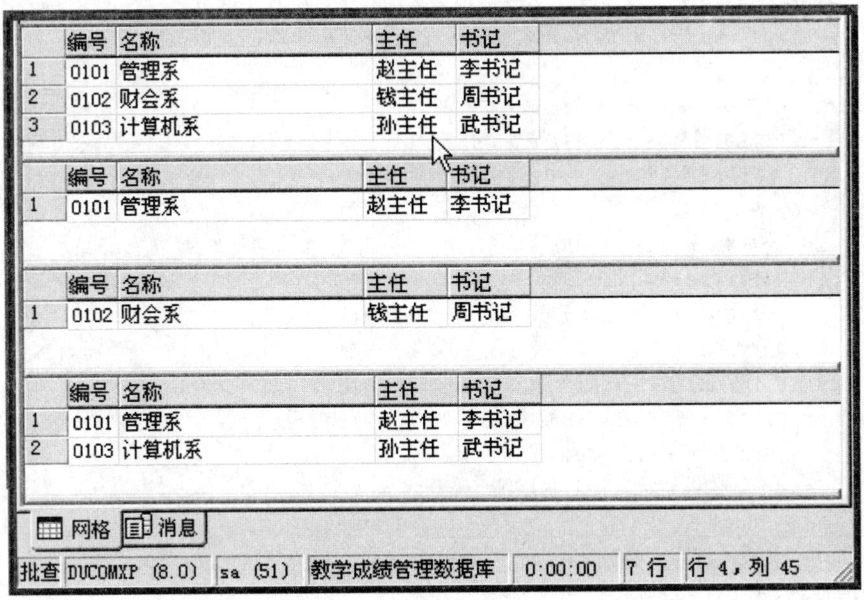

图 9.3　利用游标删除数据

9.1.5　关闭、释放游标

一般情况下，打开游标的同时锁定与其关联的当前结果集。因此在使用完游标之后，应该关闭它，释放与游标关联的当前结果集。

语法格式：

```
close [global] 游标名
```

如果不再使用一个游标了，应将此游标释放，即释放其占用的系统资源。语法格式如下：

```
deallocate [global] 游标名
```

【导例 9.5】使用游标统计某班某课程学生成绩分布。

```
use 教学成绩管理数据库
go
create procedure 某班某门课程成绩分布表
@班名 varchar(20), @课程名 nchar(16), @人数 int output,
@优 int output, @良 int output, @中 int output, @及 int output, @不 int output
as
begin
    declare @成绩 char(10), @分数 decimal
    set @优 = 0
    set @良 = 0
    set @中 = 0
    set @及 = 0
    set @不 = 0
    declare c成绩游标 cursor local keyset for
      select 成绩, 分数 from 教学成绩表视图
        where rtrim(班级)=@班名 and rtrim(课程名称)=@课程名
    open c成绩游标
    set @人数 = @@cursor_rows
    fetch c成绩游标 into @成绩, @分数
    while @@fetch_status = 0
      begin
      set @成绩 = rtrim(@成绩)
      if @分数 >= 90 set @优 = @优 + 1
      if @分数 < 90 and @分数 >= 80 set @良 = @良 + 1
      if @分数 < 80 and @分数 >= 70 set @中 = @中 + 1
      if @分数 < 70 and @分数 >= 60 set @及 = @及 + 1
      if @分数 < 60 and (@成绩 like '[0-9]%' or @成绩='不及格')
          set @不 = @不 + 1
      fetch c成绩游标 into @成绩, @分数
      end
    close c成绩游标
    deallocate c成绩游标
end
```

运行结果如图 9.4 所示。

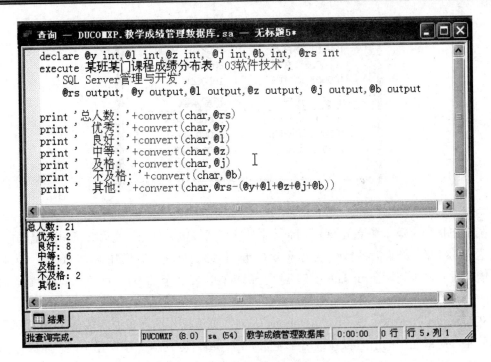

图 9.4 利用游标统计某班某课程学生成绩分布

9.2 事务的使用

在数据库对数据进行插入、删除、修改时，要用到一条或一组 insert、delete、update 语句，这一条或一组语句在执行过程中因意外故障中断语句的执行，这时会出现数据插入、删除、修改一半的情况，即半途而废。如何防止这种"半拉子"数据操作呢？

9.2.1 事务的概念

1. 事务

【导例 9.6】事务：从"杨百万"账户转给"邱发财"账户 8 万元。

```
create table 银行账户表(账号 char(6), 账户 nchar(10), 存款余额 money)
insert 银行账户表(账号，账户，存款余额) values ('100001','杨百万',1000000)
insert 银行账户表(账号，账户，存款余额) values ('100002','李有财',80000)
insert 银行账户表(账号，账户，存款余额) values ('100003','邱发财',10)
select * from 银行账户表
update 银行账户表 set 存款余额=存款余额-80000 where 账号='100001'
update 银行账户表 set 存款余额=存款余额+80000 where 账号='100003'
select * from 银行账户表
```

运行结果如图 9.5 所示。

	账号	账户	存款余额
1	100001	杨百万	1000000.0000
2	100002	李有财	80000.0000
3	100003	邱发财	10.0000

	账号	账户	存款余额
1	100001	杨百万	920000.0000
2	100002	李有财	80000.0000
3	100003	邱发财	80010.0000

图 9.5　银行转账

假设在执行完第 1 条 update 语句时, 计算机突然停电或崩溃, 使第 2 条语句无法执行, 出现这样的结果: 杨百万的钱被减去 80 000 元, 但邱发财并没有增加这 80 000 元。为防止这种情况发生, 上述两条 update 语句要么全部执行, 要么全部不执行。事务就是处理这类问题的一种机制。

SQL Server 2000 中, 事务(Transaction) 是对数据库操作的一条或者多条 T-SQL 语句组成的单元, 此单元中的所有操作或者都正常完成, 或者因任何一条操作不能正常完成而取消单元中的所有操作。SQL Server 2000 利用事务机制保证数据修改的一致性, 并且在系统出错时确保数据的可恢复性。

事务对所有数据库管理系统而言都是一个重要概念, 不管是数据库管理人员还是数据库应用开发人员都应该对事务有较深刻的理解。

2. 事务的 ACID 属性

(1) 原子性(Atomicity): 原子性是指事务中的操作对于数据的修改, 要么都完成, 要么都取消。

(2) 一致性(Consistency): 事务在完成时, 必须使所有的数据都保持一致状态、保持所有数据的完整性。

(3) 隔离性(Isolation): 并发事务所作的数据修改与任何其他并发事务所作的数据修改隔离, 即对于一个事务, 可以看到另一个事务修改完后的数据或者是修改之前的数据, 而不能看到另一个事务正在修改中的数据。

(4) 持久性(Durability): 持久性是指当一个事务完成之后, 对数据所做的所有修改都已经保存到数据库中。

3. 事务的特点

(1) 可以保证操作的一致性和可恢复性。

(2) 可以由用户定义, 它包括一系列的操作或语句。

(3) 每一条 T-SQL 语句都可以是一个事务。

(4) 在多服务器环境中, 可使用用户定义的分布式事务以保证操作的一致性。

9.2.2　事务的模式

在 SQL Server 中事务有 3 种模式：显式事务、隐性事务和自动提交事务。

1. 显式事务

【导例 9.7】显式事务方式的案例。

```
use 教学成绩管理数据库
create table 学生会干部表
 (姓名 nchar(4),
  性别 nchar(1) check(性别 in ('男','女')),
  职务 nchar(5))
set xact_abort on      --当事务中有任一条语句出错不能执行时，取消整个事务
begin transaction      --事务开始
insert 学生会干部表(姓名,性别,职务) values ('任重','男','主席')
insert 学生会干部表(姓名,性别,职务) values ('张驰','女','副主席')
insert 学生会干部表(姓名,性别,职务) values ('陈钧 ','男','体育部长')
insert 学生会干部表(姓名,性别,职务) values ('梁美娟','女','宣传文艺部长')
insert 学生会干部表(姓名,性别,职务) values ('乔美佳','女','组织部长')
if @@error = 0
 commit             --事务提交（全部执行）
 else
 rollback           --事务回滚（取消所有语句执行）
go
select * from 学生会干部表
drop table 学生会干部表
```

运行结果：第 3 条插入性别字段出错时取消整个事务执行。结果如图 9.6 所示。

显式事务是明确地用 begin transaction 语句定义事务开始、用 commit 或 rollback 语句定义事务结束的事务。

图 9.6　显式事务方式

2. 隐性事务

【导例 9.8】隐性事务方式的案例。

```
use 教学成绩管理数据库
set xact_abort on
set implicit_transactions on        --启动隐性事务模式（事务开始）
create table 学生会干部表
 (姓名 nchar(4),
  性别 nchar(1) check(性别 in ('男','女')),
  职务 nchar(5))
insert 学生会干部表(姓名,性别,职务) values ('任重','男','主席')
insert 学生会干部表(姓名,性别,职务) values ('张驰','女','副主席')
insert 学生会干部表(姓名,性别,职务) values ('陈钧 ','男','体育部长')
insert 学生会干部表(姓名,性别,职务) values ('梁美娟','女','宣传文艺部长')
insert 学生会干部表(姓名,性别,职务) values ('乔美佳','女','组织部长')
 commit
```

运行结果：第 3 条插入性别字段出错时取消整个事务执行，即建表和插入数据操作均未完成。

定义一个事务需要定义事务开始和事务结束。事务开始可用 begin transaction 语句明显定义，或者用 set implicit_transactions 不明显定义；事务结束可用 commit 或 rollback 语句明显定义和不明显定义：如果事务能成功执行则自动提交，如果事务不能成功执行则自动回滚。

在 SQL Server 中，set implicit_transactions on 设置在前一个事务完成时自动启动新事务开始，SQL Server 首次执行下列语句时，都会自动启动一个事务：alter table、create、delete、drop、fetch、grant、insert、open、revoke、select、truncate table、update；在 SQL Server 中，set implicit_transactions off 设置在前一条语句完成时自动启动新事务开始，即一条语句一个事务。

隐性事务是用 set implicit_transactions on 不明显地定义事务开始，用 commit 或 rollback 语句明显地定义事务结束的事务。直到发出 commit 或 rollback 语句之前，该事务将一直保持有效。

3. 自动提交事务

【导例 9.9】自动提交事务方式的案例。

```
use 教学成绩管理数据库
go
set xact_abort off
create table 学生会干部表
 (姓名 nchar(4),
  性别 nchar(1) check(性别 in ('男','女')),
  职务 nchar(5))
insert 学生会干部表(姓名,性别,职务) values ('任重','男','主席')
insert 学生会干部表(姓名,性别,职务) values ('张驰','女','副主席')
insert 学生会干部表(姓名,性别,职务) values ('陈钧','男','体育部长')
insert 学生会干部表(姓名,性别,职务) values ('梁美娟','女','宣传文艺部长')
insert 学生会干部表(姓名,性别,职务) values ('乔美佳','女','组织部长')
select * from 学生会干部表
drop table 学生会干部表
```

运行结果：第 3 条插入性别字段、第 4 条插入语句职务字段时出错取消执行，结果如图 9.7 所示。

图 9.7　自动提交事务方式

　　在 SQL Server 中，set implicit_transactions 设置为 off 时，SQL Server 在前一条语句完成时自动启动新事务开始。如果这条语句能够成功地被执行，则提交该语句，否则自动回滚该语句的操作。即每条单独的 T-SQL 语句都是一个事务，这就是自动事务模式。自动提交事务是 SQL Server 默认的事务模式。

　　另外，用户还可以定义分布式事务。使用分布式事务，可以对多个服务器中的数据库同时进行操作，当操作成功时，将把所有操作提交到相应服务器上的数据库中，可对所有数据库同时进行修改，如果这些操作中有一个失败，就取消该分布式事务中的全部操作。即分布式事务是跨越两个或多个数据库的事务。

9.2.3　事务控制

　　1. 事务设置语句

　　1) 设置隐性事务模式

```
set implicit_transactions on     --启动隐性事务模式。
set implicit_transactions off    --关闭隐性事务模式。
```

　　2) 设置自动回滚模式

```
(1) set xact_abort on 当事务中任意一条语句产生运行时错误，整个事务将终止并整体回滚。
(2) set xact_abort off 当事务中语句产生运行时错误，将终止本条语句且只回滚本条语句。
```

set xact_abort 的设置是在执行或运行时设置，而不是在分析时设置。

　　2. 事务控制语句

　　1) 显式定义事务开始

```
begin transaction [事务名]
```

　　2) 提交事务

```
commit transaction [事务名]
commit [ work ]
```

提交事务中的一切操作，结束一个用户定义的事务，使得事务对数据库的修改有效。

　　3) 回滚事务

```
rollback transaction [事务名] | [事务保存点]
rollback [ work ]
```

回滚事务中的一切操作，结束一个用户定义的事务，使得事务对数据库的修改无效。

　　4) 设置保存点

```
save transaction (事务保存点)
```

在事务内设置保存点或标记，部分取消事务的返回的位置，用于回滚部分事务。

　　5) 事务控制语句的使用方法

```
begin transaction
   …          -- A 组语句序列
save transaction 保存点 1
```

```
    …              --  B 组语句序列
  if @@error <> 0
    rollback transaction 保存点 1   --回滚到保存点 1
  else
    commit transaction        --提交 A 组语句，同时如果未回滚 B 组语句则提交 B 组语句。
```

3. 用于事务控制中的全局变量

全局变量@@rowcount、@@error 和@@trancount 可用于判断和控制事务，其中 @@rowcount 变量返回受上一条语句影响的行数；@@error 变量返回检测或使用@@error 时最后一条语句执行时的错误代码，如果@@error=0 表示语句执行成功；@@trancount 返回当前连接的活动事务数。

4. 事务中不可使用的语句

在事务中除以下语句不可使用外，其他所有 T-SQL 语句均可使用。因为这些语句是不能够撤销的，即便 SQL Server 2000 取消了事务执行，这些操作对数据库造成了无法恢复的影响。不能用于事务处理中的操作有：

(1) 数据库创建：create database；

(2) 数据库修改：alter database；

(3) 数据库删除：drop database；

(4) 数据库备份：dump database、backup database；

(5) 数据库还原：load database、restore database；

(6) 事务日志备份：dump transaction、backup log；

(7) 事务日志还原：load transaction、restore log；

(8) 配置：reconfigure；

(9) 磁盘初始化：disk init；

(10) 更新统计数据：update statistics；

(11) 显示或设置数据库选项：sp_dboption。

5. 事务回滚机制

如果服务器错误使事务无法成功完成，SQL Server 将自动回滚该事务，并释放该事务占用的所有资源。如果客户端与 SQL Server 的网络连接中断了，那么当网络告知 SQL Server 连接中断时，将回滚该连接的所有未完成事务。如果客户端应用程序失败或客户计算机崩溃或重启，也会中断该连接，而且当网络告知 SQL Server 该连接中断时，也会回滚所有未完成的事务。如果客户从应用程序注销，所有未完成的事务也会被回滚。

如果批处理中出现运行时语句错误(如违反约束)，那么 SQL Server 中默认的行为是只回滚产生该错误的语句。但在 set xact_abort on 语句执行之后，任何运行错误都将导致当前事务自动回滚。编译错误(如语法错误)不受 set xact_abort 的影响。

如果出现运行时错误或编译错误，那么程序员应该编写应用程序代码以便指定正确的操作(commit 或 rollback)。

【导例 9.10】"教学成绩管理系统"中"系部信息表""编号"字段修改触发器。

```
create  trigger T修改系部信息表记录
```

```
on 系部信息表
after update
as
if update(编号)
begin
  set nocount off
  declare @编号 char(4), @编号_ char(4)
  select @编号=编号 from deleted
  select @编号_=编号 from inserted

  if exists(select * from 学院信息表 where 编号=left(@编号_,2))
    begin
      update 专业信息表 set 院系编号=@编号_ where @编号=院系编号
      update 课程信息表 set 院系编号=@编号_ where @编号=院系编号
      update 教研室信息表 set 编号=@编号_+substring(编号,5,2)
        where @编号=left(编号,4)
      update 教师信息表
        set 教研室编号=@编号_+substring(编号,5,2)
          where @编号=left(教研室编号,4)
    end
  else
    begin
      raiserror ( '非法编号，不可修改除!', 16, 1)
      rollback transaction
    end
end
```

说明：如果在触发器中发出 rollback transaction，则：

(1) 对当前事务中的那一点所做的所有数据修改都将回滚，包括触发器所做的修改；

(2) 在批处理中，所有位于激发触发器的语句之后的语句都不被执行；

(3) 若是游标引发触发器，则关闭并释放所有在包含激发触发器的语句的批处理中声明的和打开的游标。触发器继续执行 rollback 语句之后的所有其余语句，如果这些语句中的任意语句修改数据，则不回滚这些修改。

9.3　本　章　实　训

实训目的

通过本章上机实训，理解游标的使用过程和体会事务模式。

实训内容

在第 5、6、7、8、9 章实训建立的数据库[我班同学库]、表[同学表、宿舍表]、视图及其数据基础上，做如下处理。

(1) 创建游标：c 姓名，从[同学表]中逐条提取同学姓名并显示。

(2) 体会事务的 3 种模式：自动事务模式、隐性事务模式、显式事务模式。

实训过程

(1) 创建游标：c 姓名，从[同学表]中逐条提取同学姓名并显示。

实训步骤：

① 在查询分析器中，录入并执行下列脚本。

【导例 9.11】创建游标：c 姓名，从[同学表]中逐条提取同学姓名。

```
use 我班同学库
declare @xm nchar(4)
declare c姓名 cursor for
   select 姓名 from 同学表
open c姓名
fetch next from c姓名 into @xm
while @@fetch_status = 0
   begin
      print @xm
      fetch next from c姓名 into @xm
   end
close c姓名
deallocate c姓名
```

② 在消息窗格中，查看执行结果。

③ 体会游标的声明、打开、提取、关闭、释放的使用过程。

(2) 体会事务的 3 种模式：自动提交事务模式、隐性事务模式、显式事务模式。

① 在查询分析器中，录入并执行下列脚本；在网格窗格中，查看运行提示；打开[宿舍表]，查看执行的插入结果；分析产生这样结果的原因，指出事务的类型。

【导例 9.12】自动提交事务模式的案例。

```
use 我班同学库
insert 宿舍表(宿舍编号，宿舍电话号码) values ('泰山号','110')
insert 宿舍表(宿舍编号，宿舍电话号码) values ('泰坦尼克号','119')
insert 宿舍表(宿舍编号，宿舍电话号码) values ('致远号','120')
```

② 在查询分析器中，录入并执行下列脚本；在网格窗格中，查看运行提示；打开[宿舍表]，查看执行的插入结果；对照①，分析产生这样结果的原因，指出事务的类型。

【导例 9.13】隐性事务模式的案例。

```
use 我班同学库
set xact_abort on      --当事务中有任一条语句出错取消时，取消整个事务
insert 宿舍表(宿舍编号，宿舍电话号码) values ('泰山号','110')
insert 宿舍表(宿舍编号，宿舍电话号码) values ('泰坦尼克号','119')
insert 宿舍表(宿舍编号，宿舍电话号码) values ('致远号','120')
if @@error = 0
 commit
else
 rollback
```

③ 在查询分析器中，录入并执行下列脚本；在网格窗格中，查看运行提示；打开[宿舍表]，查看执行的插入结果；对照②分析产生这样结果的原因，指出事务的类型。

【导例 9.14】 显式事务模式的案例。

```
use 我班同学库
set xact_abort on        --当事务中有任一条语句出错取消时，取消整个事务
begin transaction
insert 宿舍表(宿舍编号, 宿舍电话号码) values ('泰山号','110')
insert 宿舍表(宿舍编号, 宿舍电话号码) values ('泰坦尼克号','119')
insert 宿舍表(宿舍编号, 宿舍电话号码) values ('致远号','120')
if @@error = 0
 commit
else
 rollback
```

实验总结

通过了本章的上机实验，学员应该能够理解和掌握游标的操作步骤：声明、打开、提取/修改/删除、关闭、释放；体会事务的 3 种模式：自动事务模式、隐性事务模式、显式事务模式和 set xact_abort on 语句的整个事务的含义。

9.4 本 章 小 结

本章主要讨论了 SQL Server 2000 的游标与事务的机制与开发技能技巧。游标(Cursor)是允许用户在查询结果集中，逐条逐行地进行记录访问的数据处理机制；事务(Transaction)是由对数据库的若干操作组成的一个运行单元,这些操作要么都完成，要么都取消(如果在操作执行过程中不能完成其中任一操作)，从而保证数据修改的一致性，并且在系统出错时确保数据的可恢复性机制。游标与事务的使用方法如下。

游标的使用方法

(1) 声明游标：declare 游标名 cursor for select 语句；

(2) 打开游标：open 游标名；

(3) 处理数据：

```
移动当前行并读取数据：fetch 游标名 [into @变量名,…]
删除当前行数据：delete from 表或视图名 where current of 游标名
修改当前行数据：update from 表或视图名 set 列名=表达式,…
                where current of 游标名
```

(4) 关闭游标：close 游标名；

(5) 释放游标：deallocate 游标名。

事务控制语句的使用方法

```
begin transaction  -- 事务开始
   …        -- A组语句序列
save transaction 保存点 1   --定义保存点
   …        -- B组语句序列
if @@error <> 0
  rollback transaction 保存点 1   --回滚到保存点 1
```

```
else
  commit transaction    --提交 A 组语句, 同时如果未回滚 B 组语句则提交 B 组语句。
```

9.5　本章习题

1. 填空题

(1) 游标(Cursor)是从查询结果记录集中_____地访问记录，可以按照自己的意愿逐行地_____、_____或删除这些记录的数据访问处理机制。

(2) 游标的类型有_____和_____、_____和_____。

(3) 游标被打开后，可以用 fetch next、_____、_____、_____、_____和_____语句从该游标集合中移动位置指针并提取一行数据。

(4) 事务(Transaction)可以看成是由对数据库若干操作组成的一个单元,这些操作要么_____，要么_____(如果在操作执行过程中不能完成其中任一操作)。

(5) 事务的 ACID 属性有_____、_____、_____和_____。

(6) 在 SQL Server 中事务模式有_____、_____和_____。

(7) 用于事务控制中的全局变量有_____、_____和_____。

2. 判断题

(1) 能在游标中插入数据记录吗？

(2) 能在游标中修改数据记录吗？

(3) 能在游标中删除数据记录吗？

(4) 在事务中能包含 create database 语句吗？

(5) 在事务中能包含 create table 语句吗？

3. 简答题

(1) 什么是游标？

(2) 使用游标的步骤是什么？

(3) 关闭游标和释放游标的区别是什么？

(4) 什么是事务？

(5) 事务控制语句的使用方法是什么？

4. 叙述题

简述事务回滚机制。

第 10 章　数据库的安全性

技能目标: SQL Server 2000 提供了有效的数据运行和访问安全机制。通过本章的学习，读者应该掌握以下操作技能。

- ➤ 理解 SQL 安全账户: 登录账号、固定服务器角色、固定服务器角色的成员、数据库用户、数据库角色、数据库角色成员等 6 种安全账户。
- ➤ 使用企业管理器或 T-SQL 语句管理 SQL 安全账户: 登录账号、固定服务器角色、固定服务器角色的成员、数据库用户、数据库角色、数据库角色成员等安全账户。
- ➤ 使用企业管理器或 T-SQL 语句管理 SQL 安全账户对数据库对象的访问权限。
- ➤ 使用企业管理器或 T-SQL 语句管理数据库对象对 SQL 安全账户的访问权限。
- ➤ 使用企业管理器或 T-SQL 语句进行数据库备份、还原和自动备份。

10.1　SQL Server 的安全账户

10.1.1　数据库的安全性

数据库管理系统的安全性对于任何一种数据库管理系统来说都是至关重要的。数据库的安全性通常包括两个方面: 一是指数据访问的安全性，二是指数据运行的安全性(数据库维护，灾难恢复等)。

数据库中通常存储着大量、极其重要的数据，这些数据可能是一个组织的人力资源数据、客户资料、产品工艺数据、财务数据或者是手机账户余额、储蓄账户的存款额等，这些大都属于极其机密的资料。如果有人未经授权查询或修改了数据库中重要数据，将会造成极大的危害甚至是犯罪。如: 能让某人未经银行相关部门授权在银行数据库中查询别人的存款余额和取款密码吗? 或修改他的存款余额? 能让某人未经招生部门授权在高考成绩数据库中修改考生的高考分数吗? 数据库管理系统解决这些问题的机制就是数据库管理系统的安全访问机制。

如果在数据库系统运行过程中，发生断电、无线干扰、通信线路中断、火灾、水灾、地震甚至战争使正在运行的数据库遭到损坏、破坏甚至崩溃、坍塌，怎么办? 能告诉客户和人们，由于正在运行的数据库遭到了损坏，各位存在银行的钱不算数了? 各位放在证券市场的股票作废? 数据库管理系统解决这类问题的机制就是数据库管理系统的安全运行机制。

10.1.2　认识 SQL Server 的安全账户

【演练 10.1】使用企业管理器初识 SQL 安全账户: 登录账号、固定服务器角色、固定服务器角色的成员、数据库用户、数据库角色、数据库角色成员等 6 种安全账户。

(1) 双击《SQL 上机考试与阅卷系统》.exe 文件，自动解压缩《SQL 上机考试与阅卷系统》软件到默认目录：E:\《SQL 上机考试与阅卷系统》。

(2) 使用企业管理器附加 E:\《SQL 上机考试与阅卷系统》\SQL 考试数据库。

(3) 使用查询分析器执行 E:\《SQL 上机考试与阅卷系统》\账户初始化.sql。

(4) 展开【SQL Server 组】，展开服务器【(local)】，展开【安全性】，单击【登录】，在详细信息窗格中显示登录账号信息，如图 10.1 所示。其中【BUILTIN\Administrators】和【sa】是本服务器的超级管理账户、而登录账户【SQL 考试客户】和【SQL 考试教师】是用户定义的服务器登录账户。

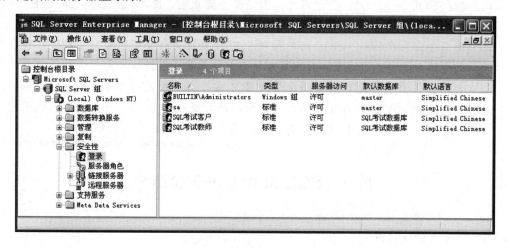

图 10.1　查看服务器登录账号

(5) 展开【SQL Server 组】，展开服务器【(local)】，展开【安全性】，单击【服务器角色】，在详细信息窗格中显示固定服务器角色，看到 8 个固定服务器角色，如图 10.2 所示。

图 10.2　查看固定服务器角色

(6) 展开【SQL Server 组】，展开服务器【(local)】，展开【安全性】，单击【服务器角色】，在详细信息窗格中右击选定的角色【System Administrators】，单击【属性】命令在弹出的【服务器角色属性-sysadmin】对话框中显示该角色的成员(登录账户)列表，如图

10.3 所示。其中，固定服务器角色【System Administrators】的成员是登录账户【BUILTIN\
Administrators】、【sa】和【SQL 考试教师】。

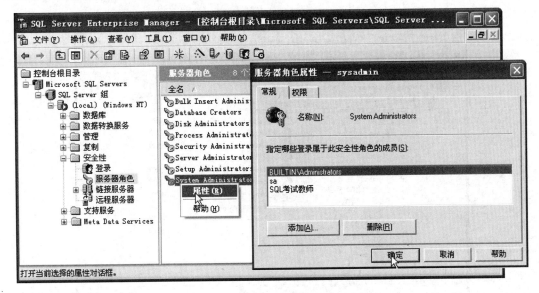

图 10.3　查看固定服务器角色属性

(7) 展开【SQL Server 组】，展开服务器【(local)】，再展开【数据库】，展开要查看
的数据库 "SQL 考试数据库"，单击【用户】，在详细信息窗格中显示该数据库的用户，
如图 10.4 所示，其中用户【dbo】与登录账户【sa】链接、用户【SQL 考试客户】与登录
账户【SQL 考试客户】链接、用户【SQL 考试教师】与登录账户【SQL 考试教师】链接。

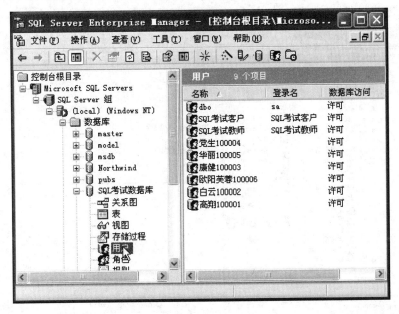

图 10.4　查看数据库用户

(8) 展开【SQL Server 组】，展开服务器【(local)】，再展开【数据库】，展开要查看

的数据库"SQL 考试数据库"，单击【角色】，在详细信息窗格中显示该数据库的角色，如图 10.5 所示，其中前 10 项是固定数据库角色，【考生】是用户自定义数据库角色。

图 10.5　查看固定数据库角色和自定义数据库角色

(9) 展开【SQL Server 组】，展开服务器【(local)】，再展开【数据库】，展开要查看的数据库"SQL 考试数据库"，单击【角色】，在详细信息窗格中显示该数据库的角色，右击选定的角色，单击【属性】命令，弹出【数据库角色属性—db_owner】对话框，其中显示该角色的成员(用户)列表，如图 10.6 所示。

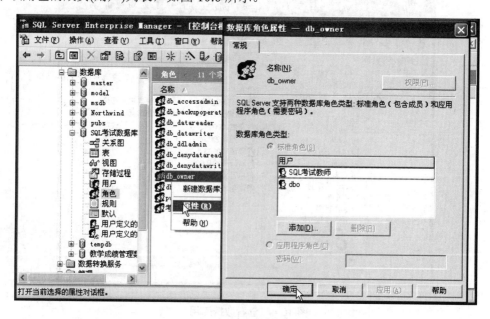

图 10.6　查看数据库角色属性

【知识点】

(1) SQL 安全访问账户有登录账号、固定服务器角色、固定服务器角色的成员、数据库用户、数据库角色、数据库角色成员等 6 种安全账户。

(2) SQL Server 设计了 8 个固定服务器角色，见表 10-1。这些角色是定义在服务器级上、存在于用户数据库之外 master 系统数据库之中，完成服务器级特定管理活动的权限，其作用域在本服务器范围内。固定服务器角色的成员是服务器的登录账户。

表 10-1　固定服务器角色

固定服务器角色		权力
sysadmin	系统管理员	在 SQL Server 中进行任何活动
serveradmin	服务器管理员	配置服务器范围的设置
setupadmin	设置管理员	添加和删除链接服务器，并执行某些系统过程(如 sp_serveroption)
securityadmin	安全管理员	安全性管理：服务器登录账号的管理
processadmin	进程管理员	进程管理
dbcreator	数据库创建者	创建和改变数据库
diskadmin	磁盘管理员	管理磁盘文件
bulkadmin		执行 bulk insert 语句

(3) 数据库角色分为固定数据库角色和用户自定义数据库角色两类，数据库角色的成员是本数据库的数据库用户。

(4) 数据库用户与本服务器的登录账户相链接。

(5) SQL Server 为每个数据库设计了 10 个固定数据库角色，见表 10-2。固定数据库角色是系统预定义在数据库级上的角色，除 public 角色外，角色的种类和每个角色的权限都是固定的、不可更改或删除，只允许为其添加或删除成员。

表 10-2　固定数据库角色

角色	描述
public	所有人
db_owner	所有者，在数据库中拥有全部权限
db_accessadmin	用户管理者，可以添加或删除用户 ID
db_securityadmin	安全管理者，可以管理全部权限、对象所有权、角色和角色成员资格
db_ddladmin	可以发出 all ddl，但不能发出 grant、revoke 或 deny 语句
db_backupoperator	备份操作者，可以发出 dbcc、checkpoint 和 backup 语句
db_datareader	数据读者，可以读本数据库内任何表中的数据
db_datawriter	数据写者，可以插入、删除、修改本数据库内任何表中的数据
db_denydatareader	不能读库内任何表中任何数据用户
db_denydatawriter	不能改库内任何表中任何数据用户

10.1.3　服务器的登录账户

1. 用企业管理器管理服务器登录账户

【演练 10.2】使用【控制面板】|【用户账户】管理(创建、修改)Windows 操作系统登录账户;使用企业管理器管理(增加、允许、拒绝、删除)Windows 身份验证的服务器登录账户,认识并体会 SQL 安全账户的内涵。

(1) 以【Administrator】或其他【计算机管理员】身份的操作系统用户登录计算机,启动企业管理器,展开【SQL Server 组】,右击【(Local)】,单击【编辑 SQL Server 注册属性】命令,弹出【已注册的 SQL Server 属性】对话框,在【常规】选项卡中选择【使用 Windows 身份验证】单选按钮,如图 10.7(a)所示;然后,单击操作系统【开始】|【控制面板】,弹出【控制面板】窗口,再单击【用户账户】菜单,弹出【用户账户】窗口,如图 10.7(b)所示。

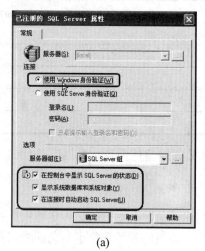
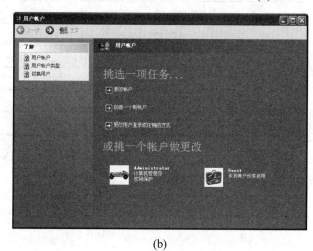

(a)　　　　　　　　　　　　　　　　　　　　(b)

图 10.7　修改【(local)】注册属性、创建操作系统登录用户

(2) 单击【创建一个新账户】菜单,输入用户名"电脑主人",单击【下一步】按钮,选择【计算机管理员】单选按钮,如图 10.8 所示,单击【创建账户】按钮,创建"电脑主人"操作系统级计算机管理员账户。

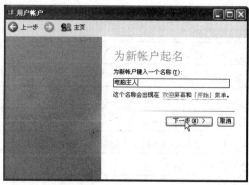
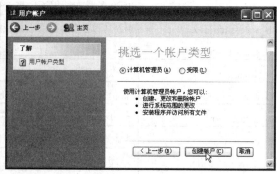

图 10.8　创建操作系统级计算机管理员账户

（3）单击【创建一个新账户】菜单，输入用户名"我家来客"，单击【下一步】按钮，选择【受限】单选按钮，如图 10.9 所示，单击【创建账户】按钮，创建"我家来客"操作系统级受限账户。

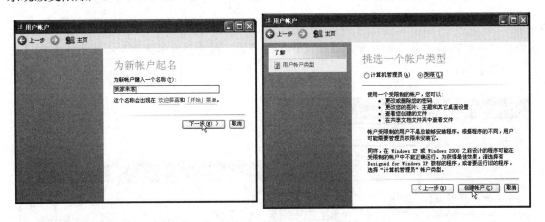

图 10.9　创建操作系统级受限账户

（4）单击【开始】|【注销】|【切换用户】操作系统按钮，选择"电脑主人"用户并输入相应口令进入操作系统，然后单击【开始】等操作系统按钮，启动查询分析器，以【Windows身份验证】登录【(Local)】服务器，展开"SQL 考试数据库"|【用户表】，打开"学生信息表"进行查询、修改、插入和删除数据并保存，如图 10.10 所示。

说明：　"电脑主人"用户可完全操作"SQL 考试数据库"，因为"电脑主人"是本台计算机的【计算机管理员】。

图 10.10　以"电脑主人"登录计算机访问数据库

　　（5）单击【开始】|【注销】|【切换用户】操作系统按钮，选择"我家来客"用户并输入相应口令进入操作系统，然后单击【开始】等操作系统按钮，启动查询分析器，以【Windows 身份验证】登录【(Local)】服务器，弹出【无法连接到服务器 ADMIN】消息框，如图 10.11 所示。

说明："我家来客"用户无权登录【(Local)】服务器，因为"我家来客"是本台电脑的【受限】用户。

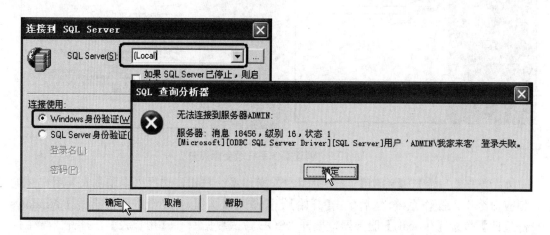

图 10.11　以"我家来客"登录计算机访问数据库

　　（6）单击【开始】|【注销】|【切换用户】操作系统按钮，选择【Administrator】用户并输入相应口令进入操作系统，然后启动企业管理器，展开【服务器组】|【(Local)】|【安全性】，右击【登录】，单击【新建登录】命令，弹出【SQL Server 登录属性 – 新建登录】对话框，在【常规】选项卡中选择名称"ADMIN\我家来客"、【Windows 身份验证】单选按钮、【允许访问】单选按钮、【数据库】选择"SQL 考试数据库"，在【数据库访问】选项卡中，在"SQL 考试数据库"、【public】前打勾，单击【确定】按钮，创建"ADMIN\我家来客"数据库登录账户，如图 10.12 所示。

　　（7）单击【开始】|【注销】|【切换用户】操作系统按钮，再选择"我家来客"用户并输入相应口令进入操作系统，然后单击【开始】等操作系统按钮，启动查询分析器，以【Windows 身份验证】登录【(Local)】服务器，可看到 4 个系统数据库、2 个系统示例数据库和"SQL 考试数据库"，看不到"教学成绩管理数据库"，展开"SQL 考试数据库"|【用户表】，打开"学生信息表"时弹出拒绝 SELECT 权限的消息框，如图 10.13 所示。

说明："我家来客"在"SQL 考试数据库"的只有【public】角色权限时，能够看到"SQL 考试数据库"的数据表名而看不到其数据。

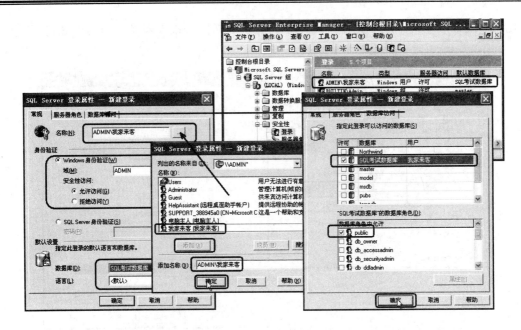

图 10.12 新建 "ADMIN\我家来客" 数据库登录账户

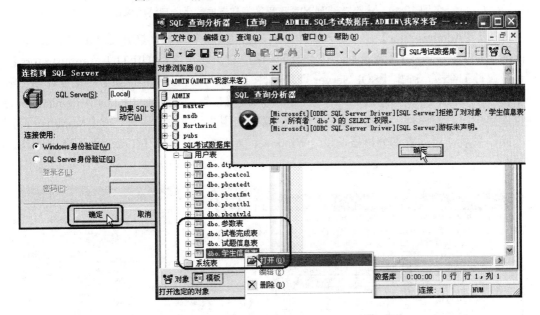

图 10.13 以 "我家来客" 登录计算机访问数据库

(8) 以【Administrator】用户进入操作系统,启动企业管理器,展开【SQL Server 组】|
【(LOCAL)】|【安全性】|【登录】,在【登录】窗格中右击 "ADMIN\我家来客" 单击【属
性】命令,弹出【SQL Server 登录属性-ADMIN\我家来客】对话框,在【数据库访问】选
项卡中选择 "SQL 考试数据库",在【db_datareader】前打勾,单击【确定】按钮,修改
"ADMIN\我家来客" 数据库登录账户属性,如图 10.14 所示;然后切换用户以 "我家来客"
进入操作系统,启动查询分析器,以【Windows 身份验证】登录【(Local)】服务器可查询
"SQL 考试数据库" 各用户表,但不可修改数据表。

说明：“我家来客”作为“SQL 考试数据库”的只有【public】和【db_datareader】角色权限时，能够看到数据而不能修改数据。

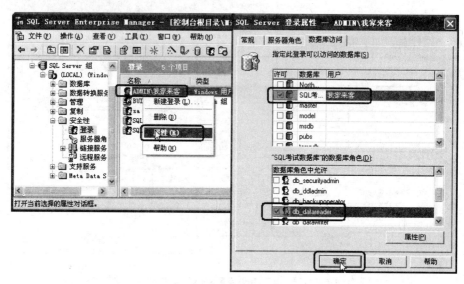

图 10.14　修改“ADMIN\我家来客”数据库登录账户访问属性

(9) 以【Administrator】用户进入操作系统，启动企业管理器，展开【SQL Server 组】|【(LOCAL)】|【安全性】|【登录】，在【登录】窗格中右击账户组【BUILTIN\Administrators】，单击【属性】命令，弹出【SQL Server 登录属性-BUILTIM\Administrator】对话框，在【常规】选项卡中选择【拒绝访问】单选按钮，单击【确定】按钮，修改【BUILTIN\Administrators】数据库登录账户组属性，如图 10.15 所示；然后切换用户以“电脑主人”或【Administrator】进入操作系统，启动查询分析器，以【Windows 身份验证】登录【(Local)】服务器时均遭到拒绝。

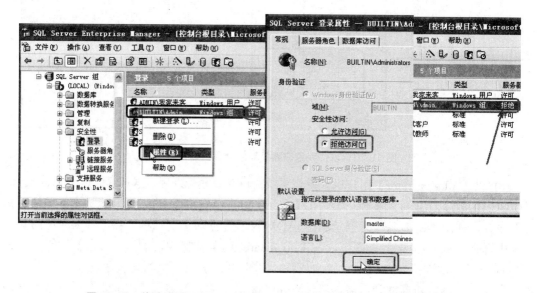

图 10.15　修改【BUILTIN\Administrators】数据库登录账户组访问属性

　　(10) 以【Administrator】用户进入操作系统，启动企业管理器，展开【SQL Server 组】，右击【(LOCAL)】，单击【编辑 SQL Server 注册属性】命令，弹出【已注册的 SQL Server 属性】对话框，在【常规】选项卡中选择【使用 SQL Server 身份验证】单选按钮并输入登录名【sa】及其密码，如图 10.16(a)所示；然后连接【(Local)】服务器，展开【安全性】|【登录】，在【登录】窗格中右击账户组"ADMIN\我家来客"，单击【删除】命令，弹出删除确认消息框，单击【是】按钮删除"ADMIN\我家来客"服务器登录账户，如图 10.16(b)所示；最后，参照(1)再将【(LOCAL)】的注册连接改回【使用 Windows 身份验证】，参照(9) 再将【BUILTIN\Administrators】服务器登录账户组改为允许访问。

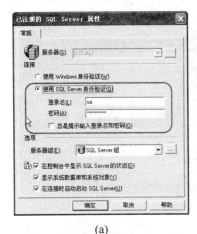

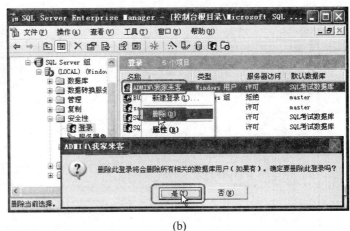

(a)　　　　　　　　　　　　　　　　　(b)

图 10.16　修改【(LOCAL)】注册属性、删除"ADMIN\我家来客"服务器登录账户

【知识点】

　　(1) 登录账户(LoginName)是指用户登录(连接)数据库服务器(引擎)进行身份验证的通行证户名。

　　(2) 登录账户的身份验证分【Windows 身份验证】和【SQL Server 身份验证】两种。

　　【Windows 身份验证】是指用户使用 Windows 操作系统的登录账户登录 SQL 服务器。当用户通过【Windows 身份验证】方式登录 SQL Server 时，SQL Server 通过回叫 Windows 操作系统以获得验证信息。Windows 身份验证模式与 Windows 的安全系统集成在一起，从而提供更多的功能，如安全验证和密码加密、审核、密码过期、最短密码长度，以及在多次登录请求无效后锁定账户。

　　(3) 【BUILTIN\Administrators】是 SQL 服务器的超级管理员账户组，凡属于操作系统【Administrators】用户组的操作系统登录账户都自动成为该 SQL Server 登录账户组的成员。如上例中【Administrator】和"电脑主人"都是操作系统【Administrators】用户组的成员，当设置【BUILTIN\Administrators】允许访问时，均可登录 SQL 服务器进行 SQL 服务器管理的所有操作，包括查询、修改、插入和删除数据等操作；当设置拒绝访问时，服务器拒绝【Administrators】用户组的成员登录。

　　(4) 【BUILTIN\Administrators】的访问权限可允许、拒绝或删除。

【演练 10.3】使用"企业管理器"管理(增加、允许、拒绝、删除)SQL Server 身份验证的数据库登录账户。

（1）以【Administrator】用户进入操作系统，启动企业管理器，参照【演练 10.2】（10）删除"SQL 考试客户"、"SQL 考试教师"登录账户。

（2）展开【SQL Server 组】|【(LOCAL)】|【安全性】，右击【登录】，单击【新建登录】命令，弹出【SQL Server 登录属性 – 新建登录】对话框，在【常规】选项卡的【名称】区输入"SQL 考试教师"、选择【SQL Server 身份验证】单选按钮、在【密码】区输入"200888"、默认【数据库】、选择"SQL 考试数据库"，在【数据库访问】选项卡的"SQL 考试数据库"、【public】和【db_owner】前打勾，单击【确定】按钮，弹出【确认密码】对话框，在【确认新密码】文本框中填写"200888"并单击【确定】按钮，完成账户创建，如图 10.17 所示。

图 10.17　创建"SQL 考试教师"登录账号

（3）启动查询分析器，以【SQL Server 身份验证】输入登录名"SQL 考试教师"和密码"200888"登录【(Local)】服务器，可看到 4 个系统数据库、2 个系统示例数据库和"SQL 考试数据库"，看不到"教学成绩管理数据库"，展开"SQL 考试数据库"|【用户表】，打开"学生信息表"时进行查询、修改、插入和删除数据并保存，如图 10.18 所示。

图 10.18　以"SQL 考试教师"登录账号连接查询分析器

说明： "SQL 考试教师" 在 "SQL 考试数据库" 有【public】、【db_owner】角色权限时，
　　　 能够对 "SQL 考试数据库" 进行全权访问。

　　（4）展开【SQL Server 组】|【(LOCAL)】|【安全性】|【登录】，右击 "SQL 考试教师"
登录账户单击【属性】命令，弹出【SQL Server 登录属性-SQL 考试教师】对话框，在【常
规】选项卡的【密码】区域输入新密码 "22"，单击【确定】按钮，弹出【确认密码】对
话框。在【确认密码】对话框的【确认新密码】区域输入密码 "22"，单击【确定】按钮，
完成密码重新设置，如图 10.19 所示；然后启动查询分析器，以【SQL Server 身份验证】
输入登录名 "SQL 考试教师" 和密码 "22" 登录【(Local)】服务器，验证密码设置是否正确。

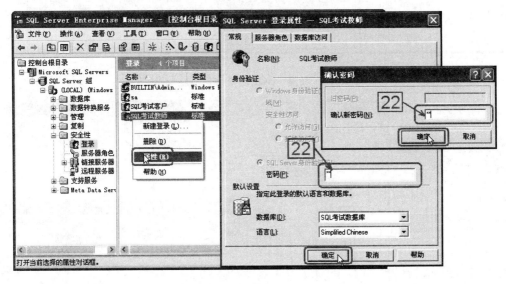

图 10.19　修改 "SQL 考试教师" 密码

　　（5）展开【SQL Server 组】|【(LOCAL)】|【安全性】，右击【登录】，单击【新建登
录】命令，弹出【SQL Server 登录属性 – 新建登录】对话框，在【常规】选项卡的【名称】
区输入 "SQL 考试客户"、选择【SQL Server 身份验证】单选按钮、在【密码】区输入 "2005"、
默认【数据库】选择 "SQL 考试数据库"，在【数据库访问】选项卡中的 "SQL 考试数据
库"、【public】前打勾，单击【确定】按钮，弹出【确认密码】对话框，在【确认新密码】
区域填写 "2005" 并单击【确定】按钮完成账户创建，如图 10.20 所示。

　　（6）启动查询分析器，以【SQL Server 身份验证】输入登录名 "SQL 考试客户" 和密
码 "2005" 登录【(Local)】服务器，可看到 4 个系统数据库、2 个系统示例数据库和 "SQL
考试数据库"，看不到 "教学成绩管理数据库"，展开 "SQL 考试数据库" |【用户表】，
打开 "学生信息表" 时弹出拒绝 SELECT 权限的消息框，如图 10.21 所示。

说明： "SQL 考试客户" 在 "SQL 考试数据库" 只有【public】角色权限时，能够看到 "SQL
　　　 考试数据库" 的数据表名而看不到其数据。

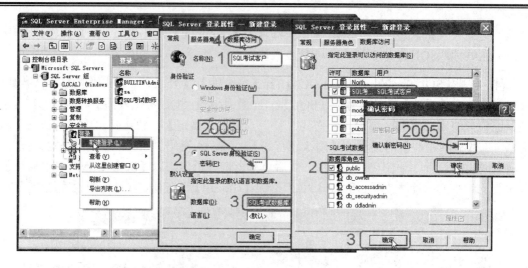

图 10.20　新建"SQL 考试客户"登录账号

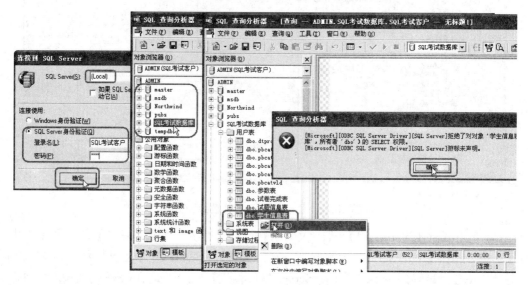

图 10.21　以"SQL 考试客户"登录账号连接查询分析器

对于任何用户，只有 SQL Server 服务器的系统管理员或安全管理员在 SQL Server 服务器中为其创建了登录账号(LoginName)和口令之后，并且在使用用户应用程序、查询分析器或企业管理器等连接 SQL Server 时提交了正确的登录(login)账号和口令之后，才能登录到 SQL Server 服务器。

【知识点】

(1)【SQL Server 身份验证模式】是指用户使用 SQL Server 设定的登录账户和密码连接 SQL Server。当用户使用在 SQL Server 设定的的登录账户进行 SQL Server 连接时，SQL Server 会验证账户名和密码。

(2) 在建立用户的登录账号信息时，如果指定了默认的数据库(记录在 master 数据库的 sysxlogins 数据表的 dbid 列)，则用户每次连接上服务器后，都会自动转到默认的数据库上(前提条件是默认数据库被指定可以访问，即对默认数据库至少有 public 权限)。如果在设置登录账号时没有指定默认的数据库，则 master 数据库被指定为默认的数据库。

(3)【sa】是 SQL Server 数据库服务器系统管理员登录账户。不可删除、不能更改。该账户拥有最高的管理权限，可以执行该服务器范围内的所有操作。因此，在进行数据库管理时应设置具有 sysadmin 角色的账户管理数据库，而尽量不要使用 sa 账户；在进行开发数据库应用程序时所需的客户端程序与数据库的连接账户，应设置具有相应权限的账户，而千万不要使用 sa，这样容易暴露 sa 的密码。

2. 用 T-SQL 语句管理服务器登录账户

【导例 10.1】如何使用 T-SQL 语句编写增加、阻止、删除 Windows 身份验证的登录账户的脚本？

```
--以[sa]身份连接查询分析器，一段一段选中执行
--事先在操作系统平台创建【我家来客】登录账户
--修改 2～5 中[ADMIN]为自己计算机的名称


--1.查询当前服务器的登录账户
use master
select name from syslogins  -- syslogins 是视图
--或
select name from sysxlogins
--sysxlogins 是系统表，保存该服务器的登录账户和口令等信息。


--2.授权，执行后到企业管理器中刷新【登录】账户，下同
sp_grantlogin  N'ADMIN\我家来客'


--3.拒绝
sp_denylogin   N'ADMIN\我家来客'


--4.允许
sp_grantlogin  N'ADMIN\我家来客'


--5.废除
sp_revokelogin N'ADMIN\我家来客''
```

【知识点】

(1) 管理 Windows NT 用户或组。语法格式如下：

```
sp_grantlogin '登录名'   --允许 Windows 用户或组成员登录 SQL 服务器
sp_denylogin '登录名'    --拒绝 Windows 用户或组成员登录 SQL 服务器
sp_revokelogin '登录名'  --废除 Windows 用户或组成员登录 SQL 服务器
```

(2) 登录名是要授权的 Windows NT 用户或组，其格式为"域名\组名"或"域名\用户名"，例如 ducomxp\du。

(3) 只有 sysadmin 和 securityadmin 角色的账户可用上述存储过程管理 Windows 身份验证的登录账户。

(4) 要阻止某 Windows 身份验证的账户登录，可用拒绝登录方式阻止，更彻底的方法是废除账户。

【导例 10.2】如何使用 T-SQL 语句编写增加、修改密码(阻止)、删除 SQL Server 身份验证

的登录账户的脚本？

```
    --以[sa]身份连接查询分析器，一条一条执行下列 T-SQL 语句
    --1.删除
    sp_droplogin 'SQL 考试教师'

    --2.新建
    sp_addlogin 'SQL 考试教师', '1949'
    select name from syslogins
    --另以[SQL 考试教师]、密码[1949]连接查询分析器验证

    --3.修改密码
    sp_password null, '2008', 'SQL 考试教师'
    --另以[SQL 考试教师]、密码[2008]连接查询分析器验证

    --4. 另以[SQL 考试教师]、密码[2008]连接查询分析器
    --sp_password '2008', '1999'        --去掉前面--执行
    --另以[SQL 考试教师]、密码[1999]连接查询分析器验证

    --5.新建
    sp_addlogin 'SQL 主考教师', '1949', 'SQL 考试数据库'
    select name from syslogins
    --另以[SQL 主考教师]、密码[1949]连接查询分析器验证
```

说明： 上述 1~4 运行中，设置登录账号时没有指定默认的数据库，则 master 数据库被指定为默认的数据库，同时只能访问【master】、【msdb】、【tempdb】3 个系统数据库和【pubs】、【Northwind】系统示例数据库，且只能查询不可修改。

上述 5 运行中，设置登录账号时指定默认的数据库"SQL 考试数据库"，且默认数据库也存在，但连接时出现了【无法打开用户默认数据库】提示，原因是没有设置访问"SQL 考试数据库"的权限。

【知识点】

(1) 创建、删除 SQL Server 身份验证的登录账户和修改登录密码的语法格式如下：

```
    sp_addlogin '登录名' [,'密码'] [,'默认数据库'] [,'默认语言']
    sp_droplogin '登录名'                      --删除登录账户
    sp_password '旧密码', '新密码' [, '登录账户']    --修改登录密码
```

(2) 登录名和密码可以包含 1~128 个字符，可以是字母、数字和汉字，但不可以含有反斜线(\)、保留字(如 sa、public、null)等。如果不指定，密码的默认值为 null，数据库的默认值为 master，语言的默认值取服务器当前的默认语言。

(3) 只有 sysadmin 和 securityadmin 角色的账户创建、删除登录账户，不提供原密码修改 SQL Server 身份验证的登录账户的密码；每个账户均可以用 sp_password 修改自己的密码，但需要提供原密码。

(4) 要阻止某 SQL Server 身份验证的账户登录，可以修改其密码而不通知该密码的用户方式阻止，更彻底的方法是删除账户。

(5) 用 sp_defaultdb、sp_defaultlanguage 存储过程可以更改用户的默认数据库、用户的默认语言。

成功地登录服务器并不会自动允许用户访问 SQL Server 上的所有数据库，而必须授予用户访问数据库的权限。由 sp_grantlogin '登录名' 或 sp_addlogin '登录名' [, '密码'] (未指定默认数据库)语句创建的新登录账户，如果也未加入任何固定服务器角色，则只能访问 master、tempdb 等只有 guest 数据库用户角色的数据库。

10.1.4 管理固定服务器的角色

1. 用企业管理器查询固定服务器角色、管理成员

【演练 10.4】使用企业管理器查看角色、查看角色成员、添加成员、删除成员。在"SQL考试系统"中为使"SQL 考试教师"能够建立每个学生的登录账户，需要向固定服务器角色安全管理员角色 securityadmin 中添加成员"SQL 考试教师"。

(1) 展开【SQL Server 组】|【(LOCAL)】|【安全性】，单击【服务器角色】，在详细信息窗格中显示固定服务器角色。

(2) 右击角色【Security Administrators】，单击【属性】命令，弹出【服务器角色属性】对话框，在【常规】选项卡中单击【添加】按钮，弹出【添加成员】对话框，选择登录账户"SQL 考试教师"和"SQL 考试客户"，单击【确定】按钮，返回【服务器角色属性】对话框，单击【确定】按钮完成成员添加，如图 10.22 所示。

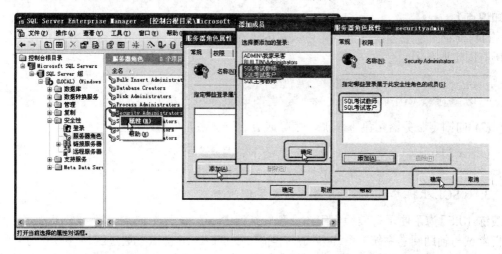

图 10.22　向固定服务器角色 securityadmin 中添加成员"SQL 考试教师"

(3) 在详细信息窗格中，右击要删除成员的服务器角色【Security Administrators】，单击【属性】命令，弹出【服务器角色属性】对话框，在【常规】选项卡中选择要删除的登录账户"SQL 考试客户"，单击【删除】按钮完成成员删除。

【知识点】

(1) 角色是指服务器管理、数据库管理和访问的机制，包含两方面的内涵，一是角色的成员，二是角色的权限，即指定角色中成员允许行使的权限。角色通过添加或删除成员的方法来增减成员，通过授予、拒绝或撤销方法来增减权限。因此，角色可理解为岗位或职务，通过任免指定职务的人员，通过赋予或撤销增减职务的权限。

(2) SQL Server 2000 有两种类型的预定义角色：固定服务器角色(ServerRole)和固定数据库角色。这些角色是预先定义的，角色的种类和每个角色的权限都是固定的、不可更改

或删除, 只允许为其添加或删除成员(public 角色除外, 其权限可以增减, 其成员是数据库中所有的数据库用户)。

(3) 只有系统管理员角色(sysadmin)或安全管理员角色(securityadmin)的成员(登录账户)才能管理固定服务器角色的成员。

2. 用 T-SQL 语句查询固定服务器角色、管理成员

【导例 10.3】如何使用 T-SQL 语句查看角色、查看角色成员、添加成员、删除成员?

```
--以[sa]身份连接查询分析器, 一条一条执行
sp_helpsrvrole          --查看所有角色

sp_helpsrvrolemember   --查询所有角色成员

sp_helpsrvrolemember sysadmin --查询 sysadmin 角色成员

--设置[SQL 考试教师]为[sysadmin]角色的成员
sp_addsrvrolemember 'SQL 考试教师', 'sysadmin'

--将[SQL 考试教师]从[sysadmin]角色中删除
sp_dropsrvrolemember 'SQL 考试教师','sysadmin'
```

【知识点】

(1) 查看固定服务器角色、角色成员的语法格式如下, 不指定固定服务器角色名默认指所有固定服务器角色。

```
sp_helpsrvrole ['固定服务器角色名']
sp_helpsrvrolemember ['固定服务器角色名']
```

(2) 向固定服务器角色中添加、删除成员的语法格式如下:

```
sp_addsrvrolemember '登录用户名','固定服务器角色名'
sp_dropsrvrolemember '登录用户名','固定服务器角色名'
```

3. 《SQL 上机考试与辅助阅卷系统》案例简介

【演练 10.5】为了便于有效地组织本课程的结课考试和本章教学, 本书附录 2 提供了《SQL 上机考试与辅助阅卷系统》系统案例: 教师将从题库中 16 份试题通过随机等方式为同学们发放试题; 学生通过上机方式完成试卷, 并将其结果提交到数据库中; 教师再从数据库中取出试卷进行阅卷 (其中选择题、判断题、填空题自动批阅) 并汇总学生考试成绩。本案例中, 登录账户采用 SQL Server 身份验证, 设计了"SQL 考试客户"、"SQL 考试教师"和"sqltest100001"等 3 类登录账户与"考生"角色, 使用"企业管理器"和"查询分析器"认识体会这些登录账号及其权限。本案例登录账户、数据库用户、数据库角色见表 10-3。

(1) 双击《SQL 上机考试与阅卷系统》.exe 文件, 自动解压缩《SQL 上机考试与阅卷系统》软件到默认目录: E:\《SQL 上机考试与阅卷系统》; 使用企业管理器先删除"SQL 考试数据库", 然后附加 E:\《SQL 上机考试与阅卷系统》\SQL 考试数据库。

(2) 以【sa】和其密码登录查询分析器执行 E:\《SQL 上机考试与阅卷系统》\账户初始化.sql。

(3) 以"SQL 考试客户"和秘密"2005"登录查询分析器访问"SQL 考试数据库",

打开"参数表"可只读查询,打开"试题信息表"、"试卷完成表"和"学生信息表"时均弹出拒绝 SELECT 权限的消息框,但可查询部分"学生信息表"信息、修改"学生信息表""座位"信息(执行下列语句),如图 10.23 所示。

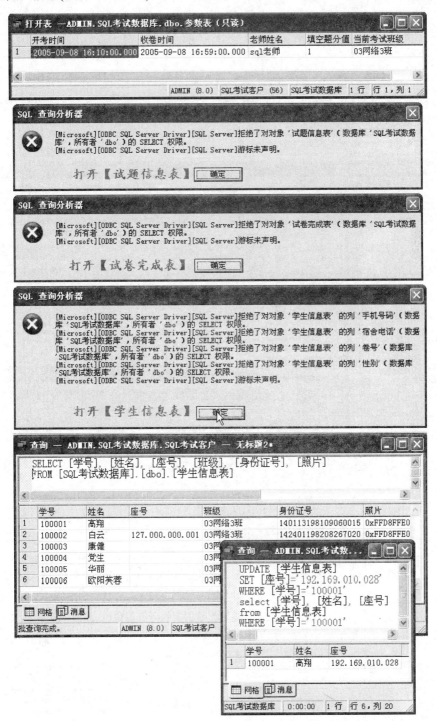

图 10.23　以"SQL 考试客户"登录账号连接查询分析器

```
SELECT [学号], [姓名], [座号], [班级], [身份证号], [照片]
FROM[SQL 考试数据库].dbo. [学生信息表]

UPDATE [学生信息表] SET [座号]='192.169.010.028'
WHERE [学号]='100001'

select [学号], [姓名], [座号] from [学生信息表] WHERE [学号]='100001'
```

（4）以"SQL 考试教师"和密码"22"登录查询分析器访问"SQL 考试数据库"，打开"参数表"、"试题信息表"、"试卷完成表"和"学生信息表"时均可查询和修改，但修改"试卷完成表"、"答案"、"提交机器"信息时均弹出拒绝 update 权限的消息框，如图 10.24 所示。

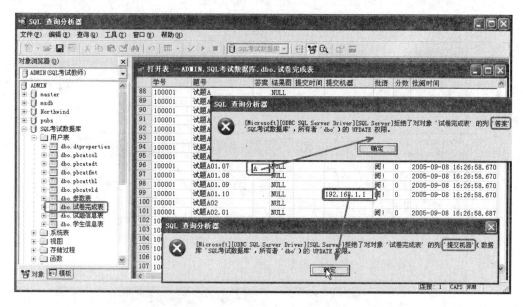

图 10.24　以"SQL 考试教师"登录账号连接查询分析器

表 10-3　登录账户和数据库用户/角色

登录名	数据库用户/角色	描述
SQL 考试客户	SQL 考试客户	只用在用户登录开始连接服务器时，登录后用户成为相应的老师或学生。只可查询参数表和学生信息表中学号、姓名、座号、身份证号，填写学生信息表中的座号
SQL 考试教师	SQL 考试教师	设置为数据库的所有者角色，具有本数据库的所有权限，但不能修改试卷完成表中的答案、结果图、提交时间和提交机器的内容
sqltest100001	高翔 100001	学号为 100001 的学生登录账户
sqltest100002	白云 100002	学号为 100002 的学生登录账户
……	……	……

续表

登录名	数据库用户/角色	描述
	考生(角色)	所有考生都是这个角色的成员，只能进行个人答卷，不可查询别人的答案或标准答案，即只可查询参数表和执行[p 学生查询个人试卷]、[p 学生提交试卷答案]
Sa	Dbo	服务器管理员 sa，具有服务器和本数据库的所有权限

10.1.5　数据库的用户

1. 使用企业管理器管理(查询、添加、删除)数据库用户

【演练 10.6】使用企业管理器管理：添加、修改、查看、删除数据库用户。

(1) 启动企业管理器，展开【SQL Server 组】|【(LOCAL)】|【数据库】|【pubs】，单击【用户】，在详细信息窗格中显示【pubs】的【dbo】和【guest】2 个数据库用户；展开【SQL Server 组】|【(LOCAL)】|【数据库】|"SQL 考试数据库"，单击【用户】，在详细信息窗格中显示"SQL 考试数据库"的【dbo】、"SQL 考试客户"和"SQL 考试教师"3 个数据库用户，如图 10.25 所示。

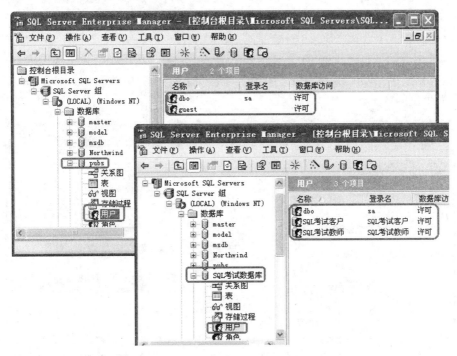

图 10.25　【pubs】、"SQL 考试数据库"的数据库用户

(2) 展开【SQL Server 组】|【(LOCAL)】|【数据库】|"SQL 考试数据库"单击【用户】，在详细信息窗格中右击想要删除的数据库用户"SQL 考试教师"，单击【删除】命令，在确认对话框中单击【是】按钮，完成"SQL 考试教师"的删除，如图 10.26 所示。

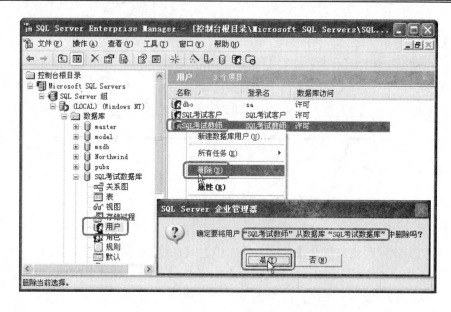

图 10.26　删除"SQL 考试数据库"的用户"SQL 考试教师"

（3）展开【SQL Server 组】|【(LOCAL)】|【数据库】|"SQL 考试数据库"，右击【用户】，单击【新建数据库用户】命令，弹出【数据库用户属性—新建用户】对话框，从【登录名】下拉列表框中选择"SQL 考试教师"登录账号、在【用户名】框中输入数据库用户名"SQL 考试教师"、在【public】打钩处单击试图去掉该选项则会弹出【错误】提示框，单击【确定】按钮完成，如图 10.27 所示。【说明】数据库中的每个数据库用户都自动是【public】角色的成员。

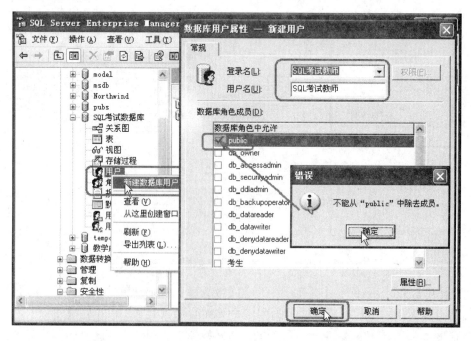

图 10.27　新建"SQL 考试数据库"的用户"SQL 考试教师"

（4）展开【SQL Server 组】|【(LOCAL)】|【数据库】|"SQL 考试数据库"，右击【用户】，单击【属性】命令，弹出【数据库用户属性—SQL 考试教师】对话框，在【db_owner】前打勾，单击【确定】按钮完成"SQL 考试教师"的修改，如图 10.28 所示。

【知识点】

对于每个要求访问数据库的登录账户，必须在要访问的数据库中建立该数据库的访问账户，且与其登录账户链接关联，才可进入该数据库访问（注：该数据库中有 guest 数据库用户或该登录账户加入相应固定数据库角色除外）。否则，该登录账户就无法进入该数据库访问。这个数据库访问账户就是数据库用户。

数据库用户(DatabaseAccess)信息保存在各自数据库的系统表 sysusers 中，如数据库用户名、关联的登录账号等信息。

SQL Server 2000 的每个数据库中有两个特殊的数据库用户，分别是 dbo 和 guest。

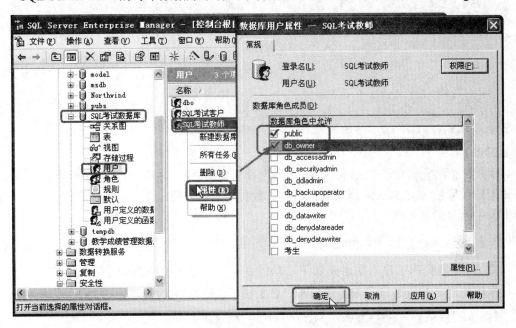

图 10.28　修改"SQL 考试数据库"的用户"SQL 考试教师"

【dbo】是数据库对象的所有者，是在安装 SQL Server 2000 时被设置到 model 数据库中的，所以 dbo 在每个数据库中都存在，而且不能被删除，具有操作该数据库的最高权力，即可以在数据库范围内执行一切操作。dbo 用户与创建该数据库的登录账户关联，另外，dbo 自动关联固定服务器角色 sysadmin 中的包括 sa 在内的所有登录账户，而且由固定服务器角色 sysadmin 的任何成员创建的任何对象都自动属于 dbo。

【guest】用户允许在该数据库中没有相应用户的登录账户访问数据库，即可认为 guest 自动关联服务器所有登录账户。guest 用户可以同其他用户账户一样被授予权限。默认情况下，新建的数据库中没有 guest 用户。可以在除 master 和 tempdb 外（在这两个数据库中它必须始终存在）的所有数据库中添加或删除 guest 用户。

sysadmin 固定服务器角色、db_accessadmin 和 db_owner 固定数据库角色的成员可在当前数据库中添加/删除数据库用户。

2. 使用 T-SQL 语句管理数据库用户

【导例 10.4】如何使用 T-SQL 语句编写查看、添加、修改、删除数据库用户的脚本？在数据库"SQL 考试数据库"中，创建"SQL 考试教师"名字的数据库用户，并与"SQL 考试数据库"登录账户关联。

```
--以[sa]身份连接查询分析器，一条一条执行
use SQL考试数据库

--1.查询用户
select user                  --查询当前本次连接数据库的用户的名字
select user_name()           --查询当前本次连接数据库的用户的名字
sp_helpuser                  --查询当前数据库的用户
sp_helpuser N'SQL考试客户'   --查询【SQL考试客户】数据库用户

--2.创建[SQL考试教师]名字的数据库用户，并与[SQL考试数据库]登录账户关联。
exec sp_grantdbaccess N'SQL考试教师', N'SQL考试教师'
sp_helpuser N'SQL考试教师'

--3. 删除[SQL考试教师]数据库用户
exec sp_revokedbaccess N'SQL考试教师'
sp_helpuser
```

【知识点】

(1) 查询数据库用户语法格式如下，可查看如下的用户信息：用户是哪个角色的成员、与该用户关联的 SQL Server 登录账户、默认数据库等，未指定【数据库用户名】表示当前数据库中所有的数据库用户。

```
sp_helpuser ['数据库用户名']
```

(2) 添加数据库用户语法格式如下，功能是在当前数据库中添加【数据库用户名】为本数据库的用户并与账户名为【登录账户名】的登录账户链接(关联)。

```
sp_grantdbaccess '登录账户名', '数据库用户名'
```

(3) 删除数据库用户语法格式：

```
sp_revokedbaccess '数据库用户名'
```

(4) 修改数据库用户，即修改用户所属的数据库的角色及所拥有的权限。这些内容分别在介绍数据库角色和权限的部分介绍。

10.1.6　数据库的角色

1. 用企业管理器管理数据库角色及其成员

【演练 10.7】使用企业管理器管理(查看、添加、删除)数据库角色及其成员：查看"SQL 考试数据库"数据库角色及其成员；创建"SQL 考试数据库"数据库角色"考生"；删除"SQL 考试数据库"数据库角色"考生"。

(1) 打开企业管理器，展开【SQL Server 组】|【(LOCAL)】|"SQL 考试数据库"，单

击【角色】，在右侧详细信息窗格中列出该数据库的角色。

(2) 展开【SQL Server 组】|【(LOCAL)】|"SQL 考试数据库"，右击【角色】，单击【新建数据库角色】命令，弹出【数据库角色属性—新建角色】对话框，在【数据库角色属性—新建角色】对话框名称框中输入数据库角色的名称"考生"，选中【标准角色】单选按钮(单击【添加】按钮，可以为角色添加用户，也可不添加用户创建一个暂无成员的角色)，单击【确定】按钮完成添加用户自定义角色，如图 10.29 所示。

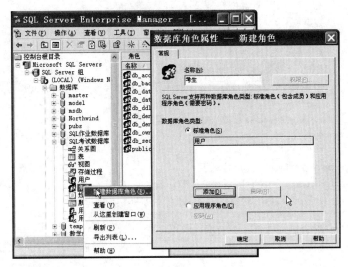

图 10.29　创建数据库角色

(3) 添加或删除数据库角色成员非常简单，如图 10.29 所示，在【数据库角色属性—新建角色】对话框中单击【添加】按钮可添加角色成员，选中成员单击【删除】按钮可删除角色成员。

(4) 删除数据库自定义角色也非常简单，如图 10.29 所示，在右侧详细信息窗格中右击要删除的角色单击【删除】命令弹出【确认】对话框，单击【是】按钮可删除用户自定义角色。

【知识点】

(1) 数据库角色(dbRole)是定义在数据库级上，保存在各自数据库的系统表 sysusers 之中，作用在各自的数据库之内，同样包含两方面的内涵，一是角色的成员，二是角色的权限。数据库角色的成员是数据库用户(dbAccess)。

数据库角色分为固定数据库角色、用户自定义角色和应用程序角色。本书只介绍前两种角色。

(2)【public】固定数据库角色是一个特殊的数据库角色，数据库中的每个数据库用户都自动是此角色的成员。public 角色可以通过授予、拒绝或撤销方法增减权限，供数据库中所有数据库用户使用，即提供数据库中用户的默认权限。public 角色最初只有一些本数据库的系统表和系统视图的 select 权限。

(3) 自定义数据库角色是由用户定义，存在于数据库之中，作用在各自数据库之内，允许用户增减权限、添加或删除成员的角色。自定义数据库角色定义的目的是为了方便权限管理。

【db_owner】和【db_security】固定数据库角色的成员可以管理固定数据库角色的成员身份；但是，只有【db_owner】角色可以将其他用户添加到 db_owner 固定数据库角色中。

2. 使用 T-SQL 语句管理数据库角色及其成员

【导例 10.5】以[sa]身份连接查询分析器，使用 T-SQL 语句设置《SQL 上机考试与辅助阅卷系统》账户，具体要求见表 10-3。

```
-- 账户初始化.sql    用 sa 省份登录执行
use [SQL 考试数据库]
go

--建立[SQL 考试客户]登录账户、数据库用户
if exists (select * from dbo.sysusers where name = N'SQL 考试客户' and uid
< 16382)
    exec sp_revokedbaccess N'SQL 考试客户'
if exists (select * from master.dbo.syslogins where loginname = 'SQL 考试
客户')
    exec sp_droplogin 'SQL 考试客户'
exec sp_addlogin 'SQL 考试客户', '2005', 'SQL 考试数据库', '简体中文'
exec sp_grantdbaccess N'SQL 考试客户', N'SQL 考试客户'

--建立[SQL 考试教师]登录账户、数据库用户
if exists (select * from dbo.sysusers where name = N'SQL 考试教师' and uid
< 16382)
    exec sp_revokedbaccess N'SQL 考试教师'
if exists (select * from master.dbo.syslogins where loginname = N'SQL 考
试教师')
    exec sp_droplogin N'SQL 考试教师'
exec sp_addlogin N'SQL 考试教师', '22', N'SQL 考试数据库', N'简体中文'
exec sp_addsrvrolemember N'SQL 考试教师', securityadmin
exec sp_grantdbaccess N'SQL 考试教师', N'SQL 考试教师'
exec sp_addrolemember N'db_owner', N'SQL 考试教师'
exec sp_addrolemember N'db_securityadmin', N'SQL 考试教师'

--建立[考生]角色
if not exists (select * from dbo.sysusers where name = N'考生' and uid >
16399)
    EXEC sp_addrole N'考生'
```

【知识点】

(1) 使用 sp_addrole 或 sp_droprole 创建或删除自定义数据库角色语法格式如下，新角色的所有者必须是当前数据库中的某个用户或角色，默认值为 dbo。

```
sp_addrole '新角色名' [, '角色的所有者']
sp_droprole '角色名'
```

(2) 使用 T-SQL 语句增删数据库角色成员，其中：'数据库角色'指当前数据库中的数据库角色的名称，包括固定数据库角色(public 角色除外)和自定义角色；'安全账户'指当前数据库用户、当前数据库角色或 Windows 登录账户。

语法格式：sp_addrolemember '数据库角色'，'安全账户'
语法格式：sp_droprolemember '数据库角色'，'安全账户'

（3）只有 sysadmin 固定服务器角色和 db_owner 固定数据库角色中的成员可以执行 sp_addrolemember。角色所有者可以执行 sp_addrolemember，将成员添加到自己所拥有的任何 SQL Server 角色。db_securityadmin 固定数据库角色的成员可以将用户添加到任何用户定义的角色。

（4）执行 sp_helpdbfixedrole 也可查看固定数据库角色列表。

10.2　管理权限

10.2.1　使用企业管理器管理权限

1. 语句权限

【演练 10.8】使用企业管理器为用户或角色设置语句权限

（1）展开【SQL Server 组】，右击要设置的数据库，单击【属性】命令，弹出数据库【SQL 考试数据库属性】对话框。

（2）选择【权限】选项卡，如图 10.30 所示。

图 10.30　语句权限设置

（3）在【权限】选项卡中信息表格左侧列出了数据库中所有用户和角色，在上方列出所有语句权限，单击用户/角色与权限的交叉点的方框可以设置用户或角色的授权状况。

（4）单击【确定】按钮完成。

【知识点】

(1) 权限是指用户是否能访问数据库资源的相应操作。如数据库用户"SQL 考试教师"能否在"试卷完成表"."答案"列进行修改操作(update),数据库角色"考生"能否在"试题信息表"."参考答案"列进行查询操作(select),服务器登录账户"SQL 考试教师"能否在"SQL 考试数据库"上进行数据库用户管理。总之,权限就是用户是否可以执行访问数据库资源的相应操作语句或存储过程。

(2) 在 SQL Server 中权限有 3 种类型,分别是语句权限、对象权限和暗示性权限。

(3) 语句权限是指用户能否在当前数据库上进行备份数据库和创建数据库、表、视图、用户定义函数、存储过程、规则和默认等对象,即指用户能否执行如表 10-4 所列语句。

表 10-4　语句权限

动作	对象	语句
备份	数据库	backup database
	日志	backup log
创建	数据库	create database
	数据表	create table
	视图	create view
	存储过程	create procedure
	自定义函数	create function
	规则	create rule
	默认	create default

2. 对象权限

【演练 10.9】 使用企业管理器为用户或角色设置对象权限

(1) 展开【SQL Server 组】,展开要设置的服务器,展开要设置的数据库。

(2) 根据用户类型,单击【用户】或【角色】,在右侧详细信息窗格中显示【用户】或【角色】列表。

(3) 在右侧详细信息窗格中右击要设置的用户或角色,单击【属性】命令,弹出【数据库用户属性】或【数据库角色属性】对话框,在【常规】选项卡上单击【权限】按钮,如图 10.31 所示。

(4) 在【权限】选项卡信息表格左侧列出了当前数据库中所有对象,在上方列出所有可访问的权限,单击对象与权限的交叉点的方框可以设置用户或角色的授权状况。

(5) 在对话框中,当选中数据表或视图时,如单击【列】按钮则弹出【列权限】对话框,在【常规】选项卡信息表格左侧列出了选定数据表的所有列名,在上方列出【SELECT】和【UPDATE】权限,单击列与权限的交叉点的方框可以设置用户或角色的授权状况,单击【确定】按钮。

(6) 设置完毕后,单击【确定】按钮,使设置生效。

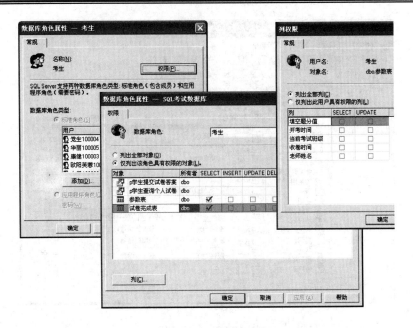

图 10.31　考生角色管理

【知识点】

对象权限是指用户能否在当前数据库中表或视图、存储过程或用户定义内嵌表值函数、表或视图的列上进行相应的访问操作，具体访问操作见表 10-5。

表 10-5　对象权限

对象	操作
表或视图	select、insert、update 和 delete
存储过程	execute
内嵌表值函数	select
表或视图的列	select 和 update

3. 暗示性权限

【演练 10.10】使用企业管理器为数据库对象设置用户与访问权限。

(1) 展开【SQL Server 组】，展开要设置的服务器，展开要设置的数据库。

(2) 根据对象类型，单击【表】、【视图】或【存储过程】。

(3) 在详细信息窗格中，右击要管理权限的对象，单击【所有任务】、【管理权限】命令，如图 10.32 所示。之后弹出【对象属性】对话框，如图 10.33 所示。

(4) 在【权限】选项卡信息表格左侧列出了选定对象的【用户/数据库角色/public】，在上方列出所有可访问的权限，单击其中行列的交叉点的方框可以设置对象的授权状况。

(5) 设置完毕后，单击【确定】按钮，使设置生效。

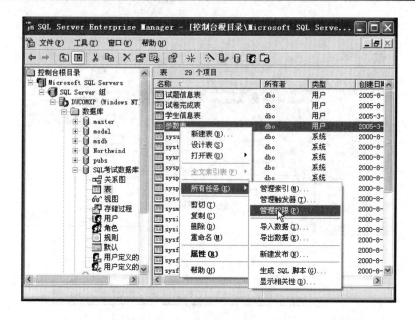

图 10.32　管理权限

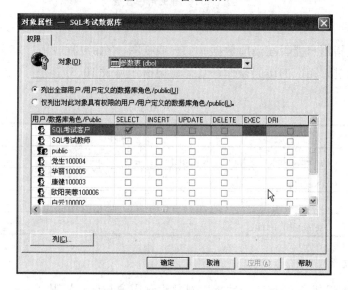

图 10.33　设置权限

【知识点】

(1) 暗示性权限是指将用户(成员)加入角色，系统自动将角色的权限传递给成员的权限，特别是预定义角色，如固定服务器角色成员所具有的权限。如将数据库用户"SQL 考试教师"加入"SQL 考试数据库"的【db_owner】角色，则自动继承在"SQL 考试数据库"中操作的全部权限。将数据库用户"高翔 100001"加入"考生"角色，则自动继承"考生"角色的全部权限。所以，暗示性权限是通过添加或删除角色成员来实现的。

(2) 管理权限实质就是管理数据库访问的安全性，有 3 方面的内涵，一是用户，有服务器登录账户、角色中的成员和数据库用户，二是访问的数据库资源（数据对象），有服务器、指定的数据库、数据库中表或视图、自定义函数、存储过程、表或视图中的列，三是相应的操作方式，如数据库备份 backup、数据表或视图删除记录 delete 等。总之，管理权限就是将用户、资源和操作权限的有机配置。

10.2.2　使用 T-SQL 语句管理权限

【导例 10.6】如何使用 T-SQL 语句编写权限管理的脚本？以[sa]身份连接查询分析器，使用 T-SQL 语句设置《SQL 上机考试与辅助阅卷系统》账户权限，具体要求见表 10-3。

```
use SQL考试数据库
-- [SQL考试客户]的权限:
-- 查询参数表和学生信息表中学号、姓名、座号、身份证号字段，填写学生信息表中的座号
grant select on [dbo].[参数表] to [SQL考试客户]
grant select on [dbo].[学生信息表]
 ([学号], [姓名], [座号], [身份证号]) to [SQL考试客户]
grant update on [dbo].[学生信息表] ([座号]) to [SQL考试客户]

-- [SQL考试教师]的权限:
-- 下述固定服务器角色、固定数据库角色的暗示性权限;
-- 设置[SQL考试教师]登录账户为[系统管理员securityadmin]的成员
-- 设置[SQL考试教师]数据库用户[数据库所有者db_owner]的成员
-- [SQL考试教师]具有了上述两个角色的暗示性权限
exec sp_addsrvrolemember N'SQL考试教师', securityadmin
exec sp_addrolemember N'db_owner', N'SQL考试教师'
-- 不能修改试卷完成表中的答案、结果图、提交时间和提交机器的内容。
deny update on [dbo].[试卷完成表]
 ([答案], [结果图], [提交时间], [提交机器]) to [SQL考试教师] cascade
-- [考生]角色的权限:
-- 只可查询参数表和执行 P学生查询个人试卷、P学生提交试卷答案。
grant select on [dbo].[参数表] to [考生]
grant execute on [dbo].[P学生查询个人试卷] to [考生]
grant execute on [dbo].[P学生提交试卷答案] to [考生]
```

【知识点】

在 SQL Server 中，可用 T-SQL 数据控制语句：grant、deny 或 revoke 语句分别为授予、拒绝或撤销安全账户的语句执行权限，这里只介绍 T-SQL 数据控制语句常用的语法格式，完整语法格式参看 SQL Server 帮助。

1. 授予权限

语句权限语法格式：

```
grant 语句 [,…] to 安全用户[ ,…]
```

对象权限语法格式：

```
grant 权限 [,…]
    on 表或视图 [( 列[,…])] | on 存储过程 | on 用户自定义函数
    to 安全账户 [,…]
```

功能：授予当前数据库中的数据库用户、数据库角色或 Windows 登录账户能够在当前数据库中的执行[语句/权限]指定的 T-SQL 语句的权限。若[安全账户]指定的是 Windows 登

录账户，则先以 Windows 登录账户名相同的名字在当前数据库中创建数据库用户，并与 Windows 登录账户同名关联，然后授予指定语句执行权。其中：

(1) 语句：特指表 10-4 所列的权限语句；

(2) 安全账户：指当前数据库用户、当前数据库角色或服务器的 Windows 登录账户；

(3) on：指当前数据库中供访问的对象资源：表或视图、表或视图(列,…)、存储过程或用户自定义函数；

(4) 权限：指供访问对象的相对应操作，见表 10-5。

2. 拒绝权限

语句权限的语法格式：

```
deny 语句 [,…]
    to 安全账户 [,…]
```

对象权限的语法格式：

```
deny 权限 [,…]
    on 表或视图[(列[,…])] | on 存储过程 | on 用户自定义函数
    to 安全账户 [,…]
```

功能：使当前数据库中的数据库用户、数据库角色或 Windows 登录账户在当前数据库中不能执行[语句/权限]指定的 T-SQL 语句。

3. 撤销权限

语句权限的语法格式：

```
revoke 语句 [,…]
    from 安全账户 [,…]
```

对象权限的语法格式：

```
revoke 权限 [,…]
    on 表或视图[(列[,…])] | on 存储过程 | on 用户自定义函数
    from 安全账户 [,…]
```

功能：撤销当前数据库中的数据库用户、数据库角色或 Windows 登录账户在当前数据库中的执行[语句/权限]指定的 T-SQL 语句的权限。需要指出的是，若[安全账户]指定的是 Windows 登录账户，虽然撤销了指定语句执行权，但并没有从当前数据库中删除与 Windows 登录账户同名的数据库用户。

10.3 SQL Server 的安全访问机制

10.3.1 安全认证模式

【演练 10.11】用企业管理器查看或设置 SQL Server 的安全认证模式。

(1) 展开【SQL Server 组】，右击要设置的服务器。

(2) 单击【属性】命令，弹出【SQL Server 属性(配置)—(LOCAL)】对话框，选择【安全性】选项卡。

(3) 在【身份验证】中选择【仅 Windows】或【SQL Server 和 Windows】单选按钮。

(4) 在【审核级别】中选择【无】、【成功】、【失败】或【全部】单选按钮。

(5) 在【启动服务账户】中选择【系统账户】或【本账户】单选按钮。

(6) 单击【确定】按钮，然后停止并重新启动 SQL Server，如图 10.34 所示。

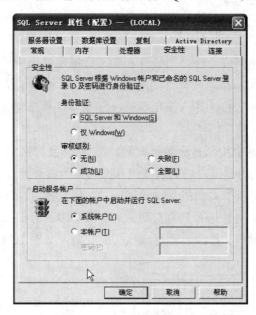

图 10.34　查看/设置安全验证模式

说明：

(1) 审核是指系统跟踪和记录每个 SQL Server 实例上已发生的活动（如成功和失败的记录）。此处审核级别是指系统在 SQL Server 错误日志中记录的用户登录 SQL Server 事件的类型："无"表示不执行审核，"成功"表示只审核成功的登录尝试，"失败"表示只审核失败的登录尝试，"全部"表示审核成功的和失败的登录尝试。

(2) 启动服务账户是指启动并运行 SQL Server 服务的账户。其中：系统账户指 Windows 内置的本地系统管理员账户，不要求密码。没有访问 Windows NT 4.0 和 Windows 2000 的网络资源权限，不能使用本机以外的资源。本账户指 SQL Server 2000 使用 NT 4.0 或 Windows 2000 域用户账户，要求密码，具有访问 Windows NT 4.0 和 Windows 2000 的网络资源权限，能使用本机以外的资源。

安全认证模式也称身份验证模式，SQL Server 2000 有两种身份验证模式，即仅 Windows 验证(仅 Windows 身份验证模式)和混合验证(Windows 身份验证和 SQL Server 身份验证)。

Windows 身份验证模式：用户使用 Windows NT 4.0 或 Windows 2000 操作系统的登录账户和密码连接 SQL Server。当用户通过 Windows NT 4.0 或 Windows 2000 的登录账户和密码进行 SQL Server 2000 连接时，SQL Server 通过回叫 Windows NT 4.0 或 Windows 2000 操作系统以获得信息，重新验证账户名和密码。Windows 身份验证模式与 Windows NT 4.0

或 Windows 2000 的安全系统集成在一起，从而提供更多的功能，如安全验证和密码加密、审核、密码过期、最短密码长度，以及在多次登录请求无效后锁定账户。

SQL Server 身份验证模式：用户使用 SQL Server 的登录账户和密码连接 SQL Server。

(1) 仅 Windows 验证模式：只使用 Windows 身份验证模式。

(2) 混合验证模式：用户提供登录账户和密码先在 SQL Server 中验证，如果验证失败后，再去进行 Windows 身份验证。

10.3.2　SQL Server 的安全访问机制

数据库管理系统的访问安全性是指设计和实现数据库资源的授权访问，即设计和实现授权的用户在指定的时间、指定或允许的地点(计算机)、授权的访问方式访问数据库中的指定的数据资源。需要指出的是目前 SQL Server 还未实现直接定义指定时间、指定地点的安全访问功能。

每个网络用户在访问 SQL Server 数据库时，都必须经过两个安全验证阶段。第一个阶段是身份验证，此时验证用户提供的登录账户和密码是否具有连接 SQL Server 的资格，即验证用户是否具有"连接权"。如果身份验证成功，用户就可以连接到 SQL Server。第二个阶段是权限验证，验证用户是否具有对数据库、数据表、存储过程及列的访问"授权"或"角色"，即查询、添加、修改、删除或执行的权限，如图 10.35 所示。

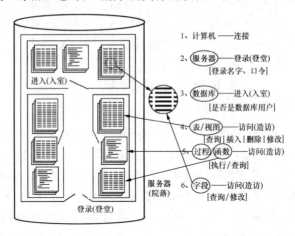

图 10.35　SQL Server 的安全访问机制示意图

1. 计算机的连接(域级、计算机级安全性)

用户在客户计算机通过网络实现对 SQL Server 服务器的访问时，用户除获得客户计算机操作系统的使用权外，还必须搜索或 ping 到安装 SQL Server 服务器的计算机，即在局域网中搜索到 SQL Server 服务器(服务器名/主机名)或在互联网中 ping 到 SQL Server 服务器(域名或 IP 地址)。

2. SQL Server 服务器的登录(服务器级)

对于任何要求访问 SQL Server 的用户，SQL Server 必须在 master 数据库的 sysxlogins

系统表中为其建立登录账户和口令等数据。用户使用已创建的登录(login)账号和口令，才能登录到 SQL Server 服务器。当用户的登录(login)账号被指定为 SQL Server 某一固定服务器角色的成员时，就拥有相应的服务器管理权限。

3. 数据库的访问权限(数据库级)

若用户要访问数据库，就必须在要访问的数据库中建立数据库用户并与该用户的登录账号关联后，才可访问数据库。否则，只可访问 master、tempdb 等设有 guest 数据库用户的数据库。数据库用户的信息保存在数据库的 sysusers 数据表中。当用户对应的数据库用户被指定为该数据库的固定数据库角色的成员时，就拥有相应的数据库管理权限。当然，如果用户的登录账号被指定为 sysadmin 固定服务器角色的成员时，可以进入任何数据库进行访问。

4. 数据表或视图的访问权限(表或视图级)

SQL Server 能够对用户可访问的数据库中的数据表(视图)进行访问权限的设置，即设置用户具有对某个表或视图进行查询(select)、插入(insert)、修改(update)、删除(delete)操作的权限。

5. 存储过程、内嵌表值函数的访问权限(过程或函数级)

SQL Server 能够对用户数据库中的存储过程/内嵌表值函数进行访问权限的设置，即设置是否允许用户进行执行(execute)或查询(select)操作。

6. 数据表或视图中列的访问权限(列级)

SQL Server 能够对用户可访问的数据库中的数据表(视图)列进行访问权限的设置，包括列的查询(select)和修改(update)权限。

10.4　数据库备份还原

数据库安全运行对于数据库应用系统来说是至关重要的，特别是银行、证券、股票、电信等重要的数据库应用系统，必须做到万无一失。数据库备份是数据库安全运行的主要手段，重要数据库应用系统将用到在线备份、数据库镜像、服务器后援等高级备份技术。此处只介绍简单、基本的数据库备份还原技能：磁盘文件完全备份、定时自动磁盘文件完全备份和数据库还原，对于更高级的数据库备份技术等到读者真正需要时再自行探讨。

10.4.1　备份数据库

备份是指将数据库复制到一个专门的备份服务器、活动磁盘或者其他能足够长期存储数据的介质上作为副本。一旦数据库因意外而遭损坏，这些备份可用来还原数据库。

1. 使用企业管理器备份数据库

【演练 10.12】使用企业管理器将"教学成绩管理数据库"备份到"e:\数据库备份\教学成

绩数据库备份.bak"文件。

　　(1) 在【e:】创建文件夹"数据库备份"。

　　(2) 打开企业管理器，展开【SQL Server 组】|【(LOCAL)】|【数据库】，右击"教学成绩管理数据库"，单击【所有任务】、【备份数据库】命令，则弹出【SQL Server 备份—教学成绩管理数据库】对话框，如图 10.36(2)所示。

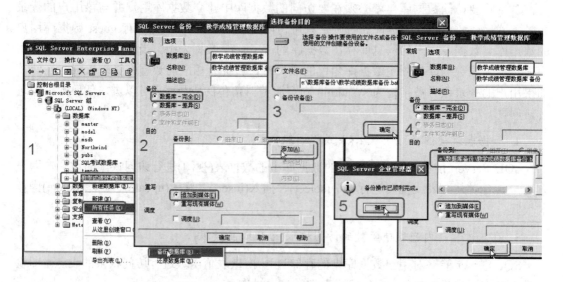

图 10.36　备份数据库

　　(3) 单击【添加】按钮，弹出【选择备份目的】对话框，如图 10.36(3)所示，在【文件名】文本框中输入"e:\数据库备份\教学成绩数据库备份.bak"，单击【确定】按钮完成添加。

　　(4) 在如图 10.36(4)所示的对话框中，在【备份】选项组中选择【数据库—完全】单选按钮，在【重写】选项组中选择【追加到媒体】单选按钮将新的备份添加到备份设备中，也可以选择【重写现有媒体】单选按钮用新的备份来覆盖原来的备份。

　　(5) 单击【确定】按钮开始备份，完成数据库备份后弹出提示对话框，如图 10.36(5)所示。

【知识点】

　　(1) SQL Server 2000 支持在线备份，因此通常情况下可以一边进行备份，一边进行其他操作，但是在备份过程中不允许执行创建或删除数据库文件、创建索引、执行非日志操作和自动或手工缩小数据库或数据库文件大小等操作。

　　(2) SQL Server 支持数据库—完整、数据库—差异、事务日志、文件和文件组备份类型。完整数据库备份是指数据库的完整副本，包括数据文件和事务日志的整个数据库。差异数据库备份是指仅备份自上一次数据库备份之后修改过的数据库页。

　　(3) 备份设备是指用于存放备份数据的设备。包括磁盘设备(操作系统下的磁盘文件)、命名管道设备和磁带备份设备。

　　2. 使用 T-SQL 语句备份数据库

【导例 10.7】如何使用 T-SQL 语句编写备份数据库的脚本？将【master】备份到"e:\数据

库备份\master.bak"文件,将"教学成绩管理数据库"备份到"e:\数据库备份\教学成绩管理数据库备份.bak"文件。

```
backup database master
to disk='e:\数据库备份\master.bak'
backup database 教学成绩管理数据库
to disk='e:\数据库备份\教学成绩管理数据库备份.bak'
```

【知识点】

(1) 数据库备份语法格式:

```
backup database 数据库名 to {备份设备名 | disk='物理磁盘文件名'}
```

(2) 只有授予 sysadmin 固定服务器角色或 db_owner、db_backupoperator 固定数据库角色的成员才可执行 backup database 语句。

10.4.2　数据库定时自动备份

【演练 10.13】使用企业管理器设置数据库自动定时备份:在每天凌晨 3:00 夜深人静、连接用户最少的时候开始将"教学成绩管理数据库"备份到"e:\数据库备份\教学成绩管理数据库每日备份.bak"文件。

(1) 打开企业管理器,展开【SQL Server 组】|【(LOCAL)】|【数据库】,右击"教学成绩管理数据库",单击【所有任务】|【备份数据库】命令,弹出【SQL Server 备份—教学成绩管理数据库】对话框,在【名称】文本框中输入"教学成绩管理数据库 每天备份",单击【添加】按钮,弹出【选择备份目的】对话框,在【文件名】文本框中输入"e:\数据库备份\教学成绩管理数据库每日备份.bak",单击【确定】按钮完成添加,如图 10.37 所示。

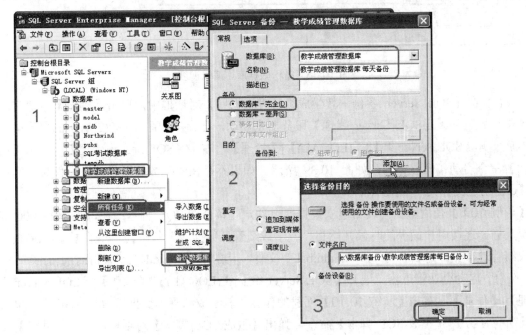

图 10.37　备份数据库、设置备份目标

（2）在【SQL Server 备份—教学成绩管理数据库】对话框中，在【备份】选项组中选择【数据库—完全】单选按钮，在【重写】选项组中选择【重写现有媒体】单选按钮，用新的备份来覆盖原来的备份，选择【调度】复选框并单击右面【…】按钮，弹出【编辑调度】对话框，在【名称】文本框中输入"每日 3 时备份调度"，在【调度类型】选项组单击【更改】按钮，弹出【编辑反复出现的作业调度】对话框，如图 10.38(3)所示，然后发生频率选择【每天】和【1】天、每日频率选择【一次发生于】和【3:00:00】、持续时间填写开始日期和选中【无结束日期】单选按钮，单击【确定】按钮完成时间设置，在【编辑调度】对话框中单击【确定】按钮返回。

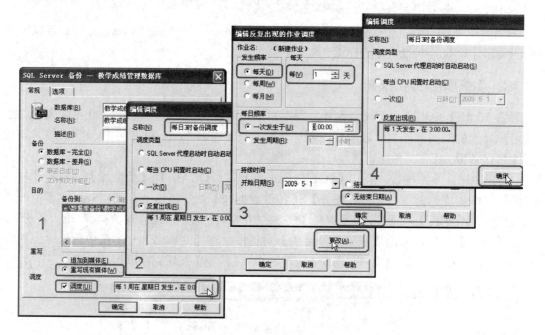

图 10.38　备份数据库、编辑调度

（3）在【SQL Server 备份—教学成绩管理数据库】对话框中，单击【确定】按钮完成备份设置。如果【SQL Server 代理】服务器未启动，会弹出如图 10.39(2)所示的提示框，然后展开【SQL Server 组】|【(LOCAL)】|【管理】，右击【SQL Server 代理】，单击【启动】命令启动代理服务器，如图 10.39 所示。如果不存在"e:\数据库备份"文件夹，需在【e:】创建文件夹"数据库备份"。

【导例 10.8】使用企业管理器建立数据库自动定时备份 T-SQL 脚本：在每天凌晨 3:00 夜深人静、连接用户最少的时候开始将"教学成绩管理数据库"备份到"e:\数据库备份\教学成绩管理数据库每日备份 yyyymmdd.bak"文件，其中 yyyymmdd 表示备份时的日期。

（1）启动企业管理器，展开【SQL Server 组】|【(LOCAL)】|【管理】|【SQL Server 代理】|【作业】，右击【演练 10.10】创建的作业"教学成绩管理数据库 每天备份"，单击【所有任务】|【生成 SQL 脚本】命令，弹出【生成 SQL 脚本】对话框，在【文件名】文本框中输入"d:\自动备份.sql"，单击【确定】按钮完成，如图 10.40 所示。

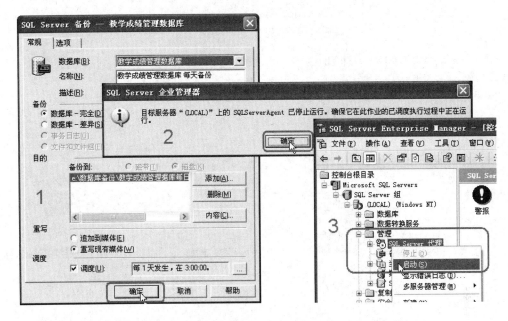

图 10.39　备份数据库

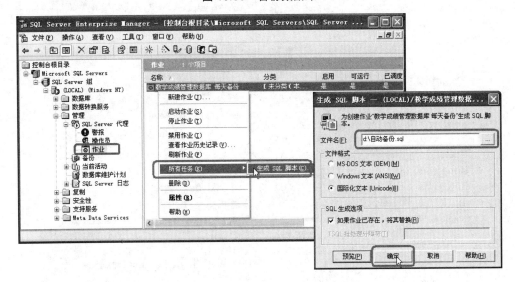

图 10.40　生成自动备份数据库脚本

(2) 启动查询分析器，打开"d:\自动备份.sql"修改[添加作业步骤]部分的脚本。

```
-- 2009-5-1/17:13 上生成的脚本
-- 由: ADMIN\Administrator
-- 服务器: (LOCAL)

begin transaction
  declare @JobID binary(16)
  declare @ReturnCode int
  select @ReturnCode = 0
if (select count(*) from msdb.dbo.syscategories
```

```
          where name = N'[Uncategorized (Local)]') < 1
      execute msdb.dbo.sp_add_category @name = N'[Uncategorized (Local)]'

      -- 删除同名的警报（如果有的话）。
      select @JobID = job_id
      from   msdb.dbo.sysjobs
      where (name = N'教学成绩管理数据库 每天备份')
      if (@JobID is not null)
      begin
      -- 检查此作业是否为多重服务器作业
      if (exists (select *
               from   msdb.dbo.sysjobservers
               where  (job_id = @JobID) and (server_id <> 0)))
      begin
        -- 已经存在，因而终止脚本
        RAISERROR (N'无法导入作业“教学成绩管理数据库 每天备份”，因为已经有相同名称的
多重服务器作业。', 16, 1)
        goto QuitWithRollback
      end
      else
        -- 删除［本地］作业
        execute msdb.dbo.sp_delete_job @job_name = N'教学成绩管理数据库 每天备份'
        select @JobID = null
      end

  begin
    -- 添加作业
    execute @ReturnCode = msdb.dbo.sp_add_job @job_id = @JobID output ,
      @job_name = N'教学成绩管理数据库 每天备份',
      @owner_login_name = N'sa',
      @description = N'没有可用的描述。',
      @category_name = N'[Uncategorized (Local)]',
      @enabled = 1, @notify_level_email = 0,
      @notify_level_page = 0, @notify_level_netsend = 0,
      @notify_level_eventlog = 2, @delete_level= 0
    if (@@ERROR <> 0 or @ReturnCode <> 0) goto QuitWithRollback
    -- 添加作业步骤
    execute @ReturnCode = msdb.dbo.sp_add_jobstep @job_id = @JobID,
         @step_id = 1, @step_name = N'第 1 步', @command = N'
declare @disk nvarchar(80)
select @disk = CONVERT(char(10), getdate(), 120)
set @disk = substring(@disk, 1,4) + substring(@disk, 6,2)
         + substring(@disk, 9,2)
set @disk =  N''e:\数据库备份\教学成绩管理数据库每日备份'' + @disk + ''.bak''
backup database [教学成绩管理数据库] to
disk = @disk
WITH  INIT ,  NOUNLOAD ,  NAME = N''教学成绩管理数据库 每天备份'',
NOSKIP ,  STATS = 10, NOFORMAT ',
         @database_name = N'master', @server = N'',
         @database_user_name = N'', @subsystem = N'TSQL',
         @cmdexec_success_code = 0, @flags = 0, @retry_attempts = 0,
         @retry_interval = 0, @output_file_name = N'',
         @on_success_step_id = 0, @on_success_action = 1,
```

```
                    @on_fail_step_id = 0, @on_fail_action = 2
        if (@@ERROR <> 0 or @ReturnCode <> 0) goto QuitWithRollback
        execute @ReturnCode = msdb.dbo.sp_update_job @job_id = @JobID,
                @start_step_id = 1

        if (@@ERROR <> 0 or @ReturnCode <> 0) goto QuitWithRollback

        -- 添加作业调度
        execute @ReturnCode = msdb.dbo.sp_add_jobschedule @job_id = @JobID,
                @name = N'每日 3 时备份调度', @enabled = 1, @freq_type = 4,
                @active_start_date = 20090501, @active_start_time = 30000,
                @freq_interval = 1, @freq_subday_type = 1,
                @freq_subday_interval = 0,
                @freq_relative_interval = 0, @freq_recurrence_factor = 1,
                @active_end_date = 99991231, @active_end_time = 235959
        if (@@ERROR <> 0 or @ReturnCode <> 0) goto QuitWithRollback

        -- 添加目标服务器
        execute @ReturnCode = msdb.dbo.sp_add_jobserver @job_id = @JobID,
                @server_name = N'(local)'
        if (@@ERROR <> 0 or @ReturnCode <> 0) goto QuitWithRollback

end
commit transaction
goto   EndSave
QuitWithRollback:
    if (@@TRANCOUNT > 0) rollback transaction
EndSave:
```

10.4.3　还原数据库

　　数据库备份后，一旦数据库发生故障，就可以将数据库备份加载到系统，使数据库还原到备份时的状态。还原是与备份相对应的数据库管理工作，系统进行数据库还原的过程中，自动执行安全性检查，然后根据数据库备份自动创建数据库结构，并且还原数据库中的数据。

　　1. 利用企业管理器还原数据库

　　【演练 10.14】使用企业管理器将"教学成绩管理数据库"从"e:\数据库备份\教学成绩管理数据库备份.bak"文件进行还原。

　　(1) 打开企业管理器，展开【SQL Server 组】|【(LOCAL)】，右击【数据库】，单击【所有任务】|【还原数据库】命令，弹出【还原数据库】对话框，如图 10.41(1)所示，在【还原为数据库】列表框中选择"教学成绩管理数据库"(若数据库名称要用新名称，在【还原为数据库】列表框中可输入新数据库名称)，然后选中【从设备】单选按钮，单击【选择设备】按钮，弹出【选择还原设备】对话框，如图 10.41(3)所示，选中【磁盘】单选按钮并单击【添加】按钮，弹出【编辑还原目的】对话框，如图 10.41(4)所示，选中【文件名】单选按钮并在文本框中输入"e:\数据库备份\教学成绩管理据库备份.bak"，单击【确定】按钮完成还原设置，如图 10.41 所示。

　　(2) 在【选择还原设备】对话框中单击【确定】按钮返回【还原数据库】对话框，选择【还原备份集】|【数据库—完全】单选按钮，选择【选项】选项卡，可选择【在现有数

据库上强制还原】等内容，还可设置【将数据库文件还原为】的逻辑文件名和物理文件名，单击【确定】按钮开始还原，还原完成后弹出完成提示框，如图 10.42 所示。

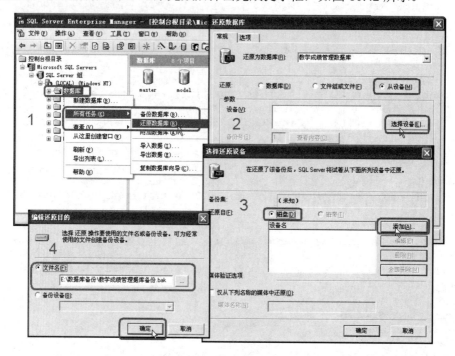

图 10.41　还原数据库 1

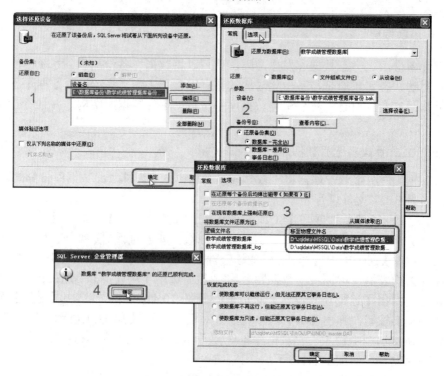

图 10.42　还原数据库 2

2. 使用 T-SQL 语句还原数据库

【导例 10.9】将"e:\数据库备份\教学成绩管理据库备份.bak"文件还原到"教学成绩管理数据库"。

```
restore database 教学成绩管理数据库
from disk='e:\数据库备份\教学成绩管理数据库备份.bak'
```

【知识点】

(1) 在 T-SQL 中，用 restore 语法格式：

```
restore database 数据库名 [from 备份设备名 | disk='物理文件名']
```

(2) 只有授予 sysadmin 和 dbcreator 固定服务器角色成员以及该数据库的所有者(dbo)才可执行 restore database 语句。

(3) 还原 master 数据库，要以单用户模式启动 SQL 服务管理器(在命令提示符输入)：

```
c:
cd \Program Files\Microsoft SQL Server\MSSQL\Binn
sqlservr.exx -c -f -m。
```

10.5　本 章 实 训

实训目的

通过本章的上机实验，帮助学员理解 SQL Server 的安全机制，掌握用企业管理器进行安全管理的基本操作，掌握用 T-SQL 语句实现建立登录账户、设置数据访问权限等功能的方法与语句；学会使用 SQL Server 企业管理器和 backup、restore 命令备份、恢复数据库。

实训内容

在《SQL 上机考试与辅助阅卷系统》中，用企业管理器和用 T-SQL 脚本两种方法建立 SQL 身份验证的账户，见表 10-6。

表 10-6　"SQL 考试黑客"账户

登录名	登录密码	数据库用户名	描述
SQL 考试黑客	54707	SQL 考试捣乱者	可查询并能修改试卷完成表中的答案、结果图

在第 5、6、7、8、9 章实训创建的数据库[我班同学库]、数据表[同学表]、[宿舍表]与录入的真实数据基础上，完成以下实训内容。

备份数据库：[我班同学库] (用 T-SQL 方法)

还原数据库：[我班同学库] (企业管理器)

实训过程

(1) 用企业管理器管理登录账户、设置权限。

实训步骤：

① 参照【演练 10.2】创建登录账号：SQL 考试黑客，并设置密码、默认数据库。

② 参照【演练 10.6】在"SQL 考试数据库"中建立数据库用户：SQL 考试捣乱者，登录账号：SQL 考试黑客，数据库角色：public。

③ 参照【演练 10.9】在"SQL 考试数据库"中为数据库用户："SQL 考试捣乱者"设置访问权限：试卷完成表——select，试卷完成表(答案、结果图)——update。

按以下步骤测试设置效果。

① 打开查询分析器，单击【文件】、【全部断开】命令，关闭【对象浏览器】。

② 单击【文件】、【连接】命令，连接使用选择【SQL Server 身份验证】，登录名输入：SQL 考试黑客，密码输入：54707，打开【对象浏览器】。

③ 在【对象浏览器】中，打开"SQL 考试数据库"，打开"试卷完成表"，可胡乱修改该表中(答案、结果图)列的数据，修改本表其他列时报错。

④ 在【对象浏览器】中，打开"SQL 考试数据库"，打开除"试卷完成表"外其他对象时，系统提示权限不足的报错信息。

(2) 用 T-SQL 脚本建立登录账户、设置权限。

用 T-SQL 脚本建立登录账户、设置权限是开发数据库应用系统时不可缺少的部分。

准备操作步骤如下。

① 在企业管理器中，删除"SQL 考试数据库"中的数据库用户"SQL 考试捣乱者"。

② 在企业管理器中，删除【安全性】、【登录】中的登录账户"SQL 考试黑客"。

实训步骤如下。

① 打开查询分析器，连接使用选择【SQL Server 身份验证】，登录名：sa，密码：输入相应的密码，打开【对象浏览器】，选择"SQL 考试数据库"为当前数据库。

② 在查询窗口中录入并调试执行下列代码：

```
use [SQL 考试数据库]
exec sp_addlogin 'SQL 考试黑客', '54707', 'SQL 考试数据库'
exec sp_grantdbaccess 'SQL 考试黑客', 'SQL 考试捣乱者'
grant select on [dbo].[试卷完成表] to [SQL 考试捣乱者]
grant update on [dbo].[试卷完成表]([答案], [结果图]) to [SQL 考试捣乱者]
```

③ 用企业管理器管理登录账户、设置权限中测试设置效果。

(3) 用企业管理器管理进行数据库备份与还原。

实训步骤：

参照【导例 10.7】、【导例 10.8】、【演练 10.11】备份、自动备份和还原"SQL 考试数据库"。

实训总结

通过本章的上机实验，学员应该能够理解 SQL Server 数据访问的安全机制，理解访问权限的概念，体会从建立登录账户到设置数据访问权限的步骤，掌握用企业管理器进行建立登录账户到设置数据访问权限的基本操作，掌握用 T-SQL 语句进行建立登录账户到设置数据访问权限的方法与语句。

10.6　本　章　小　结

通过本章的学习，应该理解、掌握以下内容。

(1) 理解 SQL Server 2000 的 6 级安全访问机制，计算机的连接、服务器登录与固定服务器角色、数据库访问与固定数据库角色、数据表或视图的访问权限、存储过程与内嵌表值函数的访问权限、数据表或视图列的访问权限。

(2) 应该掌握登录账号、数据库用户、权限和角色 4 个基本概念。其中：登录账号 (LoginName)是登录服务器的账号与密码，数据库用户(dbAccess)是进入数据库访问的账户，权限是是否能进行访问数据库资源的相应操作，角色是指服务器管理、数据库管理和访问的机制，包含两方面的内涵，一是角色的成员，二是角色的权限，即指定角色中成员允许行使的权限。

(3) 掌握登录账户管理、数据库用户管理、角色成员管理和权限管理的方法。

(4) 熟练掌握使用企业管理器、backup 与 restore 语句进行数据库备份和还原方法。表 10-7 列出了本章的 T-SQL 的主要语句。

表 10-7　用于实现数据库管理系统安全性的存储过程小结

类别	系统存储过程/命令	说明
SQL 身份验证账户管理	sp_addlogin	添加登录账户
	sp_defaultdb	默认数据库
	sp_defaultlanguage	默认语言
	sp_password	修改账户口令
	sp_droplogin	删除登录账户
Windows 身份验证账户管理	sp_grantlogin	授予登录
	sp_denylogin	拒绝登录
	sp_revokelogin	撤销登录
固定服务器角色成员管理	sp_addsrvrolemember	添加固定服务器角色成员
	sp_dropsrvrolemember	删除固定服务器角色成员
	sp_helpsrvrole	查看固定服务器角色
固定数据库角色	sp_helpdbfixedrole	查看固定数据库角色
	sp_dbfixedrolepermission	显示固定数据库角色的权限
数据库用户管理	sp_grantdbaccess	授权数据库访问
	sp_revokedbaccess	撤销数据库访问

续表

类别	系统存储过程/命令	说明
数据库角色管理	sp_addrole	添加角色
	sp_droprole	删除角色
	sp_addrolemember	添加角色成员
	sp_droprolemember	删除角色成员
权限管理	grant	授权
	revoke	撤销
	deny	拒绝
登录账户	sa	超级管理员
	BUILTIN\Administrators	操作系统管理员
数据库	backup database 数据库名 　　to {备份设备名 | disk='物理磁盘文件名'}	备份
	restore database 数据库名 　　from 备份设备名 | disk='物理磁盘文件名'	还原
数据库用户	dbo	数据库所有者
	guest	客户

10.7 本 章 习 题

1. 填空题

(1) 数据库管理系统的安全性通常包括两个方面，一是指数据_____的安全性，二是指数据_____的安全性。

(2) 用户访问 SQL Server 数据库时，有_____验证和_____验证两个安全验证阶段。

(3) SQL Server 2000 数据库的对象权限有：表或视图：select、_____、_____和_____；表或视图的列：_____和_____；用户定义函数：_____；存储过程：_____。

(4) SQL Server 2000 数据库的语句权限有：数据库备份：backup database 和日志备份：_____；对象创建：create database、_____、_____、_____、_____和_____。

(5) SQL Server SQL 身份验证账户管理的系统存储过程是：建立登录账户_____、删除登录账户_____和修改账户密码_____。

(6) SQL Server Windows 身份验证账户管理的系统存储过程是：授权账户登录_____、拒绝账户登录_____和撤销账户登录_____。

(7) SQL Server 固定服务器角色成员管理的系统存储过程是：添加固定服务器角色成员_____、删除固定服务器角色成员_____和查看固定服务器角色成员

_____。

(8) SQL Server 数据库用户管理的系统存储过程是：授权数据库访问_____和撤销数据库访问_____。

(9) SQL Server 数据库角色管理的系统存储过程是：新建数据库角色_____、删除数据库角色_____、添加数据库角色成员_____、删除数据库角色成员_____。

(10) SQL Server 权限管理的语句是：授予权限 grant、拒绝权限_____和撤销权限_____。

(11) SQL Server 中能进行服务器登录账号管理的固定服务器角色是：_____和_____。

(12) SQL Server 中能进行数据库权限管理的固定数据库角色是：_____和_____。

(13) SQL Server 权限有 3 种类型，分别是_____权限、_____权限和_____权限。

2. 判断题

(1) 系统管理员能否创建和删除服务器角色？
(2) 每个数据库的用户都是 public 角色的成员吗？
(3) revoke 语句能撤销暗示性权限吗？

3. 简答题

(1) 数据库管理系统的数据访问安全性是指什么？
(2) 什么是服务器登录账户？什么是数据库访问用户？
(3) 什么是固定服务器角色？有哪些固定服务器角色？
(4) 什么是固定数据库角色？有哪些固定数据库角色？
(5) 什么是权限？管理权限的内涵是什么？

4. 叙述题

(1) 叙述 SQL Server 的数据访问的安全机制。
(2) 叙述从建立登录账户到设置数据访问权限的步骤。

第 11 章　教学成绩管理系统的 VB 实现

教学提示：本章主要通过一个完整的案例"教学成绩管理系统"，讨论以 SQL Server 2000 为后台数据库、Visual Basic 为前台开发语言进行数据库应用系统开发的技能。本教材提供了本案例全部源代码及设计文档，读者可以从北京大学出版社第六事业部网站 http://www.pup6.com 下载并进行阅读、研究，重点在于理解数据库应用系统的总体结构、编程技巧。

技能目标：通过本章的学习，特别是通过上机模仿本案例编程，应该掌握 SQL Server 2000 数据库设计与实现的技能，VB 中 SQL Server 数据库的连接和数据的访问机制，VB 应用程序编程技能技巧。

11.1　数据库实现

本书第 2 章对"教学成绩管理系统"进行了需求分析和系统设计，第 3～10 章学习了 SQL Server 的数据库管理与编程方面技能，在此综合前面所学的知识讨论如何应用 VB 编程语言开发一个完整的应用系统。本节讨论的是如何利用 T-SQL 语言实现数据库的逻辑结构。这里只列出部分主要 SQL 语句，其他 SQL 语句可阅读本书提供的下载文件[建库.sql]。

11.1.1　创建数据库

建立教学成绩管理数据库的 SQL 语句脚本。

```
use master
if exists (select * from dbo.sysdatabases where name='教学成绩管理数据库')
  drop database 教学成绩管理数据库
go /*如果存在(教学成绩管理数据库)，删除数据库：教学成绩管理数据库 */

create database 教学成绩管理数据库
go

use 教学成绩管理数据库
go
--禁止触发器嵌套
sp_configure  'nested triggers',0
reconfigure
```

11.1.2　创建数据表

在本案例中一共需要建立 13 个表，分别为学院信息表、系部信息表、教研室信息表、教师信息表、专业信息表、班级信息表、学生信息表、课程信息表、班级课程信息表、教学成绩表和管理员信息表、系统参数表、学年学期表，最后 3 个表在系统实现过程中是不可或缺的，其中：[管理员信息表]用来存放除教师和学生以外的用户信息；[系统参数表]

用来存放系统运行参数；[学年学期表]用来存放已经存在的学年学期。限于篇幅设计，以下仅列出了建立部分表的 SQL 语句，建立其他表的 SQL 语句在本书提供的下载文件中都有详细内容，可参阅。

```sql
-- 创建 学院信息表

-- 函数：is 中文字符串
-- 功能：判断自变量是否是纯中文字符串，返回：是／否
create function is 中文字符串(@字符串 nchar(255))
returns nchar(1) as
begin
  declare @I tinyint, @J tinyint
  set @I=len(@字符串)
  set @J=1
  while (@J<=@I)
    begin
      if (unicode(substring(@字符串,@J,1))<256) return '否'
      set @J=@J+1
    end
  return '是'
end
go
-- 学院信息表 -- 代码：编号 2 位
create table 学院信息表
(   编号 char(2) primary key ,
    名称 nchar(20) unique check(dbo.is 中文字符串(名称) = '是'),
    简称 nchar(10) unique check(dbo.is 中文字符串(简称) = '是'),
    院长 nchar(4) null ,
    书记 nchar(4) null
)
go
-- 创建 系部信息表
-- 函数：is 学院信息表编号
-- 功能：判断自变量是否是学院信息表编号，返回：是／否
create function is 学院信息表编号(@字符串 char(4))
returns nchar(1) as
begin
 if exists(select * from 学院信息表 where 编号=left(@字符串,2)) return '是'
 return '否'
end
go
-- 系部信息表-- 代码：编号 前两位 为所在学院的编号
create table 系部信息表
( 编号  char( 4) primary key check(dbo.is 学院信息表编号(编号)='是'),
  名称 nchar(20) check(dbo.is 中文字符串(名称)='是') unique,
  主任 nchar( 4) null,
  书记 nchar( 4) null)
go
```

11.1.3　创建触发器

在本案例中需要建立[T 删除学院信息表编号]等 4 个触发器。以下代码是[T 删除学院信息表编号]的 SQL 语句，建立其他触发器的 SQL 语句在本书提供的下载文件中都有详细内容，可参阅。

```
--    删除学院信息表编号
--    需要指出的是这里不能用外键级联删除，因为[学院信息表].[编号]是 2 位，
--    [系部信息表].[编号]是 4 位，系部编号的前两位是系部所在学院的编号。
--    检验即将被删除的[编号]是否[系部信息表]的[编号]的前两位正在引用，
--    如果是则报出错误信息，然后回滚到删除前的状态。
create trigger T删除学院信息表编号
on 学院信息表
for delete
as
begin
  set nocount off
  declare @编号 char(2)
  select @编号=编号 from deleted
  if exists(select * from 系部信息表 where @编号=left(编号,2))
     begin
     raiserror ( '系部编号正在使用，不可删除!', 16, 1)
     rollback transaction
     end
end
```

11.1.4　创建视图

在本案例中根据编程需要建立[系部信息表视图]等 11 个视图。下面列出"教研室信息表视图"的建立代码，其他视图的建立代码可参阅本书提供的下载文件。

```
create view 教研室信息表视图
as
select 教研室信息表.编号, 系部信息表视图.名称 as 系部,
       系部信息表视图.学院简称 as 学院, 教研室信息表.名称,
       教研室信息表.主任
from 教研室信息表 inner join
       系部信息表视图 on left(教研室信息表.编号, 4) = 系部信息表视图.编号
```

11.1.5　账户初始化

在本案例中的用户划分为 5 种类型：学生、教师、班主任、学校领导和教务管理员，每种类型设计一个数据库服务器登录账户并分配不同的权限。下面列出"账户初始化"的 SQL 部分主要代码，全部内容可参阅[教学成绩管理用户初始化.sql]文件。

```
use [教学成绩管理数据库]
go

--建立[SQL_客户]登录账户、数据库用户
exec sp_addlogin N'SQL_客户', '000', '教学成绩管理数据库', '简体中文'
exec sp_grantdbaccess N'SQL_客户', N'SQL_客户'
grant SELECT ON [dbo].[学生登录信息表 ] TO [SQL_客户]
```

```
grant SELECT ON [dbo].[教师登录信息表 ] TO [SQL_客户]
grant SELECT ON [dbo].[管理员信息表 ] TO [SQL_客户]
--建立[SQL_学生]登录账户、数据库用户
    ......

--建立[SQL_教师]数据库用户
    ......

--建立[SQL_班主任]登录账户、数据库用户
exec sp_addlogin N'SQL_班主任', '333', '教学成绩管理数据库', '简体中文'
exec sp_grantdbaccess N'SQL_班主任', N'SQL_班主任'
exec sp_addrolemember 'db_datareader', N'SQL_班主任'
grant UPDATE ON [dbo].[学生信息表 ] TO [SQL_班主任]
grant DELETE ON [dbo].[学生信息表 ] TO [SQL_班主任]
grant INSERT ON [dbo].[学生信息表 ] TO [SQL_班主任]

--建立[SQL_领导]登录账户、数据库用户
exec sp_addlogin N'SQL_领导', '444', '教学成绩管理数据库', '简体中文'
exec sp_grantdbaccess N'SQL_领导', N'SQL_领导'
exec sp_addrolemember 'db_datareader', N'SQL_领导'

--建立[SQL_管理员]登录账户、数据库用户
exec sp_addlogin N'SQL_管理员', '555', '教学成绩管理数据库', '简体中文'
exec sp_grantdbaccess N'SQL_管理员', N'SQL_管理员'
exec sp_addrolemember 'db_owner', N'SQL_管理员'
```

11.2　主窗体的创建

所有的管理信息系统都涉及到主控窗体的设计。下面就介绍用 VB 编程语言进行本系统开发时的 VB 设置和主控窗体设计的技巧。

11.2.1　Visual Basic 设置

1. ADO 的设置

Visual Basic 6.0 提供 ADO(Active Data Objects)作为应用程序和数据库连接的桥梁,通过其内部的属性和方法提供统一的数据访问接口方法。虽然 ADO 集成在 Visual Basic 6.0 中,但只是可选项,因此在创建项目后,需要为项目添加 ADO。

在 Visual Basic 6.0 中,选择 Project 菜单中的 References 命令,出现如图 11.1 所示的对话框。选择 Microsoft ActiveX Data Objects 2.6 Library 选项,单击【确定】按钮。这样在使用 ADO 过程时就不会出现编译错误。

2. Cell32 设置

本系统用到 Cell 组件。Cell 组件是用友华表公司在长期开发实践的基础上推出的功能强大、技术成熟的报表二次开发工具(报表控件、报表工具、编程工具),功能十分强大,对于带有数据表格类的开发非常灵活。该组件注册与设置方法如下。

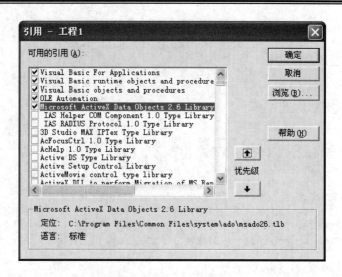

图 11.1 引用 Microsoft ActiveX Data Objects 2.6 Library

注册：把 cell32.ocx 复制在 \windows\system32(Windows XP，Windows 2000 是在 \winnt\system32)目录中，然后在命令窗口下输入 regsvr32 cell32.ocx 执行命令即可，或者在【开始】|【运行】对话框中的【打开】列表框中输入：regsvr32 cell32.ocx，单击【确定】按钮，如图 11.2 所示。

设置：在 Visual Basic 中单击【工程】|【部件】命令，如图 11.3 所示。单击【浏览】按钮，选择 cell32.ocx，单击【打开】按钮。

图 11.2 注册 Cell32 组件

图 11.3 在 VB 中设置 Cell32 组件

11.2.2 创建主窗体

本案例的主窗体界面主要有菜单栏、工具栏、界面图片、状态栏，如图 11.4 所示。窗体和控件的属性设置见表 11-1。

图 11.4　教学成绩管理信息系统主窗体

表 11-1　主窗体及主要控件

控件	名称	属性	属性取值
主界面	frmMain	Caption	教学成绩信息管理系统
		StartUpPositon	CenterScreen
菜单栏	系统设置、公共信息、师资管理、学籍管理、课程设置、成绩管理、帮助		
coolbar	coolbar1		
工具栏	Tb 工具	图像列表	ImL 黑色图标
		热图像列表	ImL 彩色图标
		按钮(12 个)	学号、姓名、班级、组合查询学籍、(分隔符) 学号、姓名、课程、组合查询成绩、(分隔符) 帮助、退出
图像列表	ImL 彩色图标		
图像列表	ImL 黑色图标		
图像	Image1		
状态栏	StatusBar1	窗格(7 个)	样式：1 文本，2 大写锁键，3 数字锁键， 4 滚动锁键 5 插入键，6 日期，7 时间

11.2.3　模块设计与主窗体菜单

根据系统分析与用户需求，本案例模块设计见表 11-2。使用菜单编辑器建立主菜单，如图 11.4 所示。

表 11-2　菜单结构与功能模块表

菜单	模块名	功能描述
教学成绩管理系统	frm 欢迎界面 frmMain	主控界面
系统设置		
登录	frmLogin	登录
修改密码	frm 修改密码	修改本人密码
设置密码	frm 设置密码	设置他人密码
用户信息维护	frm 用户信息表维护	维护用户信息(除教师、学生外)
系统参数设置	frm 系统设置	系统参数设置
数据备份	frm 数据恢复	数据备份
数据恢复	frm 数据备份	数据恢复
退出		退出
公共信息		
学院信息表维护	frm 学院信息表录入	维护(录入、修改、删除记录)学院信息表
系部信息表维护	frm 系部信息表录入	维护系部信息表
专业信息表维护	frm 专业信息表录入	维护专业信息表
教研室信息表维护	frm 教研室信息表录入	维护教研室信息表
课程信息表维护	frm 课程信息表录入	维护课程信息表
班级信息表维护	frm 班级信息表录入	维护班级信息表
学院信息表查询	frm 学院信息表查询	查询学院信息表(从用户角度)
系部信息表查询	frm 系部信息表查询	查询系部信息表
专业信息表查询	frm 专业信息表查询	查询专业信息表
教研室信息表查询	frm 教研室信息表查询	查询教研室信息表
课程信息表查询	frm 课程信息表查询	查询课程信息表
班级信息表查询	frm 班级信息表查询	查询班级信息表
师资管理		
教师档案表录入与修改	frm 教师信息表录入	维护教师档案表
教师档案表查询	frm 教师信息表查询	查询教师档案表
学籍管理		
学生信息录入	frm 学生信息表录入	维护学生档案表
按学号查询	frm 查询学生_按学号	查询学生档案表：按学号
按姓名查询	frm 查询学生_按姓名	查询学生档案表：按姓名
按班级查询	frm 查询学生_按班级	查询学生档案表：按班级
组合查询	frm 查询学生_组合	查询学生档案表：组合查询
课程设置		
班级课程表录入与修改	frm 班级课程设置表录入	维护班级课程设置表(成绩表录入的前提)
班级课程设置查询	frm 班级课程设置表查询	查询班级课程设置表

续表

菜单	模块名	功能描述
教师教学工作量查询	frm 查询教师教学工作量	查询教师教学工作量
成绩管理		
成绩录入	frm 成绩信息录入	维护学生档案表
补考成绩录入	(暂缺)	
成绩修改	(暂缺)	
按学号查询	frm 查询成绩_按学号	查询学生成绩：按学号
按姓名查询	frm 查询成绩_按姓名	查询学生成绩：按姓名
按课程查询	frm 查询成绩_按课程	查询学生成绩：按班级
按班级查询	frm 查询成绩_按班级	查询学生成绩：组合查询
帮助		
帮助内容		调用 help.chm 帮助文件
关于	frmAbout	关于

11.2.4　全局变量

本系统在模块 module1 的通用声明部分定义了 10 个全局变量，变量及意义如下。

```
Public HostName As String              '连接主机(服务器名)：
Public UserType As String              '用户类型：学生，教师，
                                       '学校领导，班主任，教务管理员
Public UserName As String              '用户名
Public UserId As String                '用户号(学号、教师编号)
Public LoginUserName As String         '登录名
Public ConnectUserName As String       '连接用户名
Public ConnectPassWord As String       '连接用户口令
Public txtSQL As String                'SQL 查询语句
Public msg_Sql As String               'SQL 查询返回信息，返回结果：记录集
Public CurrentRow As Long              'cell 表格中的当前行号
```

11.2.5　程序代码

本模块中有以下 3 类代码。

1. 主模块装载过程 Form_Load()

```
Private Sub Form_Load()
    Image1.Left = 45                   '定义 Image1 的位置和大小
    Image1.Top = 600
    Image1.Width = Me.Width - 90
    Image1.Height = Me.Height - 700
    Me.Enabled = False                 '主界面无效
    Load frmLogin                      '装载登录模块：frmLogin
    frmLogin.Show                      '显示登录模块：frmLogin
End Sub
```

2. 单击工具栏过程

```
Private Sub Tb工具_ButtonClick(ByVal Button As MSComctlLib.Button)
    Select Case Button.Index
        Case 1                                    '单击工具栏[学号查询]学生情况按钮
         frm查询学生_按学号.Show vbModal          '显示相应的界面：frm查询学生_按学号
        Case 2
            frm查询学生_按姓名.Show vbModal
        Case 3
            frm查询学生_按班级.Show vbModal
        Case 4
            frm查询学生_组合.Show vbModal
        Case 6
            frm查询成绩_按学号.Show vbModal
        Case 7
            frm查询成绩_按姓名.Show vbModal
        Case 8
            frm查询成绩_按课程.Show vbModal
        Case 9
            frm查询成绩_按班级.Show vbModal
        Case 11
            Shell "hh.exe " & App.Path & "\help.chm", vbNormalFocus
        Case 12
            End
    End Select
End Sub
```

3. 单击菜单过程

(1) 单击【帮助】下的【帮助】菜单模块。

```
Private Sub menu帮助内容_Click()                '通过 hh.exe 访问 help.chm 帮助文件
Shell "hh.exe " & App. Path,"\help.chm", vbNormalFocus
End Sub
```

(2) 单击【系统设置】下的【登录】菜单模块。

```
Private Sub menu登录_Click()
    If MsgBox("您确实要注销本次登录吗？", vbYesNo, "系统信息") = vbYes Then
        Form_Load          '重新调用主界面的装载模块 form_load()调用 frmLogin
    End If
End Sub
```

(3) 单击其他菜单项模块。主控界面中的其他菜单项的单击模块都类似下列单击【学院信息表查询】，显示相应的界面。

```
Private Sub menu学院信息表查询_Click()
    frm学院信息表查询.Show vbModal
End Sub
```

11.2.6 程序启动顺序

1. Main()

在"教学成绩管理"工程属性的【通用】选项卡中，设置启动对象：Sub Main()。

```
Sub Main()
    HostName = "(local)"
    frm欢迎界面.Show                    '显示：frm欢迎界面
End Sub
```

2. frm 欢迎界面

在该模块中只有 4 个过程：Form_Click、Form_KeyPress、Image1_Click、Timer1_Timer，其代码相同，只有下列两句代码。

```
Private Sub …
    Unload Me
    Load frmMain                       '装载主界面
End Sub
```

3. frmMain(主界面)：form_load()

```
Private Sub Form_Load()
    ……
    Me.Enabled = False                 '主界面无效
    Load frmLogin                      '装载登录模块：frmLogin
    frmLogin.Show                      '显示登录模块：frmLogin
End Sub
```

4. frmLogin(登录界面)：Form_Load()

在该模块中只有两个出口，即【确定】和【取消】按钮。其中：【确定】在判断用户合法后返回主控界面，【取消】则退出模块。

```
Private Sub Cmd确认_Click()
    ……
    '合法用户
    UserType = Cmb用户类型.Text
    LoginUserName = Trim(Txt用户名称.Text)
    Unload frmLogin                    '关闭登录窗口
    frmMain.Enabled = True             '使主窗口可用
    frmMain.Visible = True             '主窗口可见，返回主控界面：frmMain
End Sub
Private Sub Cmd取消_Click()
    Unload frmLogin
    End            '退出，停机
End Sub
```

11.3 数据访问机制

Microsoft Visual Basic 6.0 在数据访问方面先后提供了 DAO(Data Access Objects，数据访问对象)、RDO(Remote Data Objects，远程数据对象)和 ADO(Active Data Objects，Active 数据对象)3 种访问机制，但 ADO 集中了 DAO 和 RDO 的优点，可以通过简单的编程实现

和各种数据结构的连接。

11.3.1　ADO 对象结构

ADO 对象定义了一个可编程的分层的对象集合。ADO 由 ADO DB 对象库和 Connection、Recordset、Field、Command、Parameter、Property、Error 7 个对象及 Parameters、Fields、Properties、Errors 4 个数据集合构成，见表 11-3。图 11.5 所示为 ADO 对象的结构关系。

表 11-3　ADO 对象结构中的各个对象描述

对象	描述
Connection	用来建立数据源和 ADO 程序之间的连接，它代表与一个数据源的唯一对话。包含了有关连接的信息。例如：游标类型、连接字符串、查询超时、连接超时和默认数据库
Recordset	查询得到的一组记录组成的记录集
Field	包含了记录集中的某一个记录字段的信息。字段包含在一个字段集合中。字段的信息包括数据类型、精确度和数据范围等
Command	包含了一个命令的相关信息，如查询字符串、参数定义等。可以不定义一个命令对象而直接在一个查询语句中打开一个记录集对象
Parameter	与命令对象相关的参数。命令对象的所有参数都包含在它的参数集合中，可以通过对数据库进行查询来自动创建 ADO 参数对象
Property	ADO 对象的属性。ADO 对象有两种类型的属性：内置属性和动态生成的属性。内置属性是指在 ADO 对象里面的那些属性，任何 ADO 对象都有这些内置属性；动态属性由底层数据源定义，并且每个 ADO 对象都有对应的属性集合
Error	包含了由数据源产生的 Errors 集合中的扩展的错误信息。由于一个单独的语句会产生一个或多个错误，因此 Errors 集合可以同时包括一个或多个 Error 对象

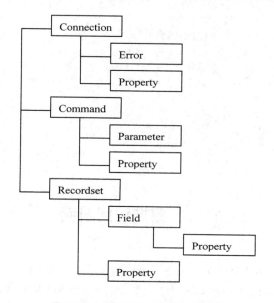

图 11.5　ADO 对象的结构关系图

11.3.2　ADO 编程模型

ADO 通过以下步骤来完成对数据库的操作。

(1) 首先创建一个到数据源的连接(Connection)对象，连接到数据库；或者开始一个事务(Transaction)。

(2) 创建一个代表 SQL 命令行(Command，包括变量、参数、可选项等)的对象。

(3) 执行命令行。

(4) 如果返回以表格形式组织的数据，则将它们保存在缓存中，产生相应的数据集对象(RecordSet)，这样便于查找、操作数据。

(5) 通过数据集对象进行各种操作。包括修改、增加、删除等。

(6) 更新数据源。如果使用事务，确认是否接受事务期间发生的数据变化。

(7) 结束连接和事务。

11.3.3　SQL 执行函数

在公用模块 Module1 中，创建了两个公共数据库访问函数，用以执行各种 SQL 语句。这两个函数是本程序的核心，其代码和说明如下。

1. 连接 SQL Server 连接串函数: ConnectString

```
Public Function ConnectString () As String
   '集中定义：驱动程序、服务器名、数据库名、登录用户名和登录密码等数据库访问参数
ConnectString = "driver={SQL Server}; SERVER=" & HostName & _
    "; DATABASE=教学成绩管理数据库;UID=" & ConnectUserName &
    ";PWD=" &_ConnectPassWord
End Function
```

2. SQL 语句执行函数: ExecuteSQL

```
    Public Function ExecuteSQL (ByVal SQL As String, MsgString As String) As
ADODB.Recordset
     '传递参数：SQL 传递查询语句, MsgString 传递查询信息,
     '返回执行结果：记录集 Recordset
    Dim cnn As ADODB.Connection          '定义连接
    Dim rst As ADODB.Recordset           '定义返回结果：记录集
    Dim sTokens() As String              '定义字符串数组
    On Error GoTo ExecuteSQL_Error       '出错处理标号
    sTokens = Split (SQL)                 '以空格分割 SQL 命令串
    Set cnn = New ADODB.Connection
    cnn. Open ConnectString               '调用 ConnectString 函数,
                                          '以该函数的参数连接数据库

    If InStr ("INSERT, DELETE, UPDATE", UCase$(sTokens (0))) Then
      '判断为：insert、delete、update 语句并执行之
      cnn. BeginTrans                      '启动事务
      cnn. ExecuteSQL                      '执行 TransactionSQL 语句
      cnn. CommitTrans                     '提交事务
      MsgString = sTokens(0) &            " 操作成功 "
    Else
```

```
        Set rst = New ADODB.Recordset
        rst. Open Trim$(SQL), cnn, adOpenKeyset, adLockOptimistic
        '执行 select 语句
        Set ExecuteSQL = rst                  '返回结果
        MsgString = "查询到" & rst.RecordCount & " 条记录 "
    End If
ExecuteSQL_Exit:
    Set rst = Nothing                         '释放查询结果集
    Set cnn = Nothing                         '关闭连接
    Exit Function                             '退出 function

ExecuteSQL_Error:                             '出错处理
    MsgString = "查询错误: " & Err.Description
    Resume ExecuteSQL_Exit                    '错误处理程序结束后,
                                              '转移到 ExecuteSQL_Exit 标号处运行
End Function
```

读懂上述两个数据库访问函数,可用单步跟踪方式执行 1 条 SQL 语句。用单步跟踪方式执行 frmLogin 模块中的【确定】按钮的单击过程:Cmd 确认_Click(),并在单步跟踪过程中查询各个变量的值。

11.4　登录界面与权限

所有的管理信息系统都涉及系统使用权限问题。根据工作要求设定用户角色,并为不同角色设置相应的管理或使用权限,同时将用户划归为相应的角色。本系统在 SQL 数据库设计时已经从数据库级进行了安全性设计,这里也从应用程序客户端的功能菜单级进行权限设计。权限的实现总是从登录开始的,下面就介绍 VB 端的权限实现技巧。

11.4.1　系统登录界面

1. 登录界面

"教学成绩管理系统"的用户划分为 5 种角色:学生、教师、班主任、学校领导和教务管理员,如图 11.6 所示。登录界面中窗体和控件属性设置见表 11-4。

表 11-4　登录界面中窗体及主要控件

控　件	名　称	属　性	属性取值
登录界面	frmLogin	Caption	欢迎您
列表框	Cmb 用户类型	List	学生、教师、学校领导、班主任、教务管理员
文本框	Txt 用户名称		(登录名)
文本框	Txt 密码	PasswordChar	*
【确认】按钮	Cmd 确认	Caption	确认(&O)
【取消】按钮	Cmd 取消	Caption	取消(&C)
【帮助】按钮	Cmd 帮助	Caption	帮助(&H)

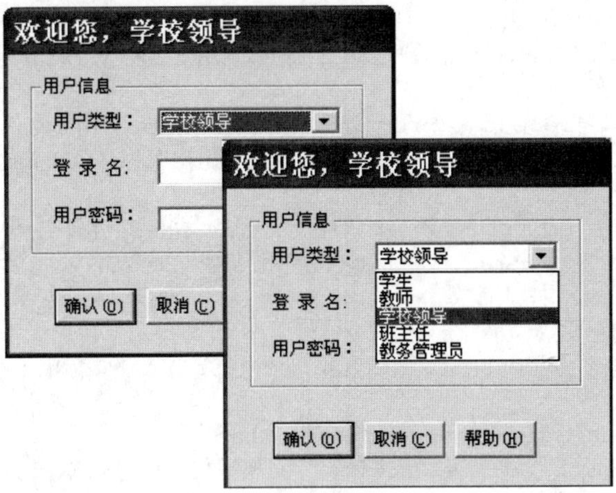

图 11.6　系统登录界面

2. 用户数据表

本模块涉及数据库中 3 个表或视图。

(1) 学生登录信息表：视图，基本表是学生信息表。

(2) 老师登录信息表：视图，基本表是老师信息表。

(3) 管理员信息表：班主任、学校领导和教务管理员信息。

3. 主要程序代码

本模块中有 5 个过程代码：装载 Form_Load()、Cmb 用户类型_Click、Cmd 确认_Click、Cmd 取消_Click、Cmd 帮助_Click。其中主要过程是 Cmd 确认_Click，代码如下：

```
'**********************************************************************
'  过程：Cmd 确认_Click
'  功能：实现数据库连接和用户登录功能
'**********************************************************************
Private Sub Cmd确认_Click()
   If (Txt用户名称.Text="") Or Cmb用户类型.Text="" Or Txt密码.Text="" Then
      MsgBox "输入信息不全！", vbCritical, "错误信息"
      Txt用户名称.SetFocus
      Exit Sub
   End If

   '查找对应的登录用户，并判断密码是否正确
   ConnectUserName = "SQL 客户"
   ConnectPassWord = "000"
   Select Case Cmb用户类型.Text
   Case "学生"
     txtSQL = "Select * From 学生登录信息表  Where 学号= '" &_
             Trim(Txt用户名称.Text) & "'"
   Case "教师"
     txtSQL = "Select * From 教师登录信息表  Where 登录名=" &_
             Trim(Txt用户名称.Text) & "'"
   Case "学校领导"
```

```
        txtSQL = "Select * From 管理员信息表  Where 用户身份='领导'" &_
            " and 登录名=" & Trim(Txt 用户名称.Text) & "'"
    Case "班主任"
        txtSQL = "Select * From 管理员信息表  Where 用户身份='班主任'" &_
            " and 登录名=" & Trim(Txt 用户名称.Text) & "'"
    Case "教务管理员"
        txtSQL = "Select * From 管理员信息表  Where 用户身份='管理员'" &_
        " and 登录名=" & Trim(Txt 用户名称.Text) & "'"
End Select

Set objRs = ExecuteSQL(txtSQL, msg_Sql)

If Left(msg_Sql, 4) = "查询错误" Then
    MsgBox msg_Sql, vbCritical, "错误信息"
    End
End If

If objRs.EOF Then
    MsgBox "没有找到密码信息！", vbCritical, "错误信息"
    Txt 密码.SetFocus
    Exit Sub
End If

If Trim(objRs("密码")) <> Trim(Txt 密码.Text) Then
    MsgBox "密码错误，请重新登录！", vbCritical, "错误信息"
    Txt 密码.SetFocus      '选中输入内容
    SendKeys "{Home}+{End}"
    Exit Sub
End If

Select Case Cmb 用户类型.Text
        Case "学生"
            UserId = objRs("学号")
            frmMain.StatusBar1.Panels(1).Text = "用户: " &_
                Trim(objRs("姓名")) + " 同学"
        Case "教师"
            UserId = objRs("编号")
            frmMain.StatusBar1.Panels(1).Text = "用户: " &_
                Trim(objRs("姓名")) + " 老师"
        Case "学校领导"
            frmMain.StatusBar1.Panels(1).Text = "用户: " &_
                Trim(objRs("姓名")) + " 领导"
        Case "班主任"
            frmMain.StatusBar1.Panels(1).Text = "用户: " &_
                Trim(objRs("姓名")) + " 班主任"
        Case "教务管理员"
            frmMain.StatusBar1.Panels(1).Text = "用户: " &_
                Trim(objRs("姓名")) + " 管理员"
End Select
objRs.Close
```

```
        '根据用户类型设置菜单和工具按钮的可用性
        Call menu_setup

        '合法用户
        UserType = Cmb用户类型.Text
        LoginUserName = Trim(Txt用户名称.Text)
        Unload frmLogin                    '关闭登录窗口
        frmMain.Enabled = True             '使主窗口可用
        frmMain.Visible = True
End Sub
```

11.4.2 权限设置

Menu_setup 是本系统通用模块中已经定义的，通过它来实现权限管理。首先把所有的菜单都设为不可用，然后用 select 语句为不同的用户打开不同的菜单，在最后为教务管理员打开所有功能菜单，代码如下：

```
Public Sub menu_setup()
'menu系统设置
    frmMain.menu登录.Enabled = True
    frmMain.menu修改密码.Enabled = True
    frmMain.menu数据备份.Enabled = False
    frmMain.menu数据恢复.Enabled = False
    frmMain.menu系统参数.Enabled = False
    frmMain.menu设置密码.Enabled = False
    frmMain.menu用户信息维护.Enabled = False
    frmMain.menu退出系统.Enabled = True
'menu公共信息
    ......
'menu师资管理
    ......
'menu学籍管理
    ......
'menu课程设置
    ......
'menu成绩管理
    ......
'menu帮助
    ......

'Tb工具
    frmMain.Tb工具.Buttons.Item(1).Enabled = True
    frmMain.Tb工具.Buttons.Item(2).Enabled = True
    ......
    frmMain.Tb工具.Buttons.Item(12).Enabled = True

    Select Case frmLogin.Cmb用户类型.Text
        Case "学生"
            ConnectUserName = "SQL学生"
            ConnectPassWord = "111"
```

```
        Case "教师"
            ConnectUserName = "SQL 教师"
            ConnectPassWord = "222"

            frmMain.menu 查询学生_按班级.Enabled = True
            frmMain.menu 查询学生_组合.Enabled = True
        ……
        Case "班主任"
        ……
        Case "学校领导"
        ……
        Case "教务管理员"
        ……
    End Select
End Sub
```

上述代码中的"frmMain.Tb 工具.Buttons.Item()"为主窗口工具栏的设置内容,工具栏的设置应与菜单权限方案一致。

11.5　信息查询模块

从本系统的菜单可以看到,教务成绩相关信息分为公共信息、师资管理、学籍管理、课程设置和成绩管理 5 个部分,其中不同项目的查询共有 11 项:学院信息表查询、系部信息表查询、专业信息表查询、教研室信息表查询、课程信息表查询、班级信息表查询、教师档案表查询、学生学籍查询、班级设置查询、教师教学工作量查询和学生成绩查询,其中学生学籍查询和学生成绩查询按查询条件不同又各分为 4 类。公共信息对所有用户开放。

11.5.1　Cell 主要属性

在以下的各模块中就相继用到了 Cell 控件,其相关部分方法见表 11-5。

表 11-5　Cell 主要属性

方法	作用	格式/语法
DoSetCellAlignment	设置单元格文本对齐方式	DoSetCellAlignment(col, row,align)
DoSetCell3DState()	设置指定单元格的显示模式	DoSetCell3DState(col,row,state)
DoSetDefaultFont	设置默认字体	DoSetDefaultFont(size, style, name)
DoSetCellReadOnly	设置单元格内容只读	DoSetCellReadOnly(col, row, readonly)
DoJoinCells	合并指定区域内的单元格	DoJoinCells(startcol, startrow, endcol, endrow)
DoRedrawAll	重画 Cell 控件	DoRedrawAll()
DoSetUnScrollRow	不滚动起始及中止行(<10 行)	DoSetUnScrollRow (row1,row2)
DoResetContent	将表格置空	DoResetContent()

续表

方法	作用	格式/语法
DoSetUnScrollCol	不滚动起始及中止列(<10 列)	DoSetUnScrollCol(col1, col2)
DoSetRowHeight	设置控件中指定行的高度	DoSetRowHeight(row, height)
DoSetCellString	设置指定单元格字符串数据	DoSetCellString(col, row,　string)

11.5.2　学生档案查询

1. 模块界面

在"学籍管理"菜单中选择"按专业班级查询学生档案"出现"按专业班级查询学生档案"对话框，如图 11.7 所示。窗体主要控件及其主要属性见表 11-6。

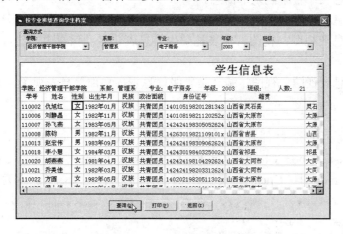

图 11.7　"按专业班级查询学生档案"对话框

表 11-6　窗体主要控件及其主要属性

控件	名称	属性	属性取值
查询界面	Frm 查询学生_按班级	Caption	按专业班级查询学生档案
列表框	Combo0(学院列表框)		
	Combo1(系部列表框)		
	Combo2(专业列表框)		
	Combo3(年级列表框)		
	Combo4(班级列表框)		
组合框	Frame1	Caption	查询方式
标签	Label1	Caption	年级：
	Label2	Caption	系部：
	Label3	Caption	专业：
	Label4	Caption	学院：
	Label5	Caption	班级

续表

控件	名称	属性	属性取值
Cell	Cell1		
【查询】按钮	Cmd 查询	Caption	查询(&Q)
【打印】按钮	Cmd 打印	Caption	打印(&P)
【返回】按钮	Cmd 返回	Caption	返回(&X)

2. 相关数据表

本模块涉及数据库中 5 个表或视图。

(1) 学院信息表：学院信息。

(2) 系部信息表：各学院系部信息。

(3) 专业信息表：学院系部专业信息。

(4) 学生信息表视图：视图，基表是学生信息表、专业信息表、班级信息表、系部信息视图。

(5) 班级信息表视图：视图，基表是班级信息表、系部信息表视图、专业信息表。

3. 主要程序代码

本模块共有 10 个事件代码：Form_Load()、Combo0_Click()、Combo1_Click()、Combo2_Click()、Combo3_Click()、Cmd 查询_Click()、Form_Unload()、Cmd 返回_Click()、Cell1_Setup()、Cmd 打印_Click()，其中 Cell1_Setup() 为自定义函数。主要事件代码如下：

```
****************************************************************
'  过程：Cell1_Setup()
'  功能：对 Cell1 控件进行初始设置
****************************************************************
Private Sub Cell1_Setup(ByRef obj As Object)
    Dim numI As Integer, numcol As Integer, numRow As Integer
    ……
    Cell1.DoSetCellString 0, 1, "学院：" & Combo0.Text &_
        "   系部：" & Combo1.Text & "   专业：" & Combo2.Text &_
        "   年级：" & Combo3.Text & "   班级：" & Combo4.Text &_
        "   人数：" & Str(rs)
    Cell1.DoSetRowHeight 1, 36
    Cell1.DoJoinCells 0, 1, 10, 1
    Cell1.DoSetCellReadOnly 0, 1, True          '  表头内容为只读
    ……
    Cell1.DoSetCellString 0, 2, "学号"          '  设置表头为"学号"
    ……
    Cell1.DoSetCellString 10, 2, "联系电话"
    For numI = 0 To 10
        Cell1.DoSetCellAlignment numI, 2, 36    '  设置单元格对齐方式
        Cell1.DoSetCellReadOnly numI, 2, True
    Next numI
    Cell1.DoSetDefaultFont 8, 0, "宋体"
    Cell1.Rows = 3
```

```
        Cell1.Cols = 11
    '     Cell1.DoRedrawAll                                    '    重画表格
End Sub


'****************************************************************************
'  事件：Form_Load()
'  功能：窗口开始时首先装载学院列表框(Combo0)
'****************************************************************************
private Sub Form_Load()
    Dim i As Integer, l As Integer
    '  定义记录集对象
    Set objRs = ExecuteSQL("Select * From 学院信息表", msg_Sql)
    l = objRs.RecordCount
    ReDim a 学院(l) As String
    '  将记录集检索到的内容添加到 Combo0 中去
      For i = 0 To l - 1
        Combo0.AddItem Trim(objRs("名称"))
        a 学院(i) = Trim(objRs("编号"))
        objRs.MoveNext
    Next i
    Combo0.ListIndex = 0
    rs = 0
    Cell1_Setup Cell1                                     '    初始化 Cell 表格
End Sub


'****************************************************************************
'  事件：Combo0_click()
'  功能：当事件发生时设置系部列表框的 List 属性
'****************************************************************************
Private Sub Combo0_click()
    Dim i As Integer, l As Integer
    Combo1.Clear
    Set objRs = ExecuteSQL("Select * From 系部信息表 where " &_
              "left(编号,2)= " & a 学院(Combo0.ListIndex) & "'", msg_Sql)
    l = objRs.RecordCount
    ReDim a 系部(l) As String
    For i = 0 To l - 1
        Combo1.AddItem Trim(objRs("名称"))           '    设置系部信息
        a 系部(i) = Trim(objRs("编号"))
        objRs.MoveNext
    Next i
    Combo1.ListIndex = 0
End Sub


'****************************************************************************
'  事件：Cmd 查询_Click()
'  功能：生成组合框中组合成的查询条件并执行查询
'****************************************************************************
Private Sub Cmd 查询_Click()
    Dim numI As Integer, numJ As Integer
```

```vb
' 判断班级列表框(Combo4)是否选择有班级，如果没有，则将这专业的所有学生信息返回。
' 如果选择了班级，则在查询条件中加入班级，将所要查询班级学生信息返回。
If Trim(Combo4.Text) = "" Then
If txtSQL = "Select * From 学生信息表视图 " &_
         "where 专业编号 =" & a 专业(Combo2.ListIndex) &_
         "' and 年级 = '" & Combo3.Text &_
         "order by 年级, 专业编号, 班级编号, 学号"
Else
If  txtSQL = "Select * From 学生信息表视图 "&_
         "where 专业编号 =" & a 专业(Combo2.ListIndex) &_
         "' and 年级 = '" & Combo3.Text &_
         "' and 班级编号 = '" & a 班级(Combo4.ListIndex) &_
         " order by 年级, 专业编号, 班级编号, 学号"
End If
Set objRs = ExecuteSQL(txtSQL, msg_Sql)    ' 执行前面生成的查询语句
rs = objRs.RecordCount                      ' 得出记录数
' 判断返回的记录集是否为空，为空报错，不为空将 "打印" 按钮可用，并设置 Cell1,
' 同时将检索到的记录添加到 Cell1 中
    If objRs.EOF Then
    MsgBox "没有找到任何记录，请检查您的查询条件!", vbCritical, "系统信息"
    Cmd 打印.Enabled = False
Else
    Cmd 打印.Enabled = True
    numI = 3
    Cell1.DoResetContent
    Cell1_Setup Cell1
    Do While Not objRs.EOF
        Cell1.DoAppendRow 1
        Cell1.DoSetCellString 0, numI, Trim(objRs("学号"))
        Cell1.DoSetCellString 1, numI, Trim(objRs("姓名"))
        Cell1.DoSetCellString 2, numI, Trim(objRs("性别"))
        Cell1.DoSetCellAlignment 2, numI, 36
        Cell1.DoSetCellString 3, numI, Trim(objRs("出生年月"))
        Cell1.DoSetCellString 4, numI, Trim(objRs("民族"))
        Cell1.DoSetCellAlignment 4, numI, 36
        Cell1.DoSetCellString 5, numI, Trim(objRs("政治面貌"))
        Cell1.DoSetCellString 6, numI, Trim(objRs("身份证号"))
        If Not IsNull(objRs("籍贯")) Then
          Cell1.DoSetCellString 7, numI, Trim(objRs("籍贯"))
        Cell1.DoSetCellString 8, numI, Trim(objRs("家庭地址"))
        Cell1.DoSetCellString 9, numI, Trim(objRs("邮政编码"))
        Cell1.DoSetCellString 10, numI, Trim(objRs("联系电话"))
        For numJ = 0 To 10
          Cell1.DoSetCellReadOnly numJ, numI, True
        Next numJ
        objRs.MoveNext
        numI = numI + 1
    Loop
End If
Cell1.DoSetUnScrollRow 0, 2
```

```
    Cell1.DoSetUnScrollCol 0, 1
    objRs.Close
End Sub

'*************************************************************
' 事件: Cmd打印_Click()
' 功能: 将表格中的结果输出打印
'*************************************************************
Private Sub Cmd打印_Click()
    MsgBox "请在打印机中放入 A4 打印纸...", vbOKOnly, "数据打印"
    Cell1.DoSetPrintPara 1, 9, False                 ' 设置打印参数
    Cell1.DoSetPrintPara2 100, True, False
    Cell1.DoSetPrintPara3 1, 0
    Cell1.DoSetPrintTitle 0, 0, 10, 3, 3, 2
    Cell1.DoDrawLine 0, 2, 10, Cell1.Rows - 1, 0, 1, 0
    Cell1.DoSetPrintFoot "", "&P  &D", ""
    Cell1.DoPrintPreview False
End Sub
```

11.6　数据维护模块

公共信息、师资管理、学籍管理、课程设置和成绩管理 5 个部分需要进行数据维护的共有 13 项：用户信息维护、学院信息表维护、系部信息表维护、专业信息表维护、教研室信息表维护、课程信息表维护、班级信息表维护、教师档案表录入与修改、学生信息录入、班级课程表录入与修改、成绩录入、补考成绩录入和成绩修改。下面介绍系部信息表维护。

1. 模块界面

数据的维护通常包括插入、修改和删除 3 个操作，图 11.8 所示是系部信息表维护对话框，相关控件及说明见表 11-7。

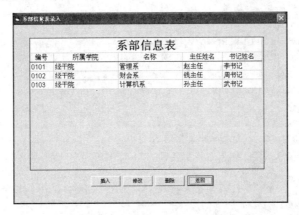

图 11.8　系部信息表维护对话框

表 11-7　系部信息表主要控件及说明

控件	名称	属性	属性取值
维护界面	Frm 系部信息录入	Caption	系部信息表录入
Cell	Cell1		
【插入】按钮	C 插入	Caption	插入
【修改】按钮	C 修改	Caption	修改
【删除】按钮	C 删除	Caption	删除

2. 相关数据表

系部信息表的维护涉及数据库中 3 个表或视图。

(1) 学院信息表：学院信息。

(2) 系部信息表：各学院系部信息。

(3) 系部信息表视图：视图，基表是学院信息表和系部信息表。

3. 主要程序代码

本模块共有 6 个事件代码：Form_Load()、C 插入_Click()、C 修改_Click()、C 删除_Click()、C 返回_Click()、Form_QueryUnload()。主要事件为 C 插入_Click()、C 修改_Click()、C 删除_Click() 和 C 返回_Click()，其代码如下：

```
'******************************************************************
'　事件：C 插入_Click()
'　功能：插入一行记录
'******************************************************************
Private Sub C 插入_Click()
If C 插入.Caption = "插入" Then
    C 插入.Caption = "保存"                    '　设置按钮之间的关系
    C 修改.Enabled = False                  '
    C 删除.Enabled = False
    C 返回.Caption = "取消"
    Cell1.DoAppendRow 1                        '　增加一行
    CurrentRow = Cell1.Rows - 1
    '　关闭当前行单元格的只读属性，将第一列的单元格设为文本编辑模式
    Cell1.DoSetCellReadOnly 0, CurrentRow, False
    Cell1.DoSetCellTextMode 0, CurrentRow, 1
    ……
Else
    txtSQL = "insert into 系部信息表 " &_
            "values ('" & Trim(fGetCellString(0, CurrentRow, Cell1)) _
            & "', '" & Trim(fGetCellString(2, CurrentRow, Cell1)) _
            & "', '" & Trim(fGetCellString(3, CurrentRow, Cell1)) _
            & "', '" & Trim(fGetCellString(4, CurrentRow, Cell1)) _
            & "')"
    Call ExecuteSQL(txtSQL, msg_Sql)
    If Left(msg_Sql, 4) = "查询错误" Then
```

```
            MsgBox "输入数据错误", vbCritical, "错误信息"
            Exit Sub
        End If
    Set objRs = ExecuteSQL("Select * From 学院信息表 " &_
        "where 编号= left('" &_
        Trim(fGetCellString(0, CurrentRow, Cell1)) & "',2)", msg_Sql)
    If Not objRs.EOF Then _
        Cell1.DoSetCellString 1, CurrentRow, Trim(objRs("简称"))
    Cell1.DoSetCellReadOnly 0, CurrentRow, True      '再将当前行只读属性打开
    ......
    C插入.Caption = "插入"                                    '重新设置按钮关系
    C修改.Enabled = True
    C删除.Enabled = True
    C返回.Caption = "返回"
End If
End Sub


' *****************************************************************
'  事件: C修改_Click()
'  功能: 修改当前行记录
' *****************************************************************
Private Sub C修改_Click()
    '判断后将所选中的记录行的"只读"属性取消
    If C修改.Caption = "修改" Then
        If Cell1.DoGetCurrentRow < 2 Then Exit Sub
        C插入.Enabled = False
        C修改.Caption = "保存"
        C删除.Enabled = False
        C返回.Caption = "取消"
        CurrentRow = Cell1.DoGetCurrentRow
        Cell1.DoSetCellReadOnly 2, CurrentRow, False
        ......
        Cell1.DoCopyArea 2, CurrentRow, 4, CurrentRow
        Cell2.DoPaste 2, 0, True
        Cell1.DoRedrawRange 0, CurrentRow, 4, CurrentRow
    Else
    '编辑框中修改的内容取出, 然后生成 SQL 语句对数据库执行 update 操作, 提交修改信息
    txtSQL = "update 系部信息表 " &_
            "'set 名称= '" & Trim(fGetCellString(2, CurrentRow, Cell1)) _
            & "', 主任= '" & Trim(fGetCellString(3, CurrentRow, Cell1)) _
            & "', 书记= '" & Trim(fGetCellString(4, CurrentRow, Cell1)) _
        & "' where 编号= '" & Trim(fGetCellString(0, CurrentRow, Cell1)) _
        & "'"
    Call ExecuteSQL(txtSQL, msg_Sql)
    If Left(msg_Sql, 4) = "查询错误" Then
        MsgBox "修改数据错误", vbCritical, "错误信息"
        Exit Sub
    End If
    Cell1.DoSetCellReadOnly 1, CurrentRow, True
    ......
```

```
        Cell1.DoRedrawRange 0, CurrentRow, 4, CurrentRow
      C 插入.Enabled = True
      C 修改.Caption = "修改"
      C 删除.Enabled = True
      C 返回.Caption = "返回"
    End If
End Sub


'********************************************************************
'  事件: C 删除_Click()
'  功能: 删除一行记录
'********************************************************************
Private Sub C 删除_Click()
  If C 删除.Caption = "删除" Then
    If Cell1.DoGetCurrentRow < 2 Then Exit Sub

    C 插入.Enabled = False
    C 修改.Enabled = False
    C 删除.Caption = "删除确定"
    C 返回.Caption = "取消"
    CurrentRow = Cell1.DoGetCurrentRow

    Cell1.DoSetCell3DState 0, CurrentRow,2          '  设置指定单元格的显示模式
    ......
    Cell1.DoRedrawRange 0, CurrentRow, 4, CurrentRow

  Else
    txtSQL = "delete from 系部信息表 where 编号=" & _
              Trim(fGetCellString(0, CurrentRow, Cell1)) & "'"
    '  生成删除语句

    Call ExecuteSQL(txtSQL, msg_Sql)
    If Left(msg_Sql, 4) = "查询错误" Then
       MsgBox msg_Sql, vbCritical, "错误信息"
       Exit Sub
    End If

    Cell1.DoDeleteRow CurrentRow, 1
    ......
  End If

End Sub


'********************************************************************
'  事件: C 修回_Click()
'  功能: 【返回】按钮按下时恢复主窗口
'********************************************************************
Private Sub C 返回_Click()
  If C 返回.Caption = "返回" Then
    bCellDataModified = False
    '窗体关闭时清除数据修改标志
    frmMain.Enabled = True
```

```
      Unload Me
   Else
      If C 插入.Caption = "保存" Then
         Cell1.DoDeleteRow CurrentRow, 1
      End If
      If C 修改.Caption = "保存" Then
         Cell2.DoCopyArea 2, 0, 4, 0
         Cell1.DoPaste 2, CurrentRow, True
         Cell1.DoSetCellReadOnly 0, CurrentRow, True        ' 将只读属性设为真
         ......
         Cell1.DoRedrawRange 0, CurrentRow, 4, CurrentRow
      End If
      If C 删除.Caption = "删除确定" Then
         Cell1.DoSetCell3DState 0, CurrentRow, 0
         ......
         Cell1.DoRedrawRange 0, CurrentRow, 4, CurrentRow
      End If
      ......
   End If
End Sub
```

11.7　数据备份还原与系统帮助模块

几乎所有的管理信息系统都设计有数据备份与还原、系统帮助功能。下面就介绍用 VB 编程语言实现数据备份与还原、系统帮助方面的技巧。

11.7.1　数据备份

1．模块界面

备份模块相对于其他模块功能比较单一，界面如图 11.9 所示。

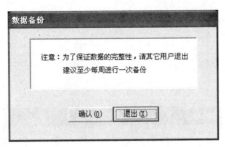

图 11.9　数据备份界面

2．主要程序代码

本模块只有一个事件代码，即 cmdOk_Click()，其代码如下：

```
*******************************************************************
' 事件：cmdOK_Click()
' 功能：备份数据库
```

```
'**********************************************************************
Private Sub cmdOk_Click()
    Dim cPMasterConn As New ADODB.Connection
    Dim rs As New ADODB.Recordset
    Dim mSqlMaster As String, rq As String, s2 As String
    ' 设置日期格式
    rq = Format(Date, "yyyymmdd") & Format(Time, "hhmm")

    mSqlMaster = "provider=SQLOLEDB;server=" & HostName &
             ";database=master;uid=sa;pwd=11"
    cPMasterConn.CursorLocation = adUseClient
    cPMasterConn.CommandTimeout = 0
    cPMasterConn.Open mSqlMaster

    If MsgBox("您确认要备份数据吗(Y/N)？", vbYesNo + vbQuestion +
         vbDefaultButton2, "提示") = 7 Then Exit Sub

    Me.MousePointer = vbHourglass
    ' 读取 Master.dbo.sysdevices 表中是否包含要备份的文件
    Set rs = cPMasterConn.Execute("Select * " &_
                        "From Master.Dbo.SysDevices" &_
                        " Where Name=成绩数据库" & rq & "备份")
    ' 判断 Master.dbo.sysdevices 表中是否包含本库的备份信息
    If rs.RecordCount = 0 Then
        cPMasterConn.Execute "sp_addumpdevice 'Disk',成绩数据库" & rq &_
                        "备份','E:\成绩数据库" & rq & "备份"
    End If
    rs.Close
    ' 文件的格式是"成绩数据库"＋日期＋"备份"，代码中的 rq 是在前面经过处理的日期。
    cPMasterConn.Execute "BACKUP DATABASE 教学成绩管理数据库 TO 成绩数据库"&_
                    rq & "备份"
    Me.MousePointer = vbDefault
    MsgBox "数据备份完毕！", vbInformation, "提示"
    cPMasterConn.Close
    cmdOk.Enabled = False
End Sub
```

11.7.2　数据还原

1. 模块界面

模块界面如图 11.10 所示。

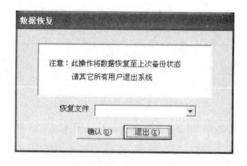

图 11.10　数据恢复

2. 主要程序代码

本模块有两个事件代码：Form_Load()、cmdOk_Click()，其中主要事件是 cmdOk_Click，其代码如下：

```
'*****************************************************************
' 事件: cmdOk_Click()
' 功能: 还原数据库
'*****************************************************************
Private Sub cmdOk_Click()
    On Error GoTo Err_Hand
    If MsgBox("此操作将恢复 " & Cmbfile & " ! 您确认吗(Y/N)？",_
                vbYesNo + vbQuestion + vbDefaultButton2, "提示") = 7_
        Then Exit Sub
    cPMasterConn.Execute "RESTORE DATABASE 教学成绩管理数据库 " &_
                "FROM DISK = " & "e:\" & Cmbfile & "'"
    Me.MousePointer = vbHourglass
    cPMasterConn.Close
    MsgBox "数据恢复完毕! ", vbInformation, "提示"
    Unload Me
    Exit Sub
' 必须在数据库完全停止操作里进行
Err_Hand:
    If cPMasterConn.Errors.Count = 0 Then
        MsgBox "错 误 号: " & Err.Number & vbCrLf & _
                "错误描述: " & Err.Description & vbCrLf & _
                "错误来源: " & Err.Source & vbCrLf & _
                "请通知系统管理员...", vbExclamation, "提示"
        Me.MousePointer = vbDefault
        Exit Sub
    End If
' 返回错误信息
    Select Case cPMasterConn.Errors(0).NativeError
        Case 3101
        MsgBox "数据库还有别人在使用，请关闭后重试...", vbExclamation, "提示"
            Me.MousePointer = vbDefault
            Exit Sub
        Case Else
            MsgBox "错 误 号: " & cPMasterConn.Errors(0).NativeError &_
                vbCr & vbLf & _
                "错误信息: " & cPMasterConn.Errors(0).Description &_
                vbCr & vbLf & vbCr & vbLf &_
                "请通知系统管理员! ", vbExclamation, "提示"
            Me.MousePointer = vbDefault
            Exit Sub
    End Select
End Sub
```

11.7.3 帮助文件制作

本系统提供了相对完整的帮助文件，希望有助于大家学习使用。帮助文件的制作采用 Microsoft HTML Help Workshop 软件。有关该软件的使用说明可上网搜索。

11.8　本 章 小 结

　　本章主要讲解了 SQL Server 2000 为后台数据库、Visual Basic 为前台开发语言进行数据库应用程序开发的技能技巧，具体如下。

　　(1) 创建数据库、数据表、触发器和视图的数据库实现的技巧，更详细技巧可研读数据库脚本：建库.sql。

　　(2) Visual Basic 6.0 开发 C/S 结构数据库应用程序，ADO、Cell32 控件的设置。

　　(3) 主控窗体的设计技巧，即菜单栏、工具栏、界面图片和状态栏的设置及其程序代码、模块与菜单、定义全局变量、程序启动顺序。

　　(4) 数据库的连接和数据的访问机制，ADO 对象结构和编程模型，SQL 数据访问技巧(连接串函数、SQL 语句执行函数)。

　　(5) 系统登录界面与权限设置，特别是设置菜单项的 Enabled 属性 True / False。

　　(6) 查询模块设计技巧，即采用类似 Excel 制表软件的 Cell 控件，数据显示与打印采用表格格式，而且打印输出程序极其简洁。

　　(7) 数据维护模块设计技巧，即采用 Cell 控件，插入、修改、删除和返回 4 个按钮的处理代码，insert、update 和 delete 数据操作语句的应用。

　　(8) 数据备份与还原的代码、帮助文件的制作技巧。

　　真正掌握 VB+SQL 的编程技能，首先需要下载源代码进行安装、阅读、研究，理解其总体结构、编程技巧，更需要参照本章教程上机实训花一定的工夫实现本案例。这样编程水平将会有一个飞跃，将会青出于蓝而胜于蓝，达到社会、时代的要求。

11.9　本 章 习 题

操作题

　　(1) 把本系统安装到自己机器上，并使之正常运行，体会数据库在局域网上的应用。

　　(2) 阅读并理解：建库.sql 中的 T-SQL 语句，体会 SQL Server 服务器端的编程技能，特别是：自定义函数、存储过程、触发器等。

　　(3) 参照本章教程与提供的源代码，编写、调试本案例。

第12章 教学成绩管理系统的 ASP 实现

教学提示： 本章主要通过案例《教学成绩管理系统(ASP)》，演示以 SQL Server 2000 为后台数据库，用 ASP 进行 B/S 结构的数据库应用系统的开发。本教材提供了案例全部源代码及设计文档，同学们可进行阅读研究，重点在于了解 B/S 结构下的数据库应用程序的总体结构。

技能目标： 通过本章的学习，应该了解 SQL Server 2000 在 B/S 结构数据库应用开发中的应用，掌握 ASP 中实现 SQL Server 数据库的连接和数据访问的技能。

12.1 安装与使用

本案例运行于使用 Windows 操作系统的网络服务器环境。要安装 Windows 2000 及以上版本操作系统，并安装 IIS、SQL Server 2000 数据库服务器。

1. 应用软件安装

从北京大学出版社第六事业部网站 http://www.pup6.com 下载 WinRar 自解压缩包:《教学成绩管理 asp》.exe，执行自解压缩进行安装，默认安装到 e:\《教学成绩管理 asp》目录，如图 12.1 所示。

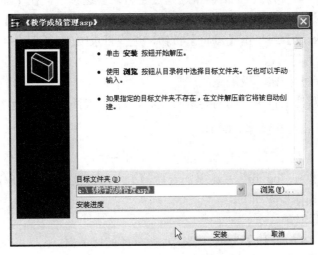

图 12.1　教学成绩管理安装

2. IIS 配置

《教学成绩管理(ASP)》需要有 Internet 发布服务器并进行正确的配置才能正常运行并在 Internet 上实现发布，这里选择 Microsoft 的 Internet Information Server(即 IIS)。IIS 配置步骤如下。

(1) 在桌面上右击【我的电脑】图标，在快捷菜单中单击【管理】命令，弹出【计算机管理】窗口；或单击桌面上的【开始】按钮，单击【控制面板】命令，弹出【控制面板】窗口，单击【管理工具】图标，弹出【管理工具】窗口，单击【Internet 信息服务】图标也可弹出【Internet 信息服务】控制台窗口。

(2) 在【计算机管理】窗口中，展开【服务与应用程序】，展开【Internet 信息服务项】，再展开【网站】，右击【默认网站】图标，在快捷菜单中单击【属性】命令，弹出【默认网站 属性】对话框，如图 12.2 所示。

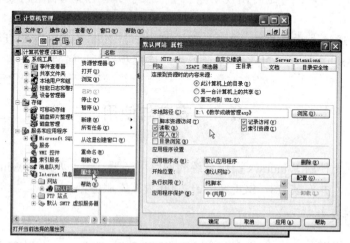

图 12.2　IIS 配置

(3) 在【默认网站 属性】对话框中选择【主目录】选项卡，在【连接到资源时的内容来源】选项区域中选择【此计算机上的目录】单选按钮，在【本地路径】文本框中输入【E:\《教学成绩管理 asp》】或单击【浏览】按钮，选择目录[E:\《教学成绩管理 asp》]，选择【读取】、【写入】等复选框。

(4) 单击【确定】按钮，设置完成。

这样 IIS 服务器把主目录中的内容进行发布，否则程序不能正常运行。

3. 《教学成绩管理数据库》附加

在自解压程序中包括了本程序数据库文件和日志文件"教学成绩管理数据库.mdf"、"教学成绩管理数据库_log.ldf"。这里需要做的工作是将教学成绩管理数据库加入到 SQL Server 服务器中，具体步骤如下。

(1) 打开企业管理器。

(2) 展开【SQL Server 组】，展开要附加数据库的服务器。

(3) 右击【数据库】，单击【所有任务】|【附加数据库】命令，弹出【附加数据库】对话框。

(4) 单击【...】按钮，出现文件选择对话框，选择"教学成绩管理数据库.mdf"，单击【确定】按钮，完成数据库附加，如图 12.3 所示。

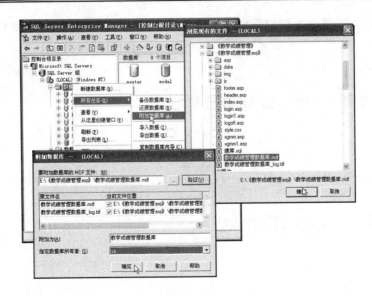

图 12.3　附加教学成绩管理数据库

4. 教学成绩管理系统(ASP)的使用

经过上面几个步骤的配置，《教学成绩管理(ASP)》系统已经能够正常运行，如果你的计算机在网络中，则网络用户可以通过在浏览器中输入 IP 地址进行访问，若有域名则输入域名。当然也可以在自己机器上的浏览器进行测试和管理，这里推荐使用 IE 5.0 及以上版本，在浏览器地址栏中输入：http://localhost/index.asp 或输入本机地址 http://127.0.0.1/index.asp，出现如图 12.4 所示的教学成绩管理系统界面。

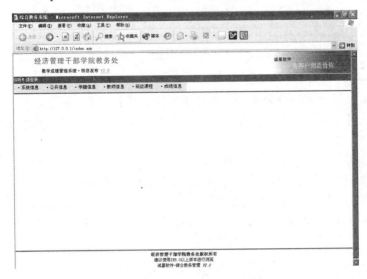

图 12.4　教学成绩管理系统界面

在图 12.4 所示界面中作为客人可查看公共信息中的学院设置和系部设置两项内容，要进行进一步的操作则必须在系统信息菜单中选择登录，登录页面如图 12.5 所示。登录用户类型以及登录名与密码举例，见表 12-1。表中所列的用户名都可以进行测试使用。

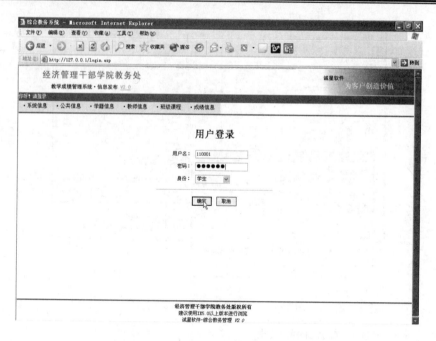

图 12.5　教学成绩管理系统登录界面

表 12-1　登录用户类型表

用户类型	登录名与密码举例	
学生	110001	110001
教师	du	1
领导	zhang	1
班主任	sun	1
教务管理员	shi	1

　　进入教学成绩管理系统登录界面，选择【系统信息】、【公共信息】、【学籍信息】、【教师信息】、【班级课程】、【成绩信息】等菜单以及二级菜单，体会 B/S 结构的【教学成绩管理系统】的应用。

　　通过本案例运行，可体会到使用 B/S 模式的优点。

　　(1) 使用地域扩大：在任何可上网的计算机上均可运行本系统。

　　(2) 维护成本降低：无需另外安装客户端程序，只使用浏览器就可以完成工作。

　　(3) 培训成本降低：只要用户会上网就可以通过简单培训完成操作工作。

12.2　系统实现

　　《教学成绩管理系统(ASP)》用的数据库是 C/S 结构《教学成绩管理系统(VB)》的补充。考虑在学习本课程的同时，大部分同学们还未学过《ASP 程序设计》，所以这里只重点介绍系统需求、总体设计、SQL Server 数据库的连接和数据访问的技能。

12.2.1　系统需求

本系统是 C/S 结构的《教学成绩管理系统》的补充与完善。系统开发任务是使广大用户(特别是教师与学生)在互联网上完成教学成绩的录入与查询等主要业务。

系统的用户有：学院领导、成绩管理人员、班主任、教师及学生等。

(1) 教师：在互联网上录入与查询所代课程成绩数据，同时也可查询其他相关数据；

(2) 班主任：在互联网上录入与查询所负责班级的学生档案信息，同时也可查询其他相关数据；

(3) 学生：在互联网上查询学生个人档案信息和成绩信息，同时也可查询其他相关数据；

(4) 领导：在互联网上查询本系统所有信息；

(5) 成绩管理人员：在互联网上查询本系统所有信息，在校园网上查询其他相关数据。

12.2.2　总体设计

1. 目录设计

根据编程需要，本案例文件存储目录设计见表 12-2。

表 12-2　目录结构

目录	说明
/	主目录，index.asp、login.asp、header.asp、footer.asp …
/asp	asp 文件
/data	数据库连接 asp 文件
/js	JavaScript 文件夹：菜单、树状模块
/img	图片文件夹

2. 菜单系统设计

根据系统分析与用户需求，本案例主菜单设计见表 12-3。主菜单界面见 12.1 节中的图 12.4。

表 12-3　系统主菜单

一级菜单	二级菜单	文件名	用户类型
系统信息	登录	login.asp	所有
	注销	logoff.asp	所有
	修改密码	xgmm.asp	所有
	关闭窗口		
公共信息	学院设置	asp/xysz.asp	所有(包括客人)
	系部设置	asp/yxsz.asp	所有(包括客人)
	专业设置	asp/zysz.asp	管理员、领导、教师、班主任、学生

续表

一级菜单	二级菜单	文件名	用户类型
公共信息	班级设置	asp/bjquery.asp	管理员、领导、教师、班主任、学生
	课程设置	asp/kcquery.asp	管理员、领导、教师、班主任、学生
	教研室设置	asp/jyssz.asp	管理员、领导、教师、班主任、学生
学籍信息	学生信息查询	asp/xsquery.asp	领导、教师、班主任
	录入学生信息	asp/xjinput.asp	班主任
	个人信息	asp/jbqk.asp	学生
教师信息	教师信息查询	asp/jsquery.asp	管理员、领导、教师、班主任、学生
班级课程	班级课程查询	asp/bjkcquery.asp	管理员、领导、教师、班主任、学生
成绩信息	班级考试成绩	asp/bjcjb.asp	领导、班主任
	网上录入成绩	asp/jscjlr.asp	教师
	个人考试成绩	asp/cjquery.asp	学生

当打开网站进入系统界面首先打开的是 index.asp(主目录下)，其代码如下：

```
<!--#include virtual="../header.asp" -->
 
<!--#include virtual="../footer.asp" -->
index.asp(header footer)
```

可以看到 index.asp 的代码非常简短，其中真正起作用的是<include>中的内容，程序包含了两个文件：header.asp、footer.asp，整个系统通过这两个文件构建系统界面和菜单系统。

12.2.3　数据库连接

本案例中最重要的内容在于 ASP 与 SQL Server 2000 的数据访问。进入主目录下的/data 文件夹，有两个文件：db.asp、const.asp，db.asp 定义数据库连接函数 GetSQLServer Connection()，const.asp 进行连接函数初始化工作，代码分别如下。

定义数据库连接函数 db.asp：

```
<%
'*******************************************
'*  文件：db.asp
'*  函数：GetSQLServerConnection()
'*  功能：实现 Sql 数据库连接参数
'*******************************************
Function GetSQLServerConnection( Computer, UserID, Password, Db )
    Dim Params, conn

    Set GetSQLServerConnection = Nothing
'  使用 SQLOLEDB 驱动程序进行数据库连接，添加数据源(服务器)
    Params = "Provider=SQLOLEDB.1"
    Params = Params & ";Data Source=" & Computer

'  添加用户名、密码、数据库
```

```
       Params = Params & ";User ID=" & UserID
       Params = Params & ";Password=" & Password
       Params = Params & ";Initial Catalog=" & Db
'   创建服务器连接对象，并打开连接参数
       Set conn = Server.CreateObject("ADODB.Connection")
       conn.Open Params
       Set GetSQLServerConnection = conn
End Function
%>
```

初始化数据库连接文件 const.asp：

```
<!--#include file="db.asp"-->
<%
'  初始化连接
set dbconn=nothing
'  设置连接参数
set dbconn=GetSQLServerConnection("(local)","SQL_管理员", "555","教学成绩
管理数据库")
%>
```

12.2.4　数据查询

从系统的主菜单可以看到不同项目的查询共有 10 项：学院设置、系部设置、专业设置、教研室设置、课程设置、班级设置、教师信息查询、学生信息查询、班级课程查询、学生个人成绩查询。

在"公共信息"中选择"学院设置"浏览器中出现学院设置的窗口，如图 12.6 所示。

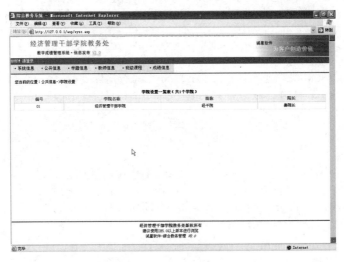

图 12.6　学院设置信息

本页面涉及数据库中的"学院信息表"。程序代码如下(学院信息查询\asp\xysz.asp)：

```
<!--#include file="../data/const.asp"-->
'  将连接文件 const.asp 包含到文件中
```

```
<%
'  创建 ADODB 记录集并加入检索到记录并进行判断是否有记录被检索到
str="Select * From 学院信息表"
set rs=server.createobject("adodb.recordset")
rs.open str,dbconn,1,1
j=rs.recordcount
if rs.eof or rs.bof then
%>
  <script language=vbscript>
    msgbox "没有学院设置信息"
    history.back
  </script>
<%
  response.end
end if
%>


<!--#include virtual="../header.asp" -->
'  进行页面界面设置
'  进行表格结构设置
<br>
<table border="0" align="center" width="98%">
  <tr>
    <td>您当前的位置：公共信息->学院设置</td>
  </tr>
</table>
<br>
<table cellspacing="0" bordercolor="#cccccc" bordercolordark="#FFFFFF"
align="center" border="1" width="98%" id="mytable">
  <caption><b>学院设置一览表(共<%=rs.recordcount%>个学院)</b></caption>
    <tr>
      <th width="10%"><div align="center">编号</div></th>
      <th width="20%"><div align="center">学院名称</div></th>
      <th width="20%"><div align="center">简称</div></th>
      <th width="14%"><div align="center">院长</div></th>
    </tr><%
do while not rs.eof                '将检索到的记录循环加入表中
%>
    <tr>
      <td><div align="center"><%=rs("编号")%> </div></td>
      <td><div align="center"><%=rs("名称")%> </div></td>
      <td><div align="center"><%=rs("简称")%> </div></td>
      <td><div align="center"><%=rs("院长")%> </div></td>
    </tr>
<%
  rs.movenext
loop
%>
</table>
<br>
<!--#include virtual="../footer.asp" -->
```

12.3　本　章　小　结

本章主要讲解了 B/S 结构的数据库应用程序开发的一些技能。利用 ASP 作为中间层 Web 服务器脚本语言对后台 SQL Server 2000 数据库进行访问，并将访问结果返回前台浏览器显示。具体如下。

(1) 应用软件安装、IIS 配置、数据库附加、《教学成绩管理 ASP 系统》运行及登录。

(2) 系统需求、总体设计(文件存储目录设计和菜单系统与模块设计)。

(3) 数据库连接函数：GetSQLServerConnection()与初始化数据库连接脚本：const.asp。

(4) 数据查询模块的实现。

通过本案例，应了解 SQL Server 2000 数据库 B/S 结构的应用和一些 ASP 编程技能。

12.4　本　章　习　题

操作题

(1) 把本系统安装到自己机器上，并使之正常运行，使互联网中的任何一台计算机都能正常访问数据库，体会数据库在 Internet 上的应用。

(2) 参照 12.2.4 节，修改 xysz.asp 中有关语句，使之能查询出学院书记的姓名。

附录 A　SQL 作业提交与批阅系统

为了老师们有效地组织好本课程的教学，为了同学们有效地学好本课程，特研制本系统。系统中主要用户有：代课教师、学习小组组长、组员。可将一个教学班分成 8～12 个学习小组，每个小组 4～6 名学员，然后指定 1～2 名组长。其职责是教师布置作业、批阅部分学生（主要批阅课代表、组长）的作业以及查阅全体同学作业完成情况；组长批阅其组员的作业，查阅本组同学作业完成情况，其中选择题、判断题、填空题自动批阅；学生通过上机实习完成作业，并将其结果提交到数据库中。

A1　系统安装

运行环境：操作系统 Windows 2000 及以上版本、数据库服务器 SQL Server 2000。

1. 数据库安装

(1) 从北京大学出版社第六事业部网站 http://www.pup6.com 下载 WinRar 自解压缩包：《SQL 作业提交与批阅系统》.exe。在安装 SQL Server 2000 服务器的计算机上执行自解压缩包：《SQL 作业提交与批阅系统》.exe 进行安装，默认安装目录：e:\《SQL 作业提交与批阅系统》。

(2) 在企业管理器中，附加自解压释放在安装目录的数据库文件：数据库\SQL 作业数据库.mdf、数据库\SQL 作业数据库_log.ldf。

(3) 在查询分析器中用 sa 身份运行[账户初始化.sql]脚本文件设置账户。

2. 客户端安装

(1) 在安装目录的[客户端]子目录下，双击 PBCLTRT90.msi 安装 PowerBuilder 的运行库。

(2) 在安装目录的[客户端]子目录下，修改配置文件：config.ini 中 ServerName=127.0.0.1成为数据库服务器的 IP 地址。

(3) 将安装目录的子目录[客户端]共享，在网络中每台考试客户端复制安装目录的[客户端]子目录的内容，双击 PBCLTRT90.msi 安装 PowerBuilder 的运行库，双击 sql_test.exe运行本软件。

A2　系统使用

A2.1　教师初始设置

1. 系统登录

在桌面上单击【SQL 作业提交与批阅系统】快捷图标，出现如图 A1 所示的登录界面，用户类型有：学生、老师。以老师身份登录，[sql 老师]，初始口令：22，输入口令后出现如图 A2 所示的主界面。登录后口令可自行修改。

图 A1　登录界面

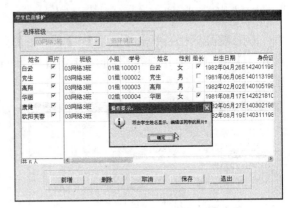

图 A2　系统主界面

2. 设置班级信息

在系统菜单栏上单击【系统】|【设置班级信息】命令，出现如图 A3 所示的【设置班级】界面，一次性设置好班级信息进入下一步。

3. 设置学生信息

在系统菜单栏上单击【系统】|【设置学生信息】命令，出现如图 A4 所示的【学生信息维护】界面，一次性设置好学生信息进入下一步，特别是学生学号，不可漏设。

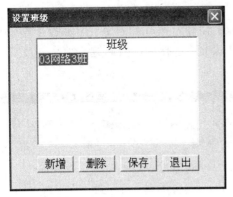

图 A3　设置班级

图 A4　设置学生信息

4. 初始化作业表

在系统菜单栏上单击【系统】|【初始化作业表】命令，出现如图 A5 所示的【初始化作业布置、完成表】界面，在上述两步设置好班级名称和学生学号的条件下，执行初始化。这种操作一般来说只能执行一次。

5. 参数设置

在系统菜单栏上单击【系统】|【设置系统参数】命令，出现如图 A6 所示的【参数设置】界面。其中，【设置学生登录账户与口令】按钮为每个学生设置登录账户和初始密码；在【作业系统登录客户密码设置】中设置新密码后，还需修改配置文件：config.ini 中 PassWord=2005 成为新密码。

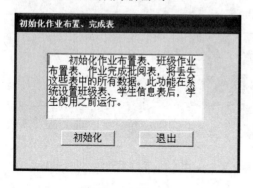

图 A5　初始化作业布置、完成表

图 A6　参数设置

A2.2　教师日常使用

1. 教师布置作业

以老师身份登录系统，在系统菜单栏上单击【教师】|【教师布置作业】命令，出现如图 A7 所示的【作业布置】界面，选择布置作业。

2. 教师批阅作业

在系统菜单栏上单击【教师】|【教师批阅作业】命令，出现如图 A8 所示的【教师批阅作业】界面。其中，单击【自动批阅】按钮将自动批阅选择题、判断题、填空题及空白题。

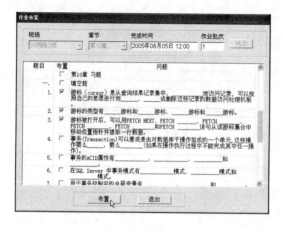

图 A7　教师布置作业

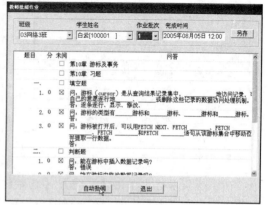

图 A8　教师批阅作业

3. 浏览学生完成作业情况

以老师身份登录系统，在系统菜单栏上单击【教师】|【浏览学生完成作业情况】命令，出现如图 A9 所示的【查询学生作业完成情况】界面。

4. 备份数据

在系统菜单栏上单击【系统】|【备份数据】命令，出现如图 A10 所示的【数据库备份】界面，可由安排课代表每次上机实训课后备份，一般备份前两次上机后的数据即可，以备数据丢失后恢复数据时使用。

图 A9　查询学生作业完成情况

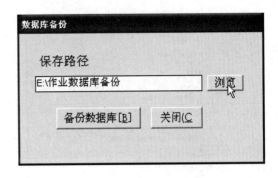

图 A10　备份数据

A2.3　学生日常使用

1. 系统登录

在桌面上单击【SQL 作业提交与批阅系统】快捷图标，出现登录界面，以学生身份登录，初始口令为学号，输入口令后出现如图 A11 所示的主界面。登录后口令可自行修改。

2. 上机完成提交作业

在菜单栏上单击【学生】|【上机完成提交作业】命令，出现如图 A12 所示的【上机实训提交作业】界面，双击题目区进行该题作答提交。

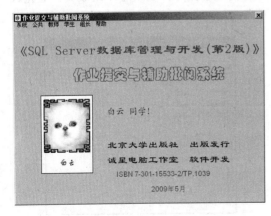

图 A11　学生登录主控界面

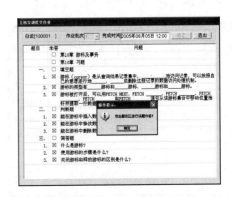

图 A12　上机实训提交作业

3. 查看作业批阅信息

在菜单栏上单击【学生】|【查看作业批阅信息】命令，出现如图 A13 所示的【查看作业批阅】界面，可由安排课代表每次上机实训课后备份，一般备份前两次上机后的数据即可，以备数据丢失后恢复数据时使用。

4. 浏览学生完成作业情况

在菜单栏上单击【学生】|【查看作业完成情况】命令，出现如图 A14 所示的【查看作业完成情况】界面。

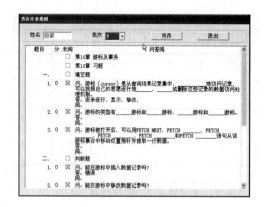

图 A13　查看作业批阅界面

图 A14　查看作业完成情况

A2.4　组长日常使用

1. 组长批阅组员作业

如果某学生指定为组长，在菜单栏上单击【组长】|【组长批阅组员作业】命令，出现【组长批阅作业】界面，如图 A15 所示，双击题目区进行该题批阅。

2. 浏览组员完成作业情况

在菜单栏上单击【组长】|【浏览组员完成作业情况】命令，出现【小组成员作业完成情况】界面，如图 A16 所示。

图 A15　组长批阅作业

图 A16　浏览组员完成作业情况

1.2.5 其他界面

1. 浏览作业信息

在菜单栏上单击【公共】|【浏览作业信息】命令，出现【作业信息浏览】界面，如图 A17 所示。

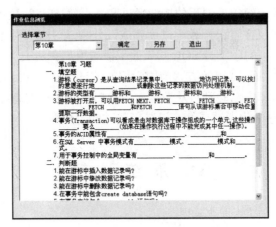

图 A17 浏览作业信息

2. 关于软件

本软件如图 A18 所示，已在教学实践中进行了验证，系统运行稳定可靠。

图 A18 关于软件

附录 B　SQL 上机考试与阅卷系统

为了便于老师有效地组织本课程的毕业考试和本书第 10 章 数据库的安全性的教学而研制了本软件系统。建议在本课程教学进度完成三分之二时，安装本系统组织同学进行模拟考试，将考试变成促进同学掌握 SQL 知识的手段。用户有两大类：监考教师和学生。教师从题库中(16 份试题)通过随机等方式为同学们发放试题；学生通过上机方式完成试卷，并将其结果提交到数据库中；教师再从数据库中取出试卷进行阅卷(其中选择题、判断题、填空题自动批阅)并汇总学生考试成绩，以减轻考试的工作量。

B1　系　统　设　计

B1.1　数据表设计

SQL 上机考试与阅卷系统数据库设计了学生信息表、试题信息表、试卷完成表和参数表 4 个数据表，其表数据结构如下。

1. 学生信息表

序号	字段名	类型	宽度	null	主键/外键
1	学号	char	10		*
2	姓名	nchar	5	not null	
3	性别	nchar	1	not null	性别 in ('女', '男')
4	卷号	char	1	null	
5	座号	char	16	null	考试计算机的 IP 地址
6	班级	char	16	not null	
7	身份证号	char	18	not null	
8	宿舍电话	char	10		
9	手机号码	char	16		
10	照片	image			

示例数据如下：

学号	姓名	性别	班级	身份证号
100001	高翔	男	03 网络 3 班	1401131981090 60015
100002	白云	女	03 网络 3 班	142401198208267020
100003	康健	男	03 网络 3 班	14010519850208089x
100004	党生	男	03 网络 3 班	142621198105270013

学号	姓名	性别	班级	身份证号
100001	高翔	男	03 网络 3 班	140113198109060015
100002	白云	女	03 网络 3 班	142401198208267020

2. 试题信息表

序号	字段名	类型	宽度	null	主键/外键
1	题号	char	20	not null	*
2	题型	nchar	3	not null	题型表(题型)
3	题目	varchar	12	null	
4	问题	varchar	255	null	
5	参考答案	varchar	255	null	
6	应得分	int			

3. 试卷完成表

序号	字段名	类型	宽度	null	主键/外键
1	学号	char	10	not null	学生信息表(学号)
2	题号	char	20	not null	作业信息表(题号)
3	答案	varchar	255		
4	结果图	image			
5	提交时间	datetime			
6	提交机器	char	16		
7	批语	char	255		
9	分数	int			
10	批阅时间	datetime			unique(学号,题号)

4. 参数表

序号	字段名	类型	宽度	null
1	开考时间	datetime		null
2	收卷时间	datetime		null
3	老师姓名	nchar	10	not null

B1.2　数据视图设计

教师批阅试卷视图(学号，姓名，性别，班级，题号，题型，题目，问题，参考答案，应得分，答案，结果图，提交时间，提交机器，批语，分数，批阅时间，未答，未阅，问答，问答阅)。

B1.3　存储过程设计

1. p 学生查询个人试卷

只有在学号、座号正确的前提下返回学生自己的试卷信息：题目，未答，问答，题号，题型，问题，答案，不能看到其他同学的答案或阅卷用的参考答案。

```
create procedure  p 学生查询个人试卷
@学号 char(10),@座号 char(15) as
begin
   set @学号 = rtrim(@学号)
   select 题目，未答，问答，题号，题型，问题，答案
     from dbo.教师批阅试卷视图
     where rtrim(学号) in
           ( select 学号 from 学生信息表
                 where rtrim(学号) = @学号 and rtrim(座号) = @座号)
     order by 题号
end
```

2. p 学生提交试卷答案

只有在学号、座号、密码正确的前提下保存学生自己的答案、提交时间、提交机器的 IP 号，并返回 ok，否则返回 no。

```
create procedure [p 学生提交试卷答案] @学号 char(10),@题号 char(20),
          @答案 varchar(255), @座号 char(16), @结果 char(2) output
as
begin
   set @学号 = rtrim(@学号)
   if exists( select 学号 from 学生信息表
                 where rtrim(学号) = @学号 and 座号 = @座号 )
      begin
        update 试卷完成表
          set 答案 = @答案, 提交时间 = getdate(), 提交机器 = @座号
          where (学号 = @学号) and (题号 = @题号);
        set @结果 = 'ok'
      end
   else
      set @结果 = 'no'
end
```

B1.4　登录账户和数据库用户设计

登录名/角色名	描述
dbo	服务器管理员 sa，具有服务器和本数据库的所有权限
SQL 考试客户	只用来登录，登录后用户成为相应的教师或学生
SQL 考试教师	设置为数据库的所有者角色，具有本数据库的所有权限
sqltest100001	学号为 100001 的学生登录账户

登录名/角色名	描述
考生(角色)	所有考生都是这个角色的成员，只能进行个人答卷，不可查询别人的答案或标准答案

B1.5   安全性设计

所有学生均以 SQL 考试学生身份登录服务器，然后以[学生信息表]的学号、座位、密码在指定机器上查看自己的试卷，提交自己的答案。

用户/角色名	权限描述
SQL 考试客户	只可查询参数表和学生信息表中[学号]、[姓名]、[座号]、[身份证号]、[照片]字段，填写[学生信息表]中的[座号]
考生(角色)	只可查询参数表和执行[p 学生查询个人试卷]、[p 学生提交试卷答案]
SQL 考试教师	数据库的所有者角色，具有本数据库的所有权限，但不能修改试卷完成表中的答案、结果图、提交时间和提交机器的内容
dbo	服务器管理员 sa，具有服务器和本数据库的所有权限

B1.6   登录账户建立

```
-- 账户初始化.sql
use [SQL 考试数据库]
go

--建立[SQL 考试客户]登录账户、数据库用户
if exists (select * from master.dbo.syslogins
            where loginname = 'SQL 考试客户')
   exec sp_droplogin 'SQL 考试客户'
exec sp_addlogin 'SQL 考试客户', '2005', 'SQL 考试数据库', '简体中文'

if exists (select * from dbo.sysusers
            where name = N'SQL 考试客户' and uid < 16382)
   exec sp_revokedbaccess N'SQL 考试客户'
exec sp_grantdbaccess N'SQL 考试客户', N'SQL 考试客户'

grant select on [dbo].[参数表]  to [SQL 考试客户]
grant select on [dbo].[学生信息表] ([学号], [姓名], [座号], [班级], [照片], [身
份证号]) to [SQL 考试客户]
guant update on [dbo].[学生信息表] ([座号]) to [SQL 考试客户]

--建立[SQL 考试教师]登录账户、数据库用户
if exists (select * from master.dbo.syslogins where loginname = N'SQL 考
试教师')
    exec sp_droplogin N'SQL 考试教师'
exec sp_addlogin N'SQL 考试教师', '22', N'SQL 考试数据库', N'简体中文'
```

```
exec sp_addsrvrolemember N'SQL考试教师', sysadmin
exec sp_addsrvrolemember N'SQL考试教师', securityadmin

if exists (select * from dbo.sysusers
              where name = N'SQL考试教师' and uid < 16382)
    exec sp_revokedbaccess N'SQL考试教师'
exec sp_grantdbaccess N'SQL考试教师', N'SQL考试教师'

exec sp_addrolemember N'db_owner', N'SQL考试教师'
exec sp_addrolemember N'db_securityadmin', N'SQL考试教师'

deny update on [dbo].[试卷完成表] ([答案], [结果图], [提交时间], [提交机器]) to
[SQL考试教师] cascade

--建立[考生]角色
if not exists (select * from dbo.sysusers
                  where name = N'考生' and uid > 16399)
    exec sp_addrole N'考生'
grant select on [dbo].[参数表]  to [考生]
grant execute on [dbo].[p学生查询个人试卷] to [考生]
grant execute on [dbo].[p学生提交试卷答案] to [考生]
```

B1.7　功能(菜单)设计

编程语言 PowerBuilder，系统总控模块(菜单)与各功能模块调用关系如图 B1-1 所示。

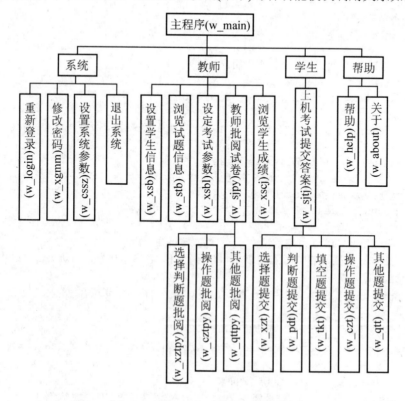

图 B1-1　系统功能模块结构

B2 系统使用

B2.1 系统安装

运行环境：操作系统 Windows 2000 及以上版本与数据库服务器 SQL Server 2000。

1. 数据库安装步骤

(1) 在安装 SQL Server 2000 服务器的计算机上执行自解压缩包：《SQL 上机考试与阅卷系统》.exe 进行安装，默认安装目录：e:\《SQL 上机考试与阅卷系统》。

(2) 在企业管理器中，附加自解压释放在的数据库文件安装目录：数据库\SQL 考试数据库.mdf、数据库\SQL 考试数据库_log.ldf。

(3) 在查询分析器中用 sa 身份运行"账户初始化.sql"脚本文件设置账户。

2. 客户端安装步骤

(1) 在安装目录的"客户端"子目录下，双击 PBCLTRT90.msi 安装 PowerBuilder 的运行库。

(2) 在安装目录的"客户端"子目录下，修改配置文件：config.ini 中 ServerName=127.0.0.1 成为数据库服务器的 IP 地址。

(3) 将安装目录的子目录"客户端"共享，在网络中每台考试客户端复制安装目录的"客户端"子目录的内容，双击 PBCLTRT90.msi 安装 PowerBuilder 的运行库，双击 sql_test.exe 运行本软件。

B2.2 系统使用

1. 系统登录

在桌面上单击【SQL 上机考试与阅卷系统】快捷图标，出现如图 B1 所示的登录界面，用户类型有：学生、老师。老师初始口令：22，学生初始口令：学号，口令可自行修改。输入口令后出现如图 B2 所示的主界面。

图 B1　登录界面

图 B2　系统主界面

2. 教师设置

以教师身份登录系统，在系统菜单栏上单击【教师】|【设置学生信息】命令，出现如图 B3 所示的学生信息维护界面。在系统菜单栏上单击【教师】|【设定考试参数】命令，出现如图 B4 所示的设定考试参数界面：设置考试时间、确定考试座位、发放试题等。

3. 学生考试

以学生身份登录系统，如图 B5 所示。在系统菜单栏上单击【学生】|【上机完成提交试卷】命令，出现如图 B6 所示的学生上机完成提交试卷界面。

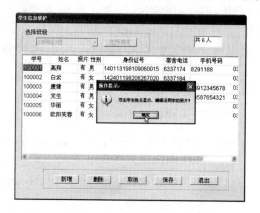

图 B3　设置学生信息

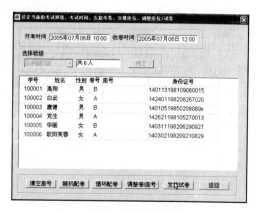

图 B4　设置考试信息

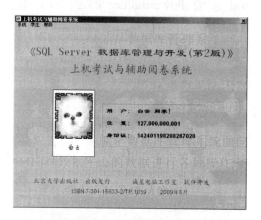

图 B5　学生登录界面

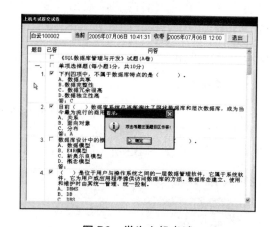

图 B6　学生上机考试

4. 教师批阅

以教师身份登录系统，在系统菜单栏上单击【教师】|【教师批阅试卷】命令，出现如图 B7 所示的教师批阅试卷界面。其中：选择题、判断题、填空题、空白题将由软件自动批阅，分数也将自动汇总。

5. 关于软件

本软件已于 2005 年夏季到 2008 年冬季进行了多次上机考试，系统运行稳定可靠，如图 B8 所示。

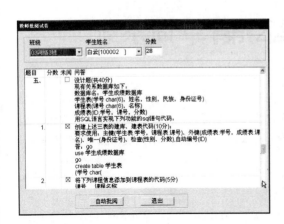

图 B7　教师批阅试卷

图 B8　关于软件

附录 C　SQL 保留字背单词系统

为了同学们有效地学好本课程，特奉献本软件系统。本软件提供单词、音标及词义显示、真人发音(wave 音库)，单词、音标、词意、读音、打字一一对应，做到边看边读、边听边写，眼嘴耳手脑同时并用，同时将 SQL 保留字朗读的声音导出生成 mp3 格式文件。

1. 系统安装

运行环境：操作系统 Windows 98 及以上版本。

从北京大学出版社第六事业部网站 http://www.pup6.com 下载 WinRar 自解压缩包：《SQL 保留字背单词系统》.exe，直接解压缩安装到安装目录下；卸载时直接删除安装目录下的文件及其子目录、桌面上的快捷图标、【开始】菜单中的快捷图标即可。

不能正确显示音标时，将软件安装目录下字体文件 DZJphone.TTF 复制到系统字体目录下(如 c:\windows\fonts\ 或 c:\winnt\fonts\)，并打开再关闭即可。

2. 软件使用

(1) 软件启动：在桌面上双击【SQL 保留字背单词】快捷图标，启动软件弹出如图 C1 所示的界面，稍候弹出本软件的主控界面，如图 C2 所示。

图 C1　软件封面　　　　　　　　图 C2　主控界面

(2) 教材选择：本专用软件提供的课本仅有《SQL Server 数据库管理与开发》词汇和《MS SQL Server 2000 关键字》，如图 C3 所示。

(3) 课号选择：在选定的课本中选择记忆、测试的单词范围，如图 C4 所示。

(4) 单词初记(看)：在屏幕的左上角开设一总在最前面的小窗口进行英文单词、音标及词义的自动显示并朗读其单词发音，实现边操作计算机做其他工作边背英语单词，如图 C5 左上角的小窗口所示。

(5) 单词初记(听)：在屏幕的正中间开设操作窗口进行英文单词、音标及词义的自动显示并朗读其单词发音，并可进行单词显示、音标显示、词义显示选择设置及朗读次数、朗读间隔的设置，如图 C5 所示。

　　(6) 单词初记(写)：在屏幕的正中间开设操作窗口进行英文单词、音标及词义的自动显示、单词朗读及单词录入(写)，并可进行单词显示、音标显示、词义显示选择设置及朗读次数、朗读间隔的设置。实现看听读写想单词记忆模式，做到边看边读、边听边写，眼嘴耳手脑同时并用模式，如图 C6 所示。

图 C3　教材选择

图 C4　课号选择

图 C5　单词初记(看、听)

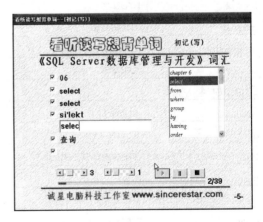

图 C6　单词初记(写)

　　(7) 单词复习：它的功能是实现英文单词的强化记忆。其功能与初记(写)相似，其不同点是默认状态是不显示单词，只显示音标、词义，学习者可以根据音标、读音输入单词。

　　(8) 单词听写：它的功能是实现英文单词的听写测试。其功能与单词复习相似，其不同点是默认状态不显示单词、音标，只显示词义，学习者可以根据读音输入单词。即只显示单词词义，学习者可以根据单词词义和读音输入单词，达到加深记忆的目的，听写更能加深记忆力。

　　(9) mp3 导出：将英文单词朗读的声音导出生成 mp3 格式文件，供复制到 mp3 设备播放使用，学习者可利用 mp3 设备随时随地背单词。随机提供的"SQL Server 数据库管理与开发"词汇.mp3 文件即为"SQL Server 数据库管理与开发"词汇的 mp3 文件。

　　(10) 注册：实现软件的使用注册(本软件不用注册)。

本软件已进行长期的实践使用。

本教材主要 SQL 保留字词汇一览表，见表 C1。

表 C1　SQL 保留字词汇表

单词	音标	词义
Chapter 1		
Data	'deitə	数据
Base	beis	库
management	'mænidʒmənt	管理
system	'sistəm	系统
definition	ˌdefi'niʃən	定义
manipulation	məˌnipju'leiʃən	操纵
control	kən'trol	控制
language	'læŋgwidʒ	语言
client	'klaiənt	客户
server	'sə:və	服务器
browse	brauz	浏览
internet	'intənet	因特网
information	ˌinfə'meiʃən	信息
service	'sə:vis	服务
Chapter 4		
structure	'strʌktʃə	结构化
query	'kwiəri	查询
transact	træn'zækt, -'sækt	事务
big	big	大
integer	'intidʒə	整数
small	smɔ:l	小
tiny	'taini	微小
bit	bit	位
money	'mʌni	货币
decimal	'desiməl	十进制
numeric	njuː'merik	数字
float	fləut	浮点
real	'ri:əl	实数
date	deit	日期
time	taim	时间
character	'kæriktə	字符
variable	'vɛəriəbl	变量

续表

单词	音标	词义
Text	tekst	文本
unification	ˌjuːnifiˈkeiʃən	统一
code	kəud	编码
binary	ˈbainəri	二进制
image	ˈimidʒ	图像
stamp	stæmp	印戳
identifier	aiˈdentifaiə	身份
identification	aiˌdentifiˈkeiʃən	身份
national	ˈnæʃənəl	国际
version	ˈvəːʃən	版本
round	raund	四舍五入
floor	flɔː, flɔə	地面
ceiling	ˈsiːliŋ	顶棚
random	ˈrændəm	随机
length	l eŋθ	长度
space	speis	空格
lower	ˈləuə	小写
upper	upper	大写
left	left	左
right	rait	右
string	striŋ	字串
sub	sʌb	子
trim	trim	剪去
replicate	ˈreplikit	重复
reverse	riˈvəːs	倒置
replace	ri(ː)ˈpleis	替换
stuff	stʌf	填充
get	get	获得
year	jəː, jiə	年
month	mʌnθ	月
day	dei	日
part	pɑːt	部分
difference	ˈdifərəns	差
application	ˌæpliˈkeiʃən	应用程序
name	neim	名称
user	ˈjuːzə	用户

单词	音标	词义
session	'seʃən	会话
host	həust	工作站
is	iz;z;s	是
statistic	stə'tistik	统计
connection	kə'nekʃən	连接
busy	'bizi	忙
idle	'aidl	闲
input	'input	输入
tick	tik	刻度
sent	sent	发送
receive	ri'siːv	接收
packet	'pækit	包
write	rait	写
read	riːd	读
total	'təutl	总数
declare	di'klɛə	声明
print	prɪnt	显示
raise	reiz	激活
case	keis	情况
when	(h)wen	当……时
else	els	否则
then	ðen	那么
begin	bɪ'gɪn	开始
end	end	结束
if	if	如果
while	(h)wail	当
break	breik	打断
continue	kən'tinjuː	继续
return	ri'təːn	返回
large	lɑːdʒ	大
object	'ɔbdʒikt	对象
Chapter 5		
master	'mɑːstə	主要的
temporary	'tempərəri	临时的
model	'mɔdl	模型

续表

单词	音标	词义
secondary	'sekəndəri	次
log	lɔg	日志
table	'teibl	表
view	vju:	视图
define	di'fain	定义
store	stɔ:, stɔə	存储
trigger	'trigə	触发器
index	'indeks	索引
constraint	kən'streint	约束
default	di'fɔ:lt	默认值
type	taip	类型
database	'deitəbeis	数据库
file	fail	文件
column	'kɔləm	列
comment	'kɔment	注释
depend	di'pend	依赖
protect	prə'tekt	保护
create	kri'eit	创建
alter	'ɔ:ltə	修改
drop	drɔp	删除
help	help	帮助
add	æd	增加
remove	ri'mu:v	移除
modify	'mɔdifai	修改
insert	in'sə:t	插入
update	ʌp'deit	修改
delete	di'li:t	删除
as	æs	与……一样
into	'intu	到
value	'vælju:	值
where	(h)wɛə	什么
truncate	'trʌŋkeit	截取
option	'ɔpʃən	选项
pointer	'pɔintə	指针

续表

单词	音标	词义
Chapter 6		
select	si'lekt	查询
from	frɔm	从
group	gru:p	组
by	bai	由
having	'hæviŋ	持有
order	'ɔ:də	顺序
ascend	ə'send	升序
descend	di'send	降序
compute	kəm'pju:t	计算
distinct	dis'tiŋkt	独特
top	tɔp	顶
percent	pə'sent	百分比
inner	'inə	内部
join	dʒɔin	连接
on	ɔn	在……之上
outer	'autə	外部
full	ful	全部
cross	krɔs	交叉
union	'ju:njən	合并
true	tru:	正确
false	fɔ:ls	错误
unknown	ʌn'nəun	未知
and	ænd	而且
or	ɔ:ə	或者
not	nɔt	非
in	ɪn	在……之内
like	laik	像
between	bi'twi:n	在……之间
exist	ig'zist	存在
all	ɔ:l	所有
any	'eni	任何
some	sʌm	一些
max	mæks	最大
min	ɲin	最小

续表

单词	音标	词义
sum	sʌm	求和
average	'ævəridʒ	平均
count	kaʊnt	计数
Chapter 7		
integrity	in'tegriti	完整性
entity	'entiti	实体
domain	dəu'mein	域
referential	ˌrefə'renʃəl	参照
null	nʌl	空
primary	'praiməri	主
key	ki:	键
non	nʊŋ	非
unique	ju:'ni:k	唯一
check	tʃek	检查
foreign	'fɔrin	外
reference	'refrəns	参照
cascade	kæs'keid	级联
bind	baind	绑定
unbind	'ʌn'baind	解绑
future	'fju:tʃə	将来
only	'əunli	只
flag	flæg	标志
rule	ru:l	规则
identity	ai'dentiti	标识
cluster	'klʌstə	聚集
console	kən'səul	控制台
command	kə'mɑːnd	命令
show	ʃəu	显示
defrag	defrag	整理
with	wið	用
no	nəu	不
message	'mesidʒ	消息
re-index	ri:in'fektə	重新索引
fill	fil	填充
factor	'fæktə	因子

续表

单词	音标	词义
property	ˈprɔpəti	属性
enable	iˈneibl	允许
contain	kənˈtein	包含
free	friː	自由
Chapter 8		
function	ˈfʌŋkʃən	函数
procedure	prəˈsiːdʒə	过程
output	ˈautput	输出
execute	ˈeksikjuːt	执行
for	fɔː	对
after	ˈɑːftə	之后
instead	inˈsted	代替
of	ɔv	的
Chapter 9		
cursor	ˈkəːsə	游标
Transaction	trænˈzækʃən	事务
open	ˈəupən	打开
fetch	fetʃ	提取
current	ˈkʌrənt	当前
close	kləuz	关闭
allocate	ˈæləukeit	释放
static	ˈstætik	静态
dynamic	daiˈnæmik	动态
scroll	skrəul	滚动
local	ˈləukəl	局部
global	ˈgləubəl	全局
forward	ˈfɔːwəd	进
set	set	集合
fast	fɑːst	快速
lock	lɔk	锁
optimistic	ˌɔptiˈmistik	乐观
first	fəːst	第一
next	nekst	下一
prior	ˈpraiə	上一
last	lɑːst	最后

续表

单词	音标	词义
absolute	'æbsəlu:t	绝对
relative	'relətiv	相对
status	'steitəs	状态
atomicity	ˌætə'misiti	原子性
consistency	kən'sɪstənsɪ	一致性
isolation	ˌaisəu'leiʃən	隔离性
durability	ˌdjuərə'biliti	持久性
commit	kə'mit	提交
rollback	roll back	回滚
save	seiv	保存
work	wə:k	工作
abort	ə'bɔ:t	异常
implicit	im'plisit	暗示
row	rau	行
error	'erə	错误
Chapter 10		
login	lɔdʒin	登录
role	rəul	角色
member	'membə	成员
access	'ækses	数据库用户
admin	admin	管理
setup	set up	设置
security	si'kjuəriti	安全
process	prə'ses	进程
disk	disk	磁盘
bulk	bʌlk	大量
public	'pʌblik	公共
owner	'əunə	所有者
backup	back up	备份
reader	'ri:də	读者
writer	'raitə	作者
password	'pɑ:swə:d	口令
fix	fiks	固定
permission	pə(:)'miʃən	许可
grant	grɑ:nt	准予

续表

单词	音标	词义
revoke	riˈvəuk	撤销
deny	diˈnai	拒绝
super	ˈsjuːpə	超级
built	bilt	建造
administrator	ədˈministreitə	管理员
guest	gest	客人
restore	risˈtɔː	恢复
transformation	ˌtrænsfəˈmeiʃən	转换
dump	dʌmp	储存
device	diˈvais	设备
pipe	paip	管道
tape	teip	磁带
point	pɔint	点
recovery	riˈkʌvəri	复原
interval	ˈintəvəl	间隔
attach	əˈtætʃ	附加
detach	diˈtætʃ	分离
agent	ˈeidʒənt	代理
job	dʒɔb	作业
step	step	步骤
schedule	ˈʃedjuːl	调度
operator	ˈɔpəreitə	操作员
alert	əˈləːt	警报
notification	ˌnəutifiˈkeiʃən	提示
replication	ˌrepliˈkeiʃən	复制
publication	ˌpʌbliˈkeiʃən	发布
publish	ˈpʌbliʃ	发布
distribute	disˈtribju(ː)t	分发
distribution	ˌdistriˈbjuːʃən	分发
subscription	sʌbˈskripʃən	订阅
subscribe	səbˈskraib	订阅
snapshot	ˈsnæpʃɔt	快照
merge	məːdʒ	合并

主要英文术语一览表，见表 C2。

表 C2　主要英文术语表

术语	中文	英文
SQL	结构化查询语言	structure query language
DB	数据库	database
DBMS	数据库管理系统	database management system
DBS	数据库系统	database system
DBA	数据库管理员	database administrator
DDL	数据定义语言	data definition language
DML	数据操纵语言	data manipulation language
DCL	数据控制语言	data control language
C/S	客户服务器结构	client server
B/S	浏览器服务器结构	browser server
IIS	因特网信息服务	internet information service
BLOB	二进制大对象	binary large object
DTS	数据转换服务	data transformation service
OLE	对象链接和嵌入	object link and embed
DBCC	数据库控制台命令	database console command
ASCII	美国信息交换标准代码	American Standard Code for Information Interchange

参 考 文 献

[1] 杜兆将，郭鲜凤，刘占文. SQL Server 数据库管理与开发教程与实训[M]. 北京：北京大学出版社，2006.

[2] 李存斌. 数据库应用技术——SQL Server 2000 简明教程[M]. 北京：中国水利水电出版社，2001.

[3] 仝春灵，沈祥玖. 数据库原理与应用(SQL Server 2000)[M]. 北京：中国水利水电出版社，2003.

[4] 赵增敏，朱粹丹. SQL Server 2000 实用教程[M]. 北京：电子工业出版社，2002.

[5] 郎彦. 数据库原理与应用[M]. 北京：高等教育出版社，2002.

全国高职高专计算机、电子商务系列教材

序号	标准书号	书　名	主　编	定价(元)	出版日期
1	978-7-301-11522-0	ASP.NET 程序设计教程与实训(C#语言版)	方明清等	29.00	2009 年重印
2	978-7-301-10226-8	ASP 程序设计教程与实训	吴鹏，丁利群	27.00	2009 年第 5 次印刷
3	7-301-10265-8	C++程序设计教程与实训	严仲兴	22.00	2008 年重印
4	978-7-301-15476-2	C 语言程序设计(第 2 版)	刘迎春，王磊	32.00	2009 年出版
5	978-7-301-09770-0	C 语言程序设计教程	季昌武，苗专生	21.00	2008 年第 3 次印刷
6	7-301-09593-7	C 语言程序设计上机指导与同步训练	刘迎春，张艳霞	25.00	2007 年重印
7	7-5038-4507-4	C 语言程序设计实用教程与实训	陈翠松	22.00	2008 年重印
8	978-7-301-10167-4	Delphi 程序设计教程与实训	穆红涛，黄晓敏	27.00	2007 年重印
9	978-7-301-10441-5	Flash MX 设计与开发教程与实训	刘力，朱红祥	22.00	2007 年重印
10	978-7-301-09645-1	Flash MX 设计与开发实训教程	栾蓉	18.00	2007 年重印
11	7-301-10165-1	Internet/Intranet 技术与应用操作教程与实训	闻红军，孙连军	24.00	2007 年重印
12	978-7-301-09598-0	Java 程序设计教程与实训	许文宪，董子建	23.00	2008 年第 4 次印刷
13	978-7-301-10200-8	PowerBuilder 实用教程与实训	张文学	29.00	2007 年重印
14	978-7-301-15533-2	SQL Server 数据库管理与开发教程与实训(第 2 版)	杜兆将	32.00	2009 年出版
15	7-301-10758-7	Visual Basic .NET 数据库开发	吴小松	24.00	2006 年出版
16	978-7-301-10445-9	Visual Basic .NET 程序设计教程与实训	王秀红，刘造新	28.00	2006 年重印
17	978-7-301-10440-8	Visual Basic 程序设计教程与实训	康丽军，武洪萍	28.00	2009 年第 3 次印刷
18	7-301-10879-6	Visual Basic 程序设计实用教程与实训	陈翠松，徐宝林	24.00	2009 年重印
19	7-301-09698-4	Visual C++ 6.0 程序设计教程与实训	王丰，高光金	23.00	2005 年出版
20	978-7-301-10288-6	Web 程序设计与应用教程与实训(SQL Server 版)	温志雄	22.00	2007 年重印
21	978-7-301-09567-6	Windows 服务器维护与管理教程与实训	鞠光明，刘勇	30.00	2006 年重印
22	978-7-301-10414-9	办公自动化基础教程与实训	靳广斌	36.00	2007 年第 3 次印刷
23	978-7-301-09640-6	单片机实训教程	张迎辉，贡雪梅	25.00	2006 年重印
24	978-7-301-09713-7	单片机原理与应用教程	赵润林，张迎辉	24.00	2007 年重印
25	978-7-301-09496-9	电子商务概论	石道元，王海，蔡玥	22.00	2007 年第 3 次印刷
26	978-7-301-11632-6	电子商务实务	胡华江，余诗建	27.00	2008 年重印
27	978-7-301-10880-2	电子商务网站设计与管理	沈风池	22.00	2008 年重印
28	978-7-301-10444-6	多媒体技术与应用教程与实训	周承芳，李华艳	32.00	2009 年第 5 次印刷
29	7-301-10168-6	汇编语言程序设计教程与实训	赵润林，范国渠	22.00	2005 年出版
30	7-301-10175-9	计算机操作系统原理教程与实训	周峰，周艳	22.00	2006 年重印
31	978-7-301-14671-2	计算机常用工具软件教程与实训(第 2 版)	范国渠，周敏	30.00	2009 年出版
32	7-301-10881-8	计算机电路基础教程与实训	刘辉珞，张秀国	20.00	2007 年重印
33	978-7-301-10225-1	计算机辅助设计教程与实训(AutoCAD 版)	袁太生，姚桂玲	28.00	2007 年重印
34	978-7-301-10887-1	计算机网络安全技术	王其良，高敬瑜	28.00	2008 年第 3 次印刷
35	978-7-301-10888-8	计算机网络基础与应用	阚晓初	29.00	2007 年重印
36	978-7-301-09587-4	计算机网络技术基础	杨瑞良	28.00	2007 年第 4 次印刷
37	978-7-301-10290-9	计算机网络技术基础教程与实训	桂海进，武俊生	28.00	2009 年第 5 次印刷
38	978-7-301-10291-6	计算机文化基础教程与实训(非计算机)	刘德仁，赵寅生	35.00	2007 年第 3 次印刷
39	978-7-301-09639-0	计算机应用基础教程(计算机专业)	梁旭庆，吴焱	27.00	2009 年第 3 次印刷
40	7-301-10889-3	计算机应用基础实训教程	梁旭庆，吴焱	24.00	2007 年重印刷
41	978-7-301-09505-8	计算机专业英语教程	樊晋宁，李莉	20.00	2009 年第 5 次印刷
42	978-7-301-10459-0	计算机组装与维护	李智伟	28.00	2008 年第 3 次印刷
43	978-7-301-09535-5	计算机组装与维修教程与实训	周佩锋，王春红	25.00	2007 年第 3 次印刷
44	978-7-301-10458-3	交互式网页编程技术(ASP .NET)	牛立成	22.00	2007 年重印
45	978-7-301-09691-8	软件工程基础教程	刘文，朱飞雪	24.00	2007 年重印
46	978-7-301-10460-6	商业网页设计与制作	丁荣涛	35.00	2007 年重印
47	7-301-09527-9	数据库原理与应用(Visual FoxPro)	石道元，邵亮	22.00	2005 年出版
48	7-301-10289-5	数据库原理与应用教程(Visual FoxPro 版)	罗毅，邹存者	30.00	2007 年重印
49	978-7-301-09697-0	数据库原理与应用教程与实训(Access 版)	徐红，陈玉国	24.00	2006 年重印
50	978-7-301-10174-2	数据库原理与应用实训教程(Visual FoxPro 版)	罗毅，邹存者	23.00	2007 年重印
51	7-301-09495-7	数据通信原理及应用教程与实训	陈光军，陈增吉	25.00	2005 年出版
52	978-7-301-09592-8	图像处理技术教程与实训(Photoshop 版)	夏燕，姚志刚	28.00	2008 年第 4 次印刷
53	978-7-301-10461-3	图形图像处理技术	张枝军	30.00	2007 年重印
54	978-7-301-09667-3	网络安全基础教程与实训	杨诚，尹少平	26.00	2008 年第 6 次印刷

序号	标准书号	书 名	主 编	定价(元)	出版日期
55	978-7-301-15086-3	网页设计与制作教程与实训(第2版)	于巧娥	30.00	2009年出版
56	978-7-301-10413-2	网站规划建设与管理维护教程与实训	王春红，徐洪祥	28.00	2008年第4次印刷
57	7-301-09597-X	微机原理与接口技术	龚荣武	25.00	2007年重印
58	978-7-301-10439-2	微机原理与接口技术教程与实训	吕勇，徐雅娜	32.00	2007年重印
59	978-7-301-15466-3	综合布线技术教程与实训(第2版)	刘省贤	36.00	2009年出版
60	7-301-10412-X	组合数学	刘勇，刘祥生	16.00	2006年出版
61	7-301-10176-7	Office应用与职业办公技能训练教程(1CD)	马力	42.00	2006年出版
62	978-7-301-12409-3	数据结构(C语言版)	夏燕，张兴科	28.00	2007年出版
63	978-7-301-12322-5	电子商务概论	于巧娥，王震	26.00	2008年重印
64	978-7-301-12324-9	算法与数据结构(C++版)	徐超，康丽军	20.00	2007年出版
65	978-7-301-12345-4	微型计算机组成原理教程与实训	刘辉珞	22.00	2007年出版
66	978-7-301-12347-8	计算机应用基础案例教程	姜丹，万春旭，张飏	26.00	2007年出版
67	978-7-301-12589-2	Flash 8.0动画设计案例教程	伍福军，张珈瑞	29.00	2009年重印
68	978-7-301-12346-1	电子商务案例教程	龚民	24.00	2007年出版
69	978-7-301-09635-2	网络互联及路由器技术教程与实训(第2版)	宁芳露，杨旭东	27.00	2009年出版
70	978-7-301-13119-0	Flash CS3平面动画制作案例教程与实训	田启明	36.00	2008年出版
71	978-7-301-12319-5	Linux操作系统教程与实训	易著梁，邓志龙	32.00	2008年出版
72	978-7-301-12474-1	电子商务原理	王震	34.00	2008年出版
73	978-7-301-12325-6	网络维护与安全技术教程与实训	韩最蛟，李伟	32.00	2008年出版
74	978-7-301-12344-7	电子商务物流基础与实务	邓之宏	38.00	2008年出版
75	978-7-301-13315-6	SQL Server 2005数据库基础及应用技术教程与实训	周奇	34.00	2008年出版
76	978-7-301-13320-0	计算机硬件组装和评测及数码产品评测教程	周奇	36.00	2008年出版
77	978-7-301-12320-1	网络营销基础与应用	张冠凤，李磊	28.00	2008年出版
78	978-7-301-13321-7	数据库原理及应用(SQL Server版)	武洪萍，马桂婷	30.00	2008年出版
79	978-7-301-13319-4	C#程序设计基础教程与实训(1CD)	陈广	36.00	2009年重印
80	978-7-301-13632-4	单片机C语言程序设计教程与实训	张秀国	25.00	2008年出版
81	978-7-301-13641-6	计算机网络技术案例教程	赵艳玲	28.00	2008年出版
82	978-7-301-13570-9	Java程序设计案例教程	徐翠霞	33.00	2008年出版
83	978-7-301-13997-4	Java程序设计与应用开发案例教程	汪志达，刘新航	28.00	2008年出版
84	978-7-301-13679-9	ASP .NET动态网页设计案例教程(C#版)	冯涛，梅成才	30.00	2008年出版
85	978-7-301-13663-8	数据库原理及应用案例教程(SQL Server版)	胡锦丽	40.00	2008年出版
86	978-7-301-13571-6	网站色彩与构图案例教程	唐一鹏	40.00	2008年出版
87	978-7-301-13569-3	新编计算机应用基础案例教程	郭丽春，胡明霞	30.00	2009年重印
88	978-7-301-14084-0	计算机网络安全案例教程	陈昶，杨艳春	30.00	2008年出版
89	978-7-301-14423-7	C语言程序设计案例教程	徐翠霞	30.00	2008年出版
90	978-7-301-13743-7	Java实用案例教程	张兴科	30.00	2008年出版
91	978-7-301-14183-0	Java程序设计基础	苏传芳	29.00	2008年出版
92	978-7-301-14670-5	Photoshop CS3图形图像处理案例教程	洪光，赵倬	32.00	2009年出版
93	978-7-301-13675-1	Photoshop CS3案例教程	张喜生，赵冬晚，伍福军	35.00	2009年重印
94	978-7-301-14473-2	CorelDRAW X4实用教程与实训	张祝强，赵冬晚，伍福军	35.00	2009年出版
95	978-7-301-13568-6	Flash CS3动画制作案例教程	俞欣，洪光	25.00	2009年出版
96	978-7-301-14672-9	C#面向对象程序设计案例教程	陈向东	28.00	2009年重印
97	978-7-301-14476-3	Windows Server 2003维护与管理技能教程	王伟	29.00	2009年出版
98	978-7-301-13472-0	网页设计案例教程	张兴科	30.00	2009年出版
99	978-7-301-14463-3	数据结构案例教程(C语言版)	徐翠霞	28.00	2009年出版
100	978-7-301-14673-6	计算机组装与维护案例教程	谭宁	33.00	2009年出版
101	978-7-301-14475-6	数据结构(C#语言描述)	陈广	38.00 (含1CD)	2009年出版
102	978-7-301-15368-0	3ds max三维动画设计技能教程	王艳芳，张景虹	28.00	2009年出版
103	978-7-301-15462-5	SQL Server数据库应用技能教程	俞立梅，吕树红	30.00	2009年出版
104	978-7-301-15519-6	软件工程与项目管理案例教程	刘新航	28.00	2009年出版

电子书(PDF版)、电子课件和相关教学资源下载地址：http://www.pup6.com/ebook.htm，欢迎下载。
欢迎访问立体教材建设网站：http://blog.pup6.com。
欢迎免费索取样书，请填写并通过E-mail提交教师调查表，下载地址：http://www.pup6.com/down/教师信息调查表excel版.xls，欢迎订购，欢迎投稿。
联系方式：010-62750667，huhewhm@126.com，linzhangbo@126.com，欢迎来电来信。